The
Perfectionist's
Guide to
losing
A Path to
Peace and Power Control

完美主义是种天赋

The Perfectionist's Guide to Losing Control

A Path to Peace and Power

Katherine Morgan Schafler
[美] 凯瑟琳·摩根·沙夫勒 ——— 著

蒋雪雅 ——— 译

机械工业出版社
CHINA MACHINE PRESS

北京市版权局著作权合同登记　图字：01-2023-6218 号。

图书在版编目（CIP）数据

完美主义是种天赋 / （美）凯瑟琳·摩根·沙夫勒 (Katherine Morgan Schafler) 著；蒋雪雅译 . -- 北京：机械工业出版社，2024. 10. -- ISBN 978-7-111-77005 -3

Ⅰ . B848-49

中国国家版本馆 CIP 数据核字第 20243PL078 号

机械工业出版社（北京市百万庄大街 22 号　邮政编码 100037）
策划编辑：曹延延　　　　　　　　责任编辑：曹延延
责任校对：李　霞　王小童　景　飞　责任印制：郜　敏
三河市宏达印刷有限公司印刷
2025 年 4 月第 1 版第 1 次印刷
147mm × 210mm · 10.75 印张 · 1 插页 · 257 千字
标准书号：ISBN 978-7-111-77005-3
定价：69.00 元

电话服务　　　　　　　　　　　网络服务
客服电话：010-88361066　　　机 工 官 网：www.cmpbook.com
　　　　　010-88379833　　　机 工 官 博：weibo.com/cmp1952
　　　　　010-68326294　　　金 书 网：www.golden-book.com
封底无防伪标均为盗版　　　　机工教育服务网：www.cmpedu.com

献给迈克尔（Michael）

本书所讲的来访者的故事都是虚构的。本书中的所有姓名、故事背景和细节，我都修改过，它们是用许多人的经历糅合而成的。接下来，本书将围绕我在咨询室、在工作中、在与他人相处时碰到的具体感受、思想和联结来描述我的会谈。我会尽力准确表达出核心的情感，而不是任何别的东西。我非常感激每一个我有幸与之展开心理咨询的人。我想对我以前和现在的来访者说：你们的故事属于你们自己。

她就是她自己，她是完整的。

——克莱丽莎·平科洛·埃斯蒂斯（Clarissa Pinkola Estés）博士

目 录

第5章 你一直在解决错误的问题

问题不在于你用完美主义对待生活,而在于你用自我惩罚来应对失误 ┊ 123

引言

完美主义是一种力量

在婚礼的前一晚，我丈夫和我决定分开睡，这样我们都能在这个重要的日子之前以最放松的方式度过这个晚上。婚礼彩排的聚餐结束后，大约夜里 10:30，我回到家，边遛狗边回复电子邮件，然后出门锻炼。

锻炼完以后，我畅快地冲了个澡，把第二天要送给伴娘们的礼物重新包装了一番（店员包装时用了太多胶带来装饰，显得太俗气了），整理了治疗记录，花 20 分钟在床上修改了我的誓词，还再次查看了电子邮件，凌晨两点过后，我渐渐入睡。从各个方面来看，这都是一个完美的夜晚。

完美主义者不是那种过得很"平衡"的人，不过没关系。当那些预设的有关平衡和总体健康的观念不符合你的本性时，追求它们并不代表健康，而是一种顺从。我正是为那些厌倦变"好"的女性[⊖]，为准备释放自己的女性写作这本书的。

如果你正坐在我心理咨询室的沙发上，我们可以秘密交换

⊖ 本书中的"女性"指的是那些有时或总是认同自己女性身份的人，以及那些被他人视为女性的人。

一个不满的眼神：你已经听别人说过无数次"完美主义者得通过摒弃完美主义来解放自己"，都快听吐了。而我想告诉你的正是，这种做法永远不会奏效。

就算写上一千遍"我不会成为完美主义者"，也纯属浪费时间。那么，你如何才能解放自己，甚至开始理解自由对你来说意味着什么呢？首先要诚实面对自己真实的样子。

你得承认自己永远不会满足于平凡的生活——你渴望卓越，而且你对此心知肚明。你得承认，受到压力时，你会做得很好——你需要挑战，否则你的无聊可能会演变成抑郁。你不必再低调，不必否认自己的才华——你生来就是为了闪耀，并且你感受得到这一点。

由于人们对完美主义抱有非常偏颇和片面的看法，因此直到现在，你依然会抵抗自己的完美主义倾向。这种看法强调完美主义消极的一面（完美主义确实有这样的一面，但是这并不是全部），展现了完美主义的负面影响，并武断地得出结论：完美主义者不健康，需要进行调整。

有趣的是（或者说意料之中的是），遏制完美主义并追求"完美的不完美"的呼声主要针对的是女性。你可曾听过男性称自己为"正在康复的完美主义者"？史蒂夫·乔布斯（Steve Jobs）、戈登·拉姆齐（Gordan Ramsay）⊖、詹姆斯·卡梅隆（James Cameron）⊜也追求完美，人们却尊崇他们为各自领域里的天才。可有哪些女性完美主义者也这般备受赞誉呢？

你可能会说，玛莎·斯图尔特（Martha Stewart）的商业王国就是建立在她的完美主义之上的，也许她是我们这个时代最广

⊖ 英国极负盛名的厨师和美食家。——译者注
⊜ 著名电影导演、编剧，其执导的代表作品有《泰坦尼克号》、"阿凡达"系列电影等。——译者注

受赞誉的女性完美主义者。但请注意她的玛莎·斯图尔特生活全媒体公司（Martha Stewart Living Omnimedia）关心的都是什么：紧急情况下早午餐吃什么、所有与假日娱乐有关的事物、引人注目的油漆配色、婚礼等。这些都是典型的家庭主妇会感兴趣的事物。玛莎·斯图尔特公开展现她的完美主义，赢得了热烈的赞誉，没人告诫要"更加平衡"（即调节自己的驱动力，使其不那么旺盛），是因为她的兴趣始终保持在公众所接受的女性能追求的领域内。这一切并非巧合。

敦促女性摒弃完美主义的部分原因是，完美主义是一种强大的力量。和任何一种力量（财富、言辞、美貌、爱等）一样，如果你不懂得如何正确利用完美主义，它可能会毁了你的生活。完美主义可以成为一个出色的仆从，但也可能成为一个可怕的主人，让我们坦诚地面对这一点。

我们可不可以直截了当地说出来呢？

我们都知道，过去，你的完美主义在职业、感情、审美、身体和精神等方方面面折磨着你。但那是因为你没有将其视为一种力量和天赋，你没有尊重它，反而老是试图否认它，简单地视它为追求整洁和守时的倾向，虽然真正的完美主义与这两者都没什么关系。你越想摆脱完美主义，它反弹得就越厉害。但凡你试过，你就会知道自己无法摆脱完美主义；尽管你努力尝试了，你还是做不到——因为它是你本性的一个基本组成部分。

幸运的是，你最深层、最有力量的部分永远不会离开你。也许你不知道该拿自己内心这份强大的能量怎么办才好，不管你为了麻痹自己，为了淡忘或以其他方式削弱这份能量而做了什么，**我也做过同样的傻事**。不过没关系，这些都没有奏效。谢天谢地，你的完美主义完好无损，而且现在你将学到真正能解决问题的办法。

你的问题不在于你是一个完美主义者。世界上最快乐、最杰出、最有成就感的人中，就有一些是完美主义者。你的问题在于你没有成为完整的你自己。

女性每天都会受到源源不断的指导，指导她们如何"变少"：如何减轻体重，如何减少欲望，如何变得不那么情绪化，如何少说一些"是"，当然，还有如何弱化自己的完美主义倾向。本书讨论的则是如何"变多"，如何通过更多地做自己，来获得更多自己想要的东西。

多年来，我一直在纽约的私人诊所里为完美主义者服务。这本书正是以我的这段工作经历，以及我在谷歌担任现场治疗师、在治疗机构提供住院治疗服务和在戒毒康复中心做咨询等临床实践为基础而写作的。

我一向着迷于探索人们是如何挣扎、成长，乃至取得成就的，于是，我在加利福尼亚大学伯克利分校攻读了心理学学士学位，然后在哥伦比亚大学完成了我的研究生学业和临床训练。此外，我还在纽约市的精神与心理治疗协会（Association for Spirituality and Psychotherapy）获得了研究生证书。而在加利福尼亚大学洛杉矶分校人类发展研究所哈门实验室（Hammen Lab）的研究经历催生了我内心的疑问，过去20年里，我心里一直翻来覆去地思考着这些问题。由于我对人与人的联结方式极其好奇，我的问题总是比答案更多，不过尽管如此，我还是试图努力用我迄今为止收集到的答案来将这本书填满。

长久以来，我常常问自己一个问题：当人们说"我是个完美主义者"时，他们究竟是什么意思？人们对完美主义者的定义通常被简化成了"那些希望永远事事完美，并会在事情不尽如人意时备感不安的人"。然而，实际情况并没有那么简单。

当人们说"我是个完美主义者"时，他们想表达的并不是他们期望自己完美无缺、他人完美无缺、天气完美无缺，生活中发生的所有事都完美无缺。完美主义者是一群聪明人，他们明白，不可能所有事情都进展顺利。可是有时候，他们会烦恼，为什么他们已经理智地接受了这一点，却仍会为这份不完美而失落。他们会琢磨，为什么他们会如此迫切地想要不断奋斗。他们会困惑，不知道自己究竟在追求什么。而最常令他们疑惑的，就是他们为什么不能像"正常人"一样享受放松。他们想知道，除了他们获得的成就之外，他们又是谁。

每个人都会在某个时刻对各种各样有关存在的问题感到好奇，而完美主义者一直在思考这些问题。

我区分了 5 种完美主义者，确定你属于其中哪一种，有助于你"解锁"自己的天赋。之后，你还会更加深刻地理解自己追求卓越的强烈动力，不再把意志力浪费在阻止自己做一个完美主义者上。这样，你就能利用这些被释放的能量，发展你最真实的自我。

本书的前半部分会拆解完美主义，从而使其各个部分更易于理解。第 1 章将介绍 5 种完美主义者。第 2 章则会带你了解"适应性完美主义"（adaptive perfectionism），这是完美主义有利的一面，它在学术界广为人知，商业健康领域却鲜少提及这个概念。第 3 章从女性主义的角度探讨完美主义。除了为你呈现控制和权力的差异外，第 4 章还会层层解析完美主义，让你深入理解完美主义是什么，它什么时候是健康的，什么时候又是不健康的。

本书的后半部分将告诉你如何以适合自己的方式重构完美主义。在第 5 章中，你将认识到完美主义者最常犯的错误是什么，而在第 6 章中，你会知道真正应该怎么做。第 7 章提出了 10 个关键的转变策略，希望这样的转变能使你的心态尽可能健康起来。第 8 章则谈到了 8 种行为策略，每一种完美主义者都可以采用这些策略来实现持续进步和长期成长。本书的最后一章将回答每个完美主义者都必须面对的一个问题："我知道，按理说，我可以随心所欲做任何我想做的事，那为什么我还是感觉被什么困住了？"

最终，本书将教你如何做成生命中最重要的一笔生意，那就是用表面上的控制权来换取真正的力量。

如果你正在寻找一本能指导你处理内心伤痛的书，那么你得再去别处看看。本书探讨的是这样一种可能（即使你身上的确有我们将在第5章讨论的那些自毁的习惯）：你根本就没有问题。

我发现，人们在治疗中最不想听到的就是这句话。除了自恋者，没有人来接受治疗只是为了听咨询师说他们还可以、挺好的，他们实际上很了不起。

大多数人心里都怀疑他们比自己所知道的还要差劲，比方说，"情况很糟糕"。去接受治疗正表明他们已经准备好听听真相究竟有多糟糕了。一般来说，人们希望自己接受专业咨询时，咨询师能用临床中特有的术语告诉他们，他们身上到底有多少缺陷。人们还希望咨询师能帮助满身缺陷的他们过好自己的生活。

不要这样。

执意认为自己是病态的，会给你的能量造成不必要的浪费。这也会成为你逃避前行的借口。我可不想这样。相反，我想把谈话的焦点从弱点转向优势，从纠正错误转向联结，从病理学转向现象学，从恐惧转向好奇，从被动反应转向主动出击，从消除转向整合，从治疗转向疗愈。

完美主义不一定是一场艰苦的斗争。你的健康也不一定要以停止做一个追求完美的人为代价。

在阅读本书的过程中，一旦你感觉自己需要被纠正，而不是被看见，请先停止阅读。在我们即将掌控自己的力量时，我们都难免会摇摆不定——你也有权摇摆不定。你当然可以花更多时间成长，甚至坚决拒绝成长。我还想补充一点：即使一开始并不想成长也没问题，但是对你而言，这一点其实无关紧要。你是一个完美主义者。你无法摆脱自己更上一层楼的渴望。你会情不自禁地去挑战极限。你总会忍不住去"找事儿"。

多年来，我一直在探索的另一个问题是，*如果你的完美主义之所以存在，是为了帮助你呢？*

在你理解某些天赋对你有何作用以前，你会感觉它们像是你的负担。就让我来向你展现你的完美主义对你来说为何是一份礼物，完美主义的你又如何成为送给世界的一份礼物。

小测验

你是哪种完美主义者

在接下来的每个问题下面，圈出那个最符合你情况的答案。每个答案对应一个字母（A、B、C、D、E）。回答完所有问题后，请使用测验末尾处的完美主义者特征指南来确定你属于哪种完美主义者。

1. 你是否曾在工作中突然发起火来，比如大喊大叫、砸桌子或摔门？

　A）是的。当我对自己或他人感到失望时，我通常会表现出来。

　B）从未。我总能保持冷静和极其专业的态度。

　C）没有过。让别人觉得我好相处对我来说很重要，所以我会尽力避免做出可能让别人反感的行为。

　D）没有过。我想表达的东西很多，但我会等合适的时机再表达，还会琢磨怎么表达合适。

　E）没有过。管理愤怒情绪对我来说不是难事，但我可能不太善于控制冲动。例如，我会在开会时分享一系列未经深思熟虑的新想法。

2. 以下哪一项最有可能让你感到困扰？

　A）发现你周围的人没有按可能达到的最高标准去做事。

　B）去度假，但没有制定行程安排。

　C）得知某人不喜欢你。

D）你决定粉刷客厅的墙。而此刻你需要在 10 分钟内从一个包含 50 种颜色的色轮中选择一种颜色。

E）你被告知在接下来的 6 个月里你只能专注于一个目标。

3. 以下哪一项陈述最符合你的情况？

A）我对身边的人要求极高。当他们没能达到我的标准时，我可能会责怪他们。

B）我很可靠、很有条理，喜欢做计划。有时我能感觉到其他人觉得我太"紧张"了。

C）我在意其他人对我的看法和感受，这一点让我感到沮丧。我时常感到自己非常需要别人的情感支持，因为我希望与别人建立最深刻的联结。

D）我为自己的优柔寡断而懊恼。我希望自己能更冲动一些，采取明确的行动来实现目标。

E）我喜欢刚开始攻克新任务时的那股劲头——那时我感觉自己一往无前！但当有其他事物同样让我激情满满时，我很难保持专注。

4. 如果有人夸你，他最有可能说你在以下哪个方面表现出色？

A）为人直率，而且高度专注于手头的目标。

B）言出必行，你会在你定下的期限内以你期望的方式完成任务。

C）能与他人建立有意义的联结。

D）准备充分，能提出富有见地的问题，而且会考虑备选方案。

E）能设想多种可能性，获得灵感，并提出自己的想法。

5. 以下哪一项陈述最符合你的情况？

A）他人效率低、不够专注会让我感到懊恼。我不在乎别人是否喜欢我，我只想完成工作。

B）当人们调整任何事（如会议、晚餐、度假等）的安排或时间时，我都会感到有些冒犯。我们本应有能力制订计划，并坚持执行它。

C）设想他人对我的看法，要花费的精力比我想花费的更多。

D）我知道（在人际关系、工作、社区等中）我还有很多可以做的事，但在处理好一些事以前，我无法发挥出自己的全部潜力。

E）我总是在按捺自己为想开的公司购买域名的冲动。我有太多想法，甚至不知道该如何去实现它们。

6. 我得到过这样的反馈：

A）刻薄，总是显得很"紧张"，或令人生畏。

B）自发性不强或过于死板。

C）过于想取悦他人。

D）不敢冒险，过于犹豫不决。

E）缺乏条理性、心思散漫，或不能兑现承诺。

7. 以下某一项对我来说最有意义：

A）有人按自己说的去做，在约定的时间内做完了，并且做得符合我的期望。

B）维持固定的日常安排、组织结构，以可预测的方式来行动，我自己和他人都觉得我稳定可靠。

C）有另一个人努力想理解我是一个什么样的人，以及为什么那些我认为对我重要的事对我而言确实重要。

D）面对（关系、工作和日常决策上的）新机遇，我能尽可能做好充分准备，并确认我的决定是对的。除非我高度相信这是个正确的选择，否则我不会做出承诺。

E）过上充满激情的生活，尽可能抓住机会开启新项目、发展新技能、旅行、成长，并持续探索。

完美主义者特征指南

你选择的哪个字母最多，哪个就是你的完美主义者类型。

A）激烈型完美主义者能够毫不费力地直接表达自己的想

法，而且会持续关注目标的实现。如果不加控制，他们的标准可能不只是高，还会高到不可能达到的地步，若自己和他人未能达到这些不可能的标准，或许会受到他们的惩罚。

B) **古典型完美主义者**非常可靠、前后一致、注重细节，他们能提升环境的稳定性。如果不加控制，他们会很难适应即兴行为或例行程序的改变，并且可能难以与他人建立有意义的联系。

C) **巴黎型完美主义者**对人际关系的力量有着敏锐的理解，并具备强大的共情能力。如果不加控制，他们与他人建立联系的渴望可能会演变成有害的讨好行为。

D) **拖延型完美主义者**擅长做准备工作，能从各个角度出发关注到机会，还能很好地控制冲动。如果不加控制，他们所做的准备措施，收效可能会越来越低，进而导致他们变得犹豫不决、无所作为。

E) **混乱型完美主义者**可以轻松克服新的开始所带来的焦虑，他们是超级"点子王"，能很好地适应即兴行为，并且天生热情洋溢。如果不加控制，他们将难以把注意力集中在其目标上，最终使精力太过分散和薄弱，无法坚持履行自己的承诺。

注意：你还可以对你选择的结果进行排序，以了解自己身上广泛的完美主义者特质。例如，你在巴黎型完美主义者上得分最高，但在混乱型完美主义者上的得分几乎一样高，那么你就是巴黎型完美主义者中一个倾向于混乱型完美主义的人。如果你在两个或以上类型上的得分相等，则表示你作为这些类型的完美主义者的程度相当。

再结合书中更深入的描述，以及你直觉上认为哪种类型最好地描述了你的情况，你的答案会指引你更清晰地理解如何欣赏和管理你独特的完美主义者特质。

第 1 章

给完美主义分类

5 种完美主义者

> 当内心的境况未被意识到时，它会外显为命运。
>
> ——C. G. 荣格（C. G. Jung）

一个拖延型完美主义者在写这句话时会感到十分困难，因为它出现在一本关于完美主义的书的开头，所以需要是完美的（没有比拖延型完美主义者脑海中想象但实际上从未写下的话更好的句子能开始这本书了）。

一个古典型完美主义者写下第一句话后，会对它感到厌恶，尽力忘记它的存在，但这句话会不可避免地困扰他至少 8 年。

一个激烈型完美主义者写下第一句话后，会对它感到厌恶，然后把自己的失落转化为对某个毫无关系的事物的攻击。

一个巴黎型完美主义者会假装没注意到自己写下了第一句话，装出一副"哦，是吗？我猜我确实写了吧"的样子。随后，他私下会极其渴望每个人都喜欢这句话，并因此而喜欢上他。"第一句话是谁写的？我必须立刻和他交朋友！"

一个混乱型完美主义者写下第一句话后，会喜爱不已，接着，他会再写 17 个截然不同的版本，每个版本他都喜欢，没法只从中挑出一句来，因为就像你不可能选出你最喜欢的孩子，这些句子也都是他的宝贝。

这些人有一个共同的特点：他们可能甚至不知道自己是完美主义者，也意识不到对完美主义的管理方式不同，完美主义就会以不同的方式阻碍或推动他们前进。

从基本意义上看，管理你的完美主义似乎意味着意识到所有完美主义者能本能地体验到的核心冲动：发现改进的空间——"唔，还可以做到更好"，然后有意识地回应这种冲动，而不是无意义地做出反应。完美主义者总能注意到理想与现实之间的差异，并努力保持高度的责任感。这往往会使完美主义者产生填补现实与理想自我之间的鸿沟的强烈意愿。

如果你的完美主义思维方式未曾遭受过挑战，它会使你执着于将那些可以变得更好的事物变完美（而不是改进或接受它们）。优化这些事物的冲动会逐渐演变为一种信念，这一信念占据了完美主义者思维的方方面面，就像连天花板和地板都要贴上墙纸："我需要使这一刻与众不同，直到我满意为止。"

完美主义是你的思维所使用的隐性语言，而你在日常生活中表现出的完美主义类型，只相当于这门语言的口音。

我以完美主义为基础进行个人实践，因为我非常享受完美主义者的能量。完美主义者总是不断挑战极限，总是没事找事，毫不畏惧内心深处的愤怒或渴望，永远追求与更广阔、更丰富的事物建立联系。

承认自己渴望更多东西是一种大胆的行为，每一个完美主义者（当他们坦诚时；在治疗中，人们通常比较坦诚）都会展现出一种大胆的特质，这正是其吸引我的地方。

在工作中，我接待的主要是那些只要她们想，就可以表现得很好，看起来做事有条不紊的女性，她们不会立即将自己的问题显露在他人面前。这种做法相当精妙，我想你可能深知，没有人比高功能（highly functioning）者更擅长隐藏自己的痛苦。我能从源源不断的挑战中成长起来，也是因为在生命中最令我困惑的某个时刻，我意识到：我是一个完美主义者。

我的经历有些俗套，但它现在仍然让我困扰——直到我开始失去大部分的控制力，我才意识到我对控制有多么依赖。就在我的个人和职业生活开始"起飞"时，我被诊断出患有癌症。我流产了，并且没能在化疗前冻卵。大部分时间我都在忍受病痛。我失去了我漂亮的棕色头发。我才刚结婚，却已然对自己的婚姻生活失去信心。我失去了多年来我努力争取的职业机会。我不再能掌控我费尽心思构建起来的完美生活。

某一时刻，我仍激流勇进，直面挑战；但是下一刻，就像有什么东西紧紧抓住了我的腹部，将我拉进了瀑布背后那个安宁、寂静且未曾有人发现过的地方。我审视我一直在审视的东西（完美主义），不过我的视角不同了。为什么我的立场不一样了？因为为了变得更加平衡和健康，过去我总是错误地抵抗自己的完美主义。

我生病了，所以当然应该放松，只做最基本的事情。理论上说，这很有道理。于是我尝试这么做，我真的尽力了。但这么做真的很糟糕。我把粉色浴球扔进浴缸，坐在那里看它们慢慢溶解，无聊得要死，这时我更想工作、努力、行动。我并不是出于补偿或逃避的心理才想努力，也不会努力到会影响我康复的程度，我只是喜欢深深投入我的工作和生活。

我那些抱持着完美主义的来访者带到房间里的能量，与我当时在私人生活中体验的情绪形成了鲜明的对比。他们身上能量满满，这份能量非常吸引人，充满无限潜力，既具有破坏性，又具有建设性。通过观察我和我的来访者之间越来越大的差异，我意识到，其实一直以来我们是相似的。

我关注完美主义，是因为我想重新拥有这种力量。多年来，我一直在帮助我的来访者利用和发挥完美主义这种充满活力的能量的优势，尽管当时我还无法像现在这样用言语表达自己所做的事。直到我试图压抑完美主义这一驱动力，才意识到其价值所在。

我还意识到，如果连我这个总是找不到手机，在杂货店排队时还会向后面的人大肆吹捧社会科学家布琳·布朗（Brené Brown）博士的研究工作的女人，都可以成为一个完美主义者，那么任何人都可能是完美主义者，而他自己却毫不知情。这到底是为什么呢？

我开始逆向分析（reverse engineer）完美主义，试图把这个概念的丰富内涵统统呈现出来。通过审视自己的完美主义，深入研究多年来我与完美主义者接触的经历，我的眼前浮现出清晰的模式——同一概念的 5 个不同表现形式，即 5 种完美主义者。

由于完美主义是一个连续统（continuum），所以所有完美主义者身上都可能体现出每种完美主义者的特征。尽管通常只有一个类型占主导地位，但在特定情境下，人们有可能表现出特定的完美主义形式。例如，约会时，你可能是一个混乱型完美主义者，而假日期间，你则可能是一个古典型完美主义者。既然我不是拖延型完美主义者，可以轻松地选择从哪里切入，那么首先让我们从古典型完美主义者开始我们对 5 种完美主义者的讨论吧。

周二，上午 10:58

上午 11 点我有一个会谈，于是我打开了门。等候室里，克莱尔（Claire）正在 4 把空椅子的周围徘徊，同时用手机发了一封邮件。"搞定了。"说着，她利落地收拾起自己的一堆东西，准备把它们带进我的办公室：一件夹克、两部手机、一个手提电脑包、一个随意贴着标签的装有高跟鞋的通勤包、一个并不随意地标有品牌名称的普拉达包，和两杯星巴克的大杯无糖冰镇百香果茶。

"我们之前就聊过这个，"注意到她手上略显碍事的饮料后，我说，"需要我帮你拿什么吗？"

"我搞得定。"她回答道。现代杂要表演正在上演。

克莱尔"丝滑"地步入我的办公室，款款摆动着身体进了门，如演出开幕那晚的红色幕布一般，恰如其分地美丽。正像其他古典型完美主义者那样，克莱尔身上有一种仪式感，她22岁时依法修改了自己的名字，因为她原来的名字末尾没有字母"e"，这个细节让她难以忍受。正如她向我讲述的那样，"从二年级开始，每当我写自己名字的时候，我的内心都会有一小部分死去。我确信，这个名字累计起来可能让我损失了两年的寿命。但现在，问题解决了"。

她从包里拿出一种高吸水性的湿巾，擦掉了星巴克透明塑料杯侧面和底部的水珠，然后把它放在了杯垫上。"我喜欢这些杯垫，不想弄湿它们，"她解释（说实话，这些杯垫确实很好看）。

克莱尔又用湿巾擦拭她给我带的那杯星巴克的水珠，将它放在我的办公桌上，说："我知道我们之前讨论过这个话题。"她换上轻快的口气，眨了眨眼睛低语道，接着补充说："但我也知道我离开后你才会喝。"然后，她坐到沙发上她每周都会坐的那个位置，不过这并不是古典型完美主义者的特征；每个人都会这样做。

把你的手机放（put）在你身边和安放（set）在你身边的区别，是古典型完美主义者会关注的事。古典型完美主义者处理物品时往往非常谨慎，比如，他们会安放好他们的手机——用双手把它放下，然后花上半秒钟时间微微调整其角度，从而正式确认手机处在沙发上的哪个位置，尽管对其他人来说手机放在哪里都行。许多古典型完美主义者都会举行这种微型仪式，在我眼中，这就好像把手机放入一个无形的小床，只不过没盖被子。每注意到旁人有这种特质，我都会尝到一丝隐秘的愉悦感，几乎总是如此。

克莱尔把两部手机放在沙发上她的旁边，30秒后，当它们的屏幕亮起来时，她边说话边把它们扣了过去。（带字母"e"的）克莱尔（她喜欢这么说）离开后，我关上了门。虽然已经过去了45分钟，我的冰镇百香果茶已经变淡了，但它依然像往常一样令人感到清爽。

古典型完美主义者

毫不意外，古典型完美主义者有着古典的做派，带字母"e"的克莱尔也不例外。她把一切都收拾得那么干净利落，就好像她所有的东西都是当天早上才购买的，从此她就要开启全新的生活。我觉得她仅仅坐在我的沙发上，就能让它变得更加整洁。

我在Pinterest⊖上看到过一个说法：如果你沿手提包底部移动粘毛滚筒，就能轻松清除积攒在底部的灰尘和碎屑。我没验证过这个方法，但我想，克莱尔身上应该没有任何灰尘和碎屑，至少她的手提包底部不会有。不过，在我们的交谈中，她坦诚地向我讲述了她生活中那些看不见的灰尘和碎屑，那些Pinterest小技巧无法解决的问题。

如果克莱尔不让我进入她的内心，我将察觉不到她表面之下动荡的迹象。高度自律的古典型完美主义者擅长使言行保持一致，这让旁人难以了解他们的情绪状态。他们紧张吗？他们愤怒吗？他们正在经历生命中极度兴奋的时刻吗？谁知道呢。他们要么非常克制，要么笑容满面，仿佛要拍照一样。虽然我们很容易将这种交流方式解读为不真实或封闭，但实际上并非如此。

⊖　知名在线图片社交平台。——译者注

　　他人可能会觉得古典型完美主义者难以接近或有些傲慢，然而，他们给自己建立秩序是出于尊重，而不是要构筑高墙。这种完美主义者并不是想给他人留下深刻印象或与他人保持距离，而是试图将自己最重视的东西提供给他人：条理、一致性、可预测性、对所有选项的了解（因此能做出明智的选择）、高标准、客观性、经过良好组织的清晰表达。

　　比起不真实，恰恰相反，古典型完美主义者会光明正大地表现出自己的偏好。他们也会不停地展现自己的完美主义倾向（比如：这是我做的电子表格，完美极了，里面列出了度假时可以去的餐厅；看我的发型，看起来总像刚剪过一样）。

　　古典型完美主义者为人可靠，而且其言行是可预测的，他们会清楚地表达自己不喜欢混乱。例如，古典型完美主义者可能会说："我不喜欢喝酒，因为我不喜欢失控的感觉。"古典型完美主义者以自己的完美主义为荣。这是他们的自我中一个自我和谐（ego-syntonic）的部分（他们喜欢的特征），而不是自我失谐（ego-dystonic）的特征（他们不喜欢的特征）。

　　古典型完美主义者严格遵守职业道德，且具备与之相匹配的耐心，难免会自负于自己的控制方式，我们实在难以就这一点指责他们。（如果我的包包底部没有任何灰尘和碎屑，我也会很得意。）

　　而消极的一面是，古典型完美主义者很难适应时间安排的变化，无论变化是大是小，而且突发事件往往会让他们压力满满。以固定日程为中心的生活方式并不利于人们邂逅新奇和意外的乐趣，而建立一套处理家庭、工作、朋友等相关事务的固定模式——几乎没有留出多少逐步扩展的空间或容错的余地，可能会剥夺这些完美主义者以计划之外或非目标导向的方式成长的机会。

　　在人际关系上，他人可能很难与古典型完美主义者建立联系，因为人们会认为古典型完美主义者很少感到脆弱。我们往往会将外在的可靠与内在的力量混为一谈，这是错误的。无论处在最黑暗的时刻，还是在最光明的时刻，古典型完美主义者都同样可靠，只是因为他们总能出现，但这并不意味着他们是无敌的，或者他们内心十分强大。

另外，古典型完美主义者惯常采用的那种系统化的行事方式，不利于培养合作精神、灵活性或对外部影响的开放态度，然而这些品质能帮我们与他人建立联结。古典型完美主义者的人际交往方式存在风险，它可能会在无意中使关系变得肤浅，变得像一场交易。因此，他们可能会感觉自己被孤立、被误解，他们所做的一切未能得到应有的赞赏。

巴黎型完美主义者

在我们会谈开始时间的 10 分钟以前，劳伦（Lauren）给我发了一条短信："我得晚到 10 分钟，抱歉，今天可真是糟透了。"她体形高挑，而且很美（还被雨淋湿了），走进来时全身湿透，看起来就像一个在暴风雨中被不经意留在了后院的芭比娃娃。我拿过她的外套，就在我转身挂外套的间隙，她哭了起来，并为自己哭了而向我道歉。

我们聊了她早上开的会，她觉得那个会议就是一场灾难。当我追问后，她承认开会时大家主要讨论的正是她提出的想法，并且团队选择下次开会时重点展示她的工作。

我等她说完后才说："帮我捋一捋问题在哪儿。"

劳伦愤怒地脱口而出："因为我能感觉到她不喜欢我，而且我讨厌这种感觉！"

我知道她指的是她的直接领导，尽管这个领导看重劳伦所做的工作，对她一向客气，最近甚至给她加了薪，但似乎并不是很喜欢她。

理智上，劳伦明白，不是每个人都会喜欢所有人的，领导也没有针对她。然而，领导不热衷于就工作以外的事与她联系，这一点让劳伦深感困扰，无法释怀。

巴黎型完美主义者希望他人完完全全地喜欢自己，这是其他类型的完美主义者并不看重的"成就"。即使事情的其他方面都如巴黎型完美主义者所选择的那样展开，当巴黎型完美主义者难以与他们希望建立联系的人联结时，一切可能都变得毫无意义。

对这种完美主义者来说，感觉其他人不喜欢自己，或者其他人真的不喜欢自己，会令他们烦恼，使他们渐渐舍弃自己的观点，经历一种令人厌恶的自我幼稚化体验——自己就像一个渴望关注和认可的孩子。

正如我们将在后文中更为详细地讨论的那样，这种完美主义只是在表面上追求受他人喜爱。在更深的层面，巴黎型完美主义渴求理想的人际关系。不断达成目标、实现超越是典型的完美主义冲动，体现在巴黎型完美主义者的人际关系中，就是他们希望与伴侣、自己、同事乃至每个人建立理想的关系。

与古典型完美主义者不同，巴黎型完美主义者会隐藏他们的完美主义，他们希望自己显得毫不费力。巴黎型完美主义者非常在意自己的表现和他人对自己的看法，但这份强烈的在意会使他们产生某种别样的尴尬。因为他们内心深处潜藏着更强的不安全感："你以为你是谁？"

对这种完美主义者而言，展现自己对某件事有多投入，会暴露他们的脆弱，他们的情绪无可避免地会受到他人对其看法的影响。无论他们承认与否，他们其实很想取悦他人。比如说，巴黎型完美主义者想办一家企业，他们会努力朝目标迈进，但不会向任何人透露自己正在做些什么。毕竟要是他们失败了怎么办？若不确定梦想能否实现，为什么要冒险告诉他人这个梦想？

出于同样的原因，也就是不想显得脆弱，巴黎型完美主义者不能容忍自己看起来过于努力。从表面上看，这种完美主义者似乎总能依照自己的价值观和目标生活，不受别人看法的影响，但他们在各个场合都暗自等待着他人的认可——他们希望在派对上把别人逗笑，在社交媒体上获得点赞，工作中得到别人的赞美。

巴黎型完美主义者确实会展现他们的不完美之处，但是他们会采取一种不会让他们不舒服（而不是真正的脆弱）的方式来实现这一点。"巴黎型完美主义者"这个称号源自追求美的法国女性所彰显的一种美得毫不费力的感觉（但私底下她们付出的努力远比她们愿意承认或希望别人认为的更多）。巴黎型完美主义者试图传达这样一个明确的信息："我没有那么努力，因为我不需要你的认可，也不在乎你是否喜欢我。"潜台词是，"你无法伤害我"。外在的信息完全不准确。

巴黎型完美主义者在他们做的每件事上都投入了大量情感能量，他们希望得到与其付出相符的情感回报（也就是认可和联结），如果没能获得这些回报，他们可能会感到受伤和愤怒。

实际上，他们的策略往往会适得其反。他们努力表现得从容不迫，好像不需要额外的照顾，试图让他人完完全全地喜欢自己，他们的完美主义使他们无法明确表达自己需要和想要的东西，但他们未曾找到调节这种完美主义的方法，因此，他们更容易受伤。

有趣的是，巴黎型完美主义者会无意识地对缺乏尊重的行为做出防御，以至于当他人对他们的看法不符合他们的期望时，他们可能会被意料之外的恼怒攻陷。他们会想："为什么我还在想这个问题，我根本不在乎啊！"

即使在最希望自己不要这样的时候（也许尤其是在这种时候），

巴黎型完美主义者也会受与他人建立有意义的联结的愿望驱动。

由于人际关系对巴黎型完美主义者来说至关重要，因此他们是真正热情的人，他们希望每个自己遇到的人都感到被接纳、被联结。例如，在派对上，他们会特意离开身边的人，去和一个独自站着的人交流。与那些会在无意中表现出疏离感和优越感的古典型完美主义者不同，巴黎型完美主义者很欢迎，甚至会主动建立多种多样有意义的关系，使它们成为自己生活的一部分。

巴黎型完美主义者愿意接纳他人，不轻易评判他人，当他们学会明确表达他们有多在乎某事，学会设定界限，并拥抱那些回应他们强大联结能力的人、地方和事物后，将没有什么能阻挡他们的脚步。

拖延型完美主义者

莱拉（Layla）聪明、善良、能干、驱动力强，且充满自信。她来找我是因为她非常厌恶目前的工作，但没办法离职。

为了离职，莱拉做了大量计划。她存钱备用。她阅读了她能找到的所有关于职业转型的书。她确定了除当下工作以外的多条职业道路，认为自己可以朝这些方向发展。出于连莱拉自己也不太清楚的原因，她还会定期参加一些令她毫无收获的社交活动。

我一下就想到了她站在市中心一家不怎么样的运动酒吧里的场景，她被多达 7 台电视机包围，微笑着等待。她的名牌上用蓝色记号笔写着"莱拉"。一个泡沫塑料盘子里装有一块温热的切达干酪，旁边是半包仍装在撕开了的袋子里的黄油饼干。这么出色的人，居然把自己的能量浪费在这里，真是可惜！

最糟糕的是什么？那就是她知道自己在浪费时间。莱拉非常清楚自己已经做完了所有需要做的事，除了确定何时离职。她无法确定离职的时间，因为她无法完美地开启她转行的旅程（她手上项目中所有不确定的问题都得到了解决，她的下一份工作很不错，还有 4~6 周的过渡时间，她不用承受过大的压力）。这样的状况持续了两年，她才给我发电子邮件，预约了我们的第一次会谈。

拖延型完美主义者会等到条件完全满足后再开始行动。他们总是犹犹豫豫，也总是饱尝因没有做最想做的事而产生的空虚。

即使拖延型完美主义者能开始做某件事，也可能很难坚持下去，因为坚持意味着有时需要重新开始。虽然这种完美主义者可以轻松开始和完成小规模项目，实现短期目标，但他们可能会放走那些需要耗费更长时间的机会，因为投入任何长期过程，都免不了要多次停止行动、多次重新开始。

约会或结婚、加入跑步俱乐部、转行、做志愿服务、实现自己一直期待的波特兰⊖之旅——他们想避开那些只能带来些微快乐的任务，这一点一直令我感到很有趣。

不管面对什么任务，他们都会这样难以行动起来，因为他们不是为完成目标而挣扎，而是难以开始这个任务，难以在行动中断后重新投入其中，难以接受他们不可能得到表面上完美无缺的结果。对一个拖延型完美主义者来说，定下晚宴日期可能和为转行而提交辞呈一样让人犹豫不决。

对这些完美主义者来说，问题在于，只要开始一个过程，就会引入问题——只要这个过程真实地发生了，就不再可能完美无缺。如果哪个事物对他们来说是完美的，那么它肯定只存在于过去的记忆或对未来的构想中。莱拉陷入了犹豫，什么选择都没做（这意味着她间接地选择了继续做她厌恶的、会抽走她灵魂的工

　⊖　美国俄勒冈州城市。——译者注

作）。莱拉被动地生活着，而其中最刺痛她的是，她觉得她就是自己痛苦的缔造者。拖延型完美主义者的自我觉知越强烈，就越会对自己失望。

在你理解如何驾驭完美主义之前，做一个拖延型完美主义者是很令人烦恼的。巴黎型完美主义者听到内心的嘲讽——"你以为你是谁"，一开始会很尴尬，无法自豪地回答这个问题，与他们不同，拖延型完美主义者能毫不费力地列上一连串令人眼花缭乱（且准确）的特质，自豪地回答："我聪明、幽默、有才华，工作也很努力——而且我非常有创造力！"

拖延型完美主义者并不缺乏自尊，他们对自己的才能抱有痛苦的感知。拖延型完美主义者之所以拥有这份痛苦的感知，是因为他们知道自己有天赋，也想向他人分享这些天赋（如浪漫爱、才华、新点子等），但又感觉还没准备好去分享。他们会看到那些他们觉得不如自己的人很快在工作上超越了他们，或率先实现了一个又一个阶段性目标，这样的事实每次都会刺痛他们的心。

当你目睹其他人完成你认为自己做不到的事时，会产生敬畏之情。但当你目睹他人在做你知道你也能做，能做得很好，甚至是你最想做的事时，又会如何？敬畏之情会被混合着失败感和怨恨的复杂情绪所取代。

拖延型完美主义者为自己的犹豫不决而感到不安，他们认为，如果他们的精力更充沛，或者更加自律，他们的执行力就会更强，但是事实并非如此。拖延型完美主义者绝不是懒散的人，也足够自律。他们缺乏的是接受能力。任何人唯有接受，才能开始行动，任何行动都是这样，而"现在就开始"意味着将心中完美无缺的事物带到现实世界中，在这个过程中，它注定会发生变化。

其他类型的完美主义者一般不会产生拖延型完美主义者开始行动时所体会到的那种失落。避免损失或许是最自然的情绪反应之一，这也是为什么犹犹豫豫的习惯会给这类完美主义者造成这么大的影响。

当拖延型完美主义者无意识地觉得可能会造成损失时，他们还会错误地认为，自己之所以不愿开始行动，是因为自己没那么想做这件事：我可能并不是真的想做，否则我早就去做了。

拖延型完美主义者越是告诉自己他们不够自律、缺乏激情、懒懒散散等，就越会相信这些都是真的，由此进入错误自我认同的负面循环，而他们似乎永远无法打破这个循环。

无法调节自己完美主义倾向的拖延型完美主义者会厌恶和批判自己。他们不仅会批判自己，还会批判他人，诋毁那些不受这个倾向束缚的人。拖延型完美主义者可能会公开或私下宣称自己本可以做得更好——办派对、写书、盖房子、组织会议、烹饪美食等。也许他们是对的。如果他们尝试过，他们可能确实能做得更好，但他们没有给自己尝试的机会。这一点始终困扰着他们。

拖延型完美主义者不像古典型完美主义者那样，喜欢自己的完美主义；也不像巴黎型完美主义者那样，愿意冒失败的风险，只不过自尊心会起起落落。没有任何迹象表明拖延型完美主义者想开始行动。如果有迹象表明，他们只要尝试一下，就能做得很出色，这最容易引起他们的不满。也许这就是往伤口上撒盐的效果？

当拖延型完美主义者察觉到自己是因为唯恐造成损失才犹豫不决的，于是开始寻求支持，不再浪费精力批判那些努力尝试的人时，他们将成为一股无可匹敌的力量。当他们学会转被动为主动后，他们就会得到迄今为止对他们来说一直难以捉摸的内在力量。接下来发生的事会更加令人赞叹。

服务这种完美主义者，我最热衷的就是注视着他们中每一个人就要刮开下面彩票时的情景，不止一张，而是两张中奖彩票：

（1）脱颖而出不只需要天赋，更重要的是坚持不懈。

（2）尽管改变总是伴随着损失，但不改变意味着更大的损失。

当这些道理深深渗透到拖延型完美主义者的心灵和思想中时，他们就不会再被曾经的束缚所定义。成为第一名当然振奋人心；做第二名也可以释放自我。身边有充满激情、无拘无束、才华横溢的人，是一件值得高兴的事；成为这样一个人也是。

混乱型完美主义者

在治疗中，我很少布置"家庭作业"，这不是我的风格，但是佩涵（Pei-Han）是个例外。我要求她 90 天内不看纪录片。

"你是说哪种纪录片？"她问。"所有类型、任何类型的纪录片，不要再看纪录片。"我几乎是在恳求她。佩涵是一个彻头彻尾的混乱型完美主义者，因此，每当她观看关于任何事物（如酒店行业、寿司、移民工人）的纪录片时，她都会受纪录片启发，设下新的目标，并迅速投身其中，同时试图兼顾其他多个她正努力实现的目标——为获得瑜伽教师认证而接受在线培训，申请去布鲁克林艺术理事会（Brooklyn Arts Council）实习，装修自己的公寓，准备申请成为"爱彼迎（Airbnb）超级房东"……她的目标列表还在不断加长。

当佩涵了解到某个有趣的新话题，并对它产生了情感上的依恋时，她的大脑会如绚烂的烟花表演一般无法控制地兴奋起来。这种状态近乎狂热，她的脑子里充满了提升自我、解决问题和创造新事物的点子。她设想的可能性之多，令人惊讶，特别是对佩涵来说，做到这一切根本不需要费什么力气。

混乱型完美主义者热衷于开始一件事。与拖延型完美主义者不同，没有什么比开始做一件事更能使混乱型完美主义者愉悦的了。混乱型完美主义者比较乐观，总能快乐地开始一项任务，不过，除非后续进展也能像刚开始那样令人兴奋、给人带来活力（即完美），否则他们很难如之前一样充满动力。但是，由于不存在这样的好事，因此，尚未学会如何利用完美主义优势的混乱型完美主义者恐怕会接手一百万零七个项目，最后却全放弃了。

在服务混乱型完美主义者时，我需要把握一个微妙的平衡。正如杰出治疗师欧文·D. 亚隆（Irvin D. Yalom）博士所描述的"爱的刽子手"（love's executioner）那样，我的任务是提供无条件的情感支持，同时清楚地指出热情本身并不足以使人持续努力下去。当混乱型完美主义的来访者不愿接受这个现实时，我只能尽力缓解现实给他们造成的冲击。

冲击是不可避免的，因为与未受管理的完美主义对抗的时候，混乱型完美主义者会忽略那些天然存在、无可避免的资源（时间、金钱、体力等）限制，热情而主动地追寻他们的梦想。

巴黎型完美主义者只有取得足够的进展，才会对外宣布自己的目标，与他们不同，混乱型完美主义者会毫不掩饰地大声说出他们想要的东西，而且通常会在他们产生想法后不久就这么做。另外，与古典型完美主义者不同，混乱型完美主义者并不是一群自律的人，但是这一点对他们毫无影响。他们就好像报名入学了成人版蒙台梭利学校[○]一样，这对他们来说是件好事，因为他们很开心！

他们 Instagram 账号的资料中会列出六七个描述工作的词，含含糊糊，且与他们完全无关：室内装饰设计师、厨师、摄影师、

　○　意大利教育家玛利亚·蒙台梭利（Maria Montessori）提出了"蒙台梭利教学法"，主要应用于幼儿教育。该方法注重自主学习、实践和发现，鼓励儿童在开放的环境中探索不同的学习领域。这里作者使用"蒙台梭利学校"一词来表现混乱型完美主义者兴趣之广泛。——译者注

作家、企业家、波士顿市中心历史导游。

再解释一下？

混乱型完美主义者公然忽略限制，不接受这个观念——虽然你可以做任何事，但你无法做到一切事。要完成某件事是需要专注的。你必须对不那么重要的机会说不，以便专注于最为重要的事。

并非所有事都是最重要的。混乱型完美主义者拒绝为不同的事分级。他们是顽固的浪漫主义者，能使自己确信，只要有心，一切可以同时完美实现。混乱型完美主义者身上有一种可爱的天真气息，他们仿佛生活在一个你不忍戳破的泡泡中。

这个世界需要混乱型完美主义者，他们是可能性的捍卫者。他们能毫不费力地克服开始做某件事的焦虑。他们用热情和乐观的精神激励他人，没有他们，世界将变得黯淡无光。混乱型完美主义者拥有惊人的才能，但没有专注，这些才能就无法结出丰硕的果实。

重要的是，要注意，并非所有混乱型完美主义者都想完成他们已经开始做的事。有些人热衷于"突然开始－突然放弃"的循环，或许特定的工作和生活方式会适合他们。

此外，"混乱"这个词其实用得不太对。混乱型完美主义者不一定会显得手忙脚乱、糊里糊涂，也不会真的把周围搞得一团糟，只是他们会尝试一次做无数件事，就好像把杂物堆得到处都是一样。混乱型完美主义者有自己组织事物的方式，但是只有他们自己能理解。例如，一个项目的"资料系统"中可能保存了一系列Word 文档，这些文档对他们确实有用，但其他人却难以理解：

- "遛狗商务计划"
- "遛狗商务计划 2"

- "遛狗商务计划感恩节后版"
- "遛狗商务计划新版"
- "遛狗商务计划真实版"
- "遛狗商务计划最终版"
- "遛狗商务计划打开此文件"

做每件事都要费这么大劲，再用这个乘以他们试图承担多少事，你就能看到问题所在。

我曾在某处读到过，那些结婚超过 3 次的人，再婚时总会感到一种心安的感觉涌上心头："这就是我想要的，真的是我想要的！"我记得，当时我想的是，原本心里满是乐观的情绪，之后却犹如沉入深渊，这得多难熬啊。而且不止一次，而是要多次遭遇这一切。这正是那些无法控制自己完美主义的混乱型完美主义者常常经历的。他们着迷于新的开始所带来的令人陶醉的激情，随后又会因为完成工作的过程中那些无聊、琐碎的东西而感到幻灭。

混乱型完美主义者相信他们能做成所有事，而无须放弃其中任何一件事，他们能找到突破限制的方法。如果自己显然做不到这一点，他们就会崩溃。与拖延型完美主义者类似，在行动过程的不同阶段，混乱型完美主义者也会体会到那种与完美主义紧密相连的失落感。更糟糕的是，由于他们将精力分散到了许多不同的领域，他们甚至连一件事也完成不了。

从开始时的高度乐观到结束时的极度失落，这个情绪发展过程如同一段艰苦的旅程，对于这一点，每个混乱型完美主义者早就很熟悉了。拖延型完美主义者往往会因为无法付诸行动而产生虚假的消极认同，而尚不懂得如何利用自己完美主义的混乱型完美主义者也会如此。

当混乱型完美主义者开始某件事以后，他们的情绪会惊人地快速从高处坠落谷底。我们都有盲点，都会因自己的盲点而遭遇困境，但这种完美主义者遭遇困境时，会认为这一切发生是因为自己很"不好"：他不够坚持，他的想法不够精彩，没有人认真待他，等等。

某些情况下，这样的冲击可能会导致临床抑郁症意外发作，这与混乱型完美主义者平时表现出的积极向上、精力充沛截然不同——对他和他最亲近的人来说，简直可怕极了。

当混乱型完美主义者学会将他们的热情引导到一个有意义的任务上，并能以灵活的方式完成它时，他们就能够掌控世界。杰出企业家玛丽·弗里奥（Marie Forleo）就是一个很好的例子，作为混乱型完美主义者，她成功地运用了这一策略。

弗里奥全心投入，行动迅速，她是真正的浪漫主义者，相信自己可以改变世界，而且拥有很多令人难以置信的实现目标的想法，有些想法她甚至不知道能如何落地。不过，她确实知道该怎么处理这些想法。弗里奥成功的秘诀在于她教会了自己如何专注于一件事，并且始终坚持职业化的道路，即使没有兴致，她也会持续工作，任何时候都从未停止过高标准的要求。这些都是可以学习的技能。

激烈型完美主义者

在曼哈顿金融区百老汇大道和自由街的拐角处，矗立着一座建于 20 世纪 60 年代的古典建筑，我的办公室曾经在那里。正如这座城市中的其他几座建筑一样，百老汇大道 140 号的安全规范规定，访客要在大堂迎宾处确认身份，之后访客会拿到进入电子监控下的电梯区域所需的徽章。

会谈的前 5 分钟，道恩（Dawn）一直在向我解释为什么安全系统"低效而愚蠢"。她越是往下说，她的恼怒越是纷纷转化为敌意。按我邻居的话说就是，她"越来越激动"。她的敌意并不是冲着我、她自己或楼下的安保人员来的，而是对虚无的敌意。她在与天互搏。

激烈型完美主义背后的对抗性能量并不总是关乎什么深刻的存在问题，激烈型完美主义者可能会主动挑起争端。会谈开始 5 分钟后，我打断了道恩："你坐下后一直在谈论登记系统。我明白它给你带来了烦恼，它确实挺惹人烦的。除了对这座建筑的安全协议感到失望之外，你还有其他感受吗？"

道恩原本零零碎碎的敌意都凝聚在了一起，她直接对准我的额头"开炮"："拜托，我付钱给你是让你听我说话，这就是我想聊的事。"

道恩不知道我的职业生涯是从为强制接受咨询的 15 岁女孩服务开始的。她的抗拒、她好争辩的个性，都敌不过我的经验。"你付钱给我是想让我帮到你。没有反思的思考是毫无用处的。"

激烈型完美主义者追求完美的结果。尽管一些激烈型完美主义者会关注宏大的议题，但其他人的愿望可能很普通。例如，激烈型完美主义者可能会专注于实现完美登机的目标。他们希望尽快坐到自己的座位上，拿到他们需要的所有东西（如耳机、水、毯子，甚至安静的环境等），从而度过一段舒适的航程。古典型完美主义者的目标可能与他们相似，但是区别在于，古典型完美主义者明白，将自己的期望强加于周围的人和环境是不合理的。

因此，古典型完美主义者不会像激烈型完美主义者那样，震惊于事情居然不按他们的设想发展，甚至几乎发起火来。一旦察觉到事情不再如之前那样顺利发展下去，激烈型完美主义者会崩溃。有时他们会将怒火发泄出来，但更多时候会"内耗"——随着飞机升空，11A 号座位上的女士血压持续升高，她仿佛坐在寂静的地狱里，只能目睹一切都没有朝她希望的方向发展。

激烈型完美主义者身上有一个特质，这个特质在职业上往往能给他们带来好处，但是容易使他们个人受到伤害——激烈型完美主义者并不关心他人是否喜欢自己。开会时，当其他人争着抢着说一些没用但礼貌的话——"对，雷姆（Reme），我喜欢你这个主意！我只是在想，如果我们把 X 换成 Y，或许会更好。不是说 Y 比你一开始设想的更好，只是……"激烈型完美主义者会直截了当地指出问题，并迅速切入主题："那个想法行不通。还有什么其他想法吗？"激烈型完美主义者能轻松地直白表达自己的想法，这是一个很不错的优势。

古典型完美主义者往往比较类似，激烈型完美主义者则不同，什么样的激烈型完美主义者都有：有的自我控制能力极强，有的则做事不顾后果（工作时发脾气、因愤怒而做出冲动的决定等）。超高的职业道德对他们而言更像是工作要求，但这可能对他们的身心健康、人际关系质量造成巨大的负面影响。

那些尚未学会如何调节自己的完美主义的激烈型完美主义者很容易使周围的人沦为自己情绪的受害者。就像一个充满喜悦的人可以感染整个房间里的氛围一样，激烈型完美主义者能够向周围的人散发出强大而紧张的能量。因为这类人会把他们的完美主义标准投射到别人身上，要抗拒无法控制自己完美主义倾向的真正激烈型完美主义者传递的向下的重力，得费很大的劲。大多数健康的人在接触到更极端的个体（无论是在工作中还是在个人生活中）后，最终会到达临界点，并选择远离。

需要明确的是，愤怒并不是一种功能失调。愤怒是一种强大、健康、必要和激励性的情绪。不过，当你使用愤怒来伤害自己或他人时，就会引起功能失调，激烈型完美主义者往往会有意识或无意识地这样做。

与其他类型的完美主义者相比，激烈型完美主义者对成功的认知更大程度上取决于行动的结果。如果一个激烈型完美主义者没有实现自己设定的目标，或者没有以自己设想的方式完美实现目标，他们会认为自己的努力彻底失败了。激烈型完美主义者看不到努力过程中积极的一面，比如他们在其中学到了什么。除非达成目标，否则一切都是白费。其他人可能会尝试帮他们换一个视角思考："很遗憾你没能赢得竞标，但至少你有机会结识新的人脉，将来没准能拿到更多项目，对不对？"然而，激烈型完美主义者不接受这套说辞。听到这种善意的问句，他们会沮丧地给出一个简单的回答："不。"有时，他们会气急败坏，但他们的答案从不含糊。

举个例子，假设一个激烈型完美主义者的销售佣金累计达到14900美元，打破了公司的纪录，但离他们自己设定的15000美元的目标（实际上这个目标很可能是一开始随意设定的）还有一段距离，但这仍然打破了公司的纪录。他们知道自己应该对这个结果满意，客观地认识到这个成绩还挺不错的，但由于没有达成目标，在情感上，他们并不会为之兴奋或骄傲，觉得自己起码有所收获，因为对他们来说，结果才是最重要的。

在激烈型完美主义者学会管理自己的完美主义前，他们是无法分辨过程的价值的，缺乏这种能力可能会使他们感到自己被孤立了。无论结果如何，其他人似乎总能体会到喜悦，总是很有目标感，激烈型完美主义者无法理解这一点，也很难对此产生共鸣。他们可能会将这种孤立感归结于自己，心想："我知道我应该为一些事而感到快乐，但我却没有。我这个人肯定有问题。"

对激烈型完美主义者来说，实现目标的需求优先于其他一切，如健康和人际关系。激烈型完美主义者会不断基于对未来的设想来安排当下的生活："等我实现 X 目标之后，我就会和孩子联系；等我实现 X 目标之后，我就会开始约会；等我实现 X 目标之后，我会注意身体的。"著名心理学家阿尔弗雷德·阿德勒（Alfred Adler）博士是这样描述这种与完美主义的不健康关系的："对他来说，现在的全部生活似乎只是在做准备。"[1]

　　这种狭隘的思维方式让激烈型完美主义者陷入了无法"获胜"的局面。当激烈型完美主义者实现不了目标时，他们会用失败主义看待一切。而当还不知如何管理自己完美主义的激烈型完美主义者成功实现了他们渴望的结果时，他们又会感到平淡、乏味。这是因为他们追求目标的整个过程缺乏自省，没有构建起某种意义。正是意义填满了我们的种种经历，没有意义，胜利就会失去分量，不再真实可感，徒留一个空壳。胜利只会短暂地现身，之后，人们又会转向下一个目标。

　　对外在成功的这种机械的看法，也一定程度上剥夺了激烈型完美主义者的思考机会，他们不会思考只将努力过程视为达到目标的手段会（给自己、团队、公司、朋友等）带来怎样的代价。你的团队超越了其他团队，确实很不错；但如果下个季度，团队里一半的成员都离职了，这还称得上不错吗？你的孩子被"最好的"学校录取，这可太好了；但如果他们在上大学的头两年饱受自杀念头的折磨，那还算得上好吗？自我意识水平不同，激烈型完美主义者会不同程度地淡化由于自己给他人施加压力而造成的负面影响："显然，是这家公司不适合他们；她长大后会感激自己上了那所学校的。"

　　我们这个社会有时会将激烈型完美主义者浪漫化。这些拥有远见卓识的奋斗者都是狠角色，他们喝掉一杯杯咖啡，通宵达旦地工作，同时，他们严格要求自己去实现突破或达成不可能的目标，也会把身边的每个人搞得高度紧张。确实有一些激烈型完美主义者能够实现突破，但别的类型的人同样可以。高瞻远瞩的领导者角色并不是激烈型完美主义者的专利。

当激烈型完美主义者学会处理和调节他们内心剧烈的情绪后，又会怎么样呢？

亲眼见证激烈型完美主义者扭转不健康的倾向、培养健康的习惯，简直是一种奇迹般的体验。他们强烈的情绪依然存在，但他们更加开放了，也更愿意展现自己脆弱的一面。他们会变得魅力十足、活力充沛，成为值得信赖的合作者。通过有意识地控制自己，那些曾经将人们推离的特质，现在吸引着人们靠近。激烈型完美主义者能够建设性地管理自己的完美主义，成为充满威严的领导者，令人心折，给人鼓舞。

当激烈型完美主义者开始认同并追求过程时，他们不需要放弃自己的高标准⊖，也一样能体会到更大的喜悦、联结感和人际关系中的满足。每个激烈型完美主义者都会决心做一些非凡的事。若他们决心获得一般意义上外在成功的标志（更大、更好、更快、更多），他们会迷失自我。若他们决心实现自己认定的那种成功，也就是说，他们的目标与价值观一致，他们努力的过程符合其有意识的意图，他们就会回归自己原本的样子。

从新的角度看待自己和他人，能使我们学会欣赏各自的才能，对如何达成最佳合作产生好奇，对每个人的难处产生更深层次的共情。若能敞开心扉，不同类型完美主义者所构成的无形的网络可以为你生活的方方面面提供助力。如果你是一个混乱型完美主义者，有一个绝妙的点子，明智的做法是尽快吸纳一些激烈型和

⊖　如果你想了解激烈型完美主义者如何适应性地控制完美主义，可以观看电影《燃情主厨》（*Burnt*），这部电影提供了一个非常贴切的例子。

古典型完美主义者进入你的团队，否则可能连给公司取名（显然，这也是最有趣的环节）这件事你都完不成。如果你是一个拖延型完美主义者，想卖掉自己的房子，不妨邀请一个混乱型完美主义者共进晚餐，你会在甜点上桌前就做好卖房的阶段计划，选定房产中介，甚至发布好房源。只是，不要指望他后续会跟进你的情况。

每种完美主义者都拥有一些宝贵的天赋。打磨这些天赋，将其转化为技能后，完美主义者就能释放内在的动力，自由地过上强大而真实的生活，而且最重要的是，学会享受生活。

快乐拥有巨大的力量。如果你的快乐对世界没有好处，你是无法快乐地生活下去的。欣赏完美主义，你就无须再隐藏这份快乐，而是使它进入聚光灯下。仅仅学会欣赏完美主义还不够，应该为完美主义而感到喜悦。

第 2 章

为你的完美主义而喜悦

重新认识你对卓越的无尽渴求背后的天赋和优势

> 我们受到的教导是要审视来访者、分析来访者，关注他们的弱点、限制和发病趋势；但我们却不那么关心来访者积极、健康的特质，较少对自己的结论提出质疑。
>
> ——德拉尔德·温·休（Derald Wing Sue）

下面列出了一些有关完美主义的图书和文章的标题。

- 《消灭内心的完美主义者》
- 《完美主义是一种病》
- 《治愈完美主义的 5 个方法》
- 《从完美主义中恢复》
- 《如何克服完美主义》
- 《怎样才能不再做完美主义者》

健康行业竟然如此随意地用那些可能引发羞愧、激起情绪、高度病理化的表述来框定完美主义的概念，实在令人震惊。特别是医学化的语言（治愈、治疗、康复、病症等），让我们在心理上将完美主义与疾病联系起来。

当完美主义被简化为一维的、消极的存在时，我们很容易接受这个简单的观点："完美主义是不好的东西。"我们会自然而然地给任何我们不喜欢的事物贴上完美主义的标签。

无法爱自己的身体，使你内心常常感到刺痛？完美主义。突然感到不适？完美主义。为能否准时到达而焦虑？不知道给客厅选哪种颜色的油漆好？失眠加剧？完美主义。完美主义。都是因为完美主义。

我们会下意识地用完美主义来解释我们在日常生活中遇到的挫折及各种各样的心理障碍［如神经性厌食症（anorexia nervosa）、强迫症（obsessive-compulsive disorder）等］，然而，心理健康领域尚未确立完美主义的标准定义。由于临床上缺乏明确的定义，研究人员、学者和临床医生各自对成为完美主义者意味着什么进行了界定。其中有些定义有重叠之处，有些则显然相互矛盾。

这些定义都没有体现出完美主义中蕴含的多样、复杂、变化的力量，也没有人声称他们能给出这样的一个定义。心理健康领域普遍认识到，我们对完美主义这个话题的研究和理解还处于初级阶段。我们越是试图准确定义完美主义，就越是清楚地看到，完美主义是一个多维的、有着精细构造的概念，它会以独特而个性化的方式将自己展现在人们眼前。

过去的几十年里，研究人员一直在探索那些使一部分完美主义者不断成长，却让其他完美主义者苦不堪言的因素。尽管仍然存在争议，但过去人们一般将完美主义分为两类：适应性完美主义（以健康的方式运用完美主义，使自己受益）和非适应性完美主义（maladaptive perfectionism，完美主义的不健康表现）。

研究表明，与非适应性完美主义不同，适应性完美主义与许多益处是相关的，适应性完美主义者往往具有更高的自我评价[1]，对工作更投入，心理状况比较健康[2]，个人失败感没那么强[3]。他们大多不会采用反刍（ruminating）或回避冲突等消极的应对方式，相反，他们会聚焦问题，以解决问题为导向，以此来应对压力。[4] 与非适应性完美主义者相比，适应性完美主义者表现出了更强的目标实现动机；思考未来的行动时，他们担忧的程度要轻一些，也更加乐观。[5] 这可能是因为适应性完美主义是进入"心流"（flow）的重要预测因素，而心流指毫不费力地投入任务或目标的状态。[6]

心理学教授、研究人员约阿希姆·施特贝尔（Joachim Stoeber）博士是完美主义领域的领头人之一，也是《完美主义心理学：理论、研究和应用》（The Psychology of Perfectionism: Theory, Research, and Applications）一书的作者。在一篇具有开创性的研究综述中，施特贝尔与备受尊敬的学者、研究人员凯瑟琳·奥托（Kathleen Otto）博士合作，探讨了适应性完美主义者实现个人发展的方式。这篇综述值得注意的地方在于，施特贝尔和奥托不仅比较了适应性完美主义者和非适应性完美主义者，还将他们与非完美主义者进行了比较。在这 3 个群体中，适应性完美主义者表现出最高水平的自尊和合作精神，更展现了较低水平的"拖延、防御、非适应性的应对方式、人际问题、躯体症状"。[7]

三元研究（研究中会对适应性、非适应性和非完美主义者进行比较）进一步表明，根据研究对象的报告，在这 3 个群体中，适应性完美主义者的意义感、主观幸福感最强，生活满意度最高。[8] 与之前的研究结果一致，适应性完美主义者最少进行自我批评[9]，而且最愿意与他人合作[10]。由于在这 3 个群体中，适应性完美主义者的焦虑和抑郁水平最低[11]，因此研究人员展开了额外的研究，以探索适应性完美主义能不能作为对抗焦虑和抑郁的保护性因素。

适应性完美主义能增强情绪上的安全感，使人们更幸福吗？事实证明它可以。[12]

主流叙述中的完美主义并不包含适应性完美主义。相反，我们将完美主义的复杂光谱简单地理解成了其消极部分，并不认可它的价值。这意味着当前对完美主义的讨论，讨论的并不是完美主义本身，而是非适应性完美主义。

对健康行业来说，将不同模式简化为一个概念的现象并不鲜见。回望 20 世纪 90 年代追求低脂的热潮，当时，人们认为所有脂肪都不健康，都是有害的。人们并不区分牛油果中所含的不饱和脂肪和甜甜圈中所含的反式脂肪。脂肪就是有害的，低脂就是有益的，无脂就是最好的。随着我们对完美主义的理解不断深入，我们也会停止极化地看待这一概念。

当前，我们心理上依然普遍认同"完美主义是有害的"这个观点。我们认为，如果我们能够弄清楚如何摆脱完美主义，就像所有自助图书教我们的那样，我们生活的每一个层面都会得到改善。换句话说，如果我们不再是完美主义者，如果我们一劳永逸地解决完美主义的问题，学着成为与过去不一样的自己（尤其是更"平衡"的自己），那么最终我们就能松一口气，快乐起来，真正享受生活。只要我们能够做到这一点。

将完美主义病态化，是对这个原本含义更为广泛的概念的误解，以此为基础的消除完美主义的方法（告诉你如何摆脱完美主义）根本行不通。

要求完美主义者停止追求完美，从而控制完美主义，就像让人们"冷静下来"，从而控制愤怒情绪一样。这种方法在世界历史上从未起过作用，然而我们仍然执着于这种愚蠢的尝试，试图让完美主义者爱上平庸。

那是不可能的。

完美主义者是一种持久的身份认同。我们不只是偶尔谈论完美主义，因为完美主义体验本身就不是偶尔才会出现的。例如，一个人可能会说"大学毕业后我抑郁了一段时间"，但我们并不会经历一段时间的完美主义。我们所体验的完美主义是发自肺腑、由内而外的，与内心深处的自我紧密相连，它不是我们遇到的那些外部事物。

完美主义者永远不会停止关注现实与理想之间的差距，始终渴望主动弥合这个差距。这份关注和渴望会持续一生，因此完美主义具备心理上的稳定性。认同自己是完美主义者的人将始终认同自己的完美主义者身份。不止我的工作印证了这一点，将"完美主义者"视为持久的自我认同也已成为研究界和其他临床工作者的共识。[13]

尝试摆脱完美主义就像想用扫帚把风打走，只会徒劳无功。完美主义太强大了，无法彻底消除。试图摆脱完美主义，只是在浪费精力，而这些精力本可用来关注自身的健康。

完美主义应该得到管理，而不是被摧毁。（顺便一提，我们也应该享受完美主义，不过我们稍后再来探讨这一点。）要成功管理任何事物，既需要了解它的萌芽和最高水平，又需要认识这两者之间各个层次的状况。这里，我们需要从更好地理解什么是完美主义开始。

描述完美主义

某些词语，如"爱"或"悲痛"，人们大多只会描述它们，而不会给它们下定义，因为它们无法被限定在一个定义之内。定义"灯泡"很容易，可是要定义"幽默"就不那么简单了。人们希望任何心理学概念都涵盖某些本就难以捉摸的东西，也就是人类非凡的体验。最理想的情况是，我们围绕一个概念构建起足够的语言表述，从而能够从上、从下，甚至环绕它，透过一个个窗口观察它，从尽可能多的角度来看待它。

完美主义是人类的一种自然冲动，它通过我们的思维、行为、情感和人际关系而得以体现，我们既可以以建设性又可以以破坏性的形式对它进行表达。对实现理想的渴望广泛存在于不同的时代和文化，这种渴望是健康的，与爱、解决问题、创作艺术、接吻、讲故事等冲动一样健康。

每个人的自然冲动及冲动的程度各不相同。讲故事的冲动就像微风一样自然（"你绝对猜不到我下班回家的路上发生了什么"），但是作者们会感觉这种冲动极其强烈，即使他们没有写作所需的工具和时间，也会在心中创作完成自己的整部"文集"。禁止真正的艺术家进行艺术创作，他们肯定还是能秘密创作出作品。有些人数月甚至数年不过性生活，依然心满意足，其他人则不行。重点在于，并非每个人的完美主义都会被激发。

雄心并不是一种普遍存在于人们身上的特质。有些人对最大程度地释放自身潜力或追逐理想不感兴趣，甚至从未考虑过这些事。作家埃克哈特·托利（Eckhart Tolle）将这样的人称为"频率维持者"（frequency holders）[14]。他们往往会以固定的节奏参与现实生活，为社会做出相应的贡献。根据托利的观点，频率维持者这个角色与那些创造者、推动者和力求革新的人一样重要。"只是存在"，频率维持者就有助于群体的稳定[15]，还能为进一步的发展打下坚实的基础。如果每个人同时尝试突破所有限制，局面将混乱不堪。

完美主义者很难与那些没有追求完美的强烈冲动的人相处，反之亦然。你对某个事物的冲动越强烈，这种冲动对你来说越自然，你就越有可能私下考虑甚至公然表达这个想法："每个人应该都是这么想的吧，对不对？"

然而，并非如此。

与完美主义者不同，有的人热衷于做白日梦，拒绝为实现理想承担随之而来的压力。完美主义者每天都能感觉到内在的潜能在迫使他们前进，但这些人不会。他们也不会陷入持续的焦虑，在焦虑的促使下力求取得成就，超越他人，不断进步。他们不像你那样，如果不能成长为最好的自己，就会忧心忡忡。

有的人希望尽可能少工作，能看会儿电视，享受他们的爱好，放松自己，或与他人一起放松，并且第二天依旧会重复同样的事。完美主义者则疑惑这些人会不会感到沮丧："如果你更努力一点儿，或许就能把这个爱好变成真正的事业了。你不想关掉电视吗？如果你早起一小时，你可以清空收件箱，在一年内学会法语，在春天到来前把车库清理好。你还好吗？需要聊聊吗？"

与之类似，非完美主义者也会带着困惑和几分评判意味审视完美主义者："为什么你总要挑战新事物？你不能安静地坐一会儿吗？你不能只是放松一下吗？你还好吗？需要聊聊吗？"

这两者中，没有谁更好，也没有谁更差，他们只是不太一样。

每个人都会在某个方面追求完美。如果这种倾向（渴望缩小理想与现实之间的差距）经常出现，还伴随有积极努力去弥合差距的冲动，你就可以视自己为完美主义者。

和其他任何身份认同类似，完美主义是一个连续统。然而，就连说我们对完美主义连续统概念的理解存在一定漏洞，都严重低估了问题。要认识到我们的理解出了什么问题，以及为何会产生这些问题，需要先理解心理健康领域建立在照护（care）的疾病模型（illness model）之上。

疾病与健康

在医疗保健领域，对于患者照护，主要有两种思维框架。第一种是疾病模型（也称为生物医学模型、病理学中心模型或治疗模型）。疾病模型注重效率和诊断，其目标是尽快找出问题所在，以便尽快进行治疗。

疾病模型也建立在原子论（atomism）的基础上，后者认为，追溯问题的根源，可以将其归结于某一个因素。相反，健康模型（wellness model）基于整体论（holism，与原子主义相对）。整体照护主张，自我的每个方面（社交环境、工作和生活、遗传倾向等）在一个不可分割的整体内相互联系。当你以整体性的视角看待你的健康时，你不会只想找出一个问题并修复它，而是努力增强自己的方方面面，使你整体上更加健康。

尽管在某些情况下，疾病模型能提供合适且最佳的行动方案，但是它们存在一个很大的问题——依赖人们表现出来的负面症状。在这种模型下，直到完美主义演变为功能失调的状态，人们才能察觉到它的存在。

运用照护的疾病模型，不仅会极大地影响我们对完美主义的理解，还会影响我们对心理健康各个方面的理解。即使是微弱的悲伤、轻微的失落……一旦积极情绪有所下降，我们就倾向于将其视为病态。这已经成为一种文化上的习惯。

这个习惯诞生自我们所采用的以病理学为中心的疾病模型。在寻求理解之前，我们会先尝试诊断。比起"让我们弄清楚发生了什么"，我们更倾向于说"让我们弄清楚你出了什么问题"。

心理健康领域根深蒂固的病态化观念也是我们对"心理健康"一词感到困惑的原因。心理健康是否包括心理疾病？或者说，心理健康是否与成长和整体健康关系更密切，因此与心理疾病是不同的东西？

广义的心理健康状况既包括心理疾病，又涉及整体健康。虽然我们积极将整体健康视为心理健康的重要部分，并且取得了重大进展，但仍然过于依赖被动应对疾病的策略。我们会等待某种功能失调的模式逐渐显现出来，然后试图抑制其症状。

我们对待心理健康反应性而非主动性的模式，明明白白地体现在这个令人惊讶的事实中：目前，在有的国家和地区，只有被诊断患有心理障碍，才能享受心理咨询的保险报销。这就好比在洗手之前需要先患上流感。

完美主义是一种现象，而不是心理障碍。在更广阔的文化环境中，人们更关注完美主义的功能失调表现，因为心理健康行业建立在疾病模型的基础上；我们更关注每种心理体验的功能失调表现。

完美主义的力量

当你有意识或无意识地利用完美主义的力量来帮助和疗愈自己时，这种完美主义就是适应性完美主义。当你有意识或无意识地利用完美主义的力量来限制和伤害自己时，这种完美主义就是非适应性完美主义。

正如我们在引言中讨论的那样，完美主义是一种力量。它就像任何形式的力量（爱、财富、美貌、智慧）一样，内部也存在着相对的两种潜力。爱既能建立起健康的关系，又能孕育有害的关系。财富既能催生慈善，又能引发剥削。美貌既可以激发艺术创作，又可能导致物化。智慧被用于研发疫苗，消灭传染病，拯救无数人的生命，却也能用来制造原子弹，毁灭无数人的生命。你需要给任何一种力量，包括完美主义，设定界限。

　　非适应性完美主义会彻底毁掉你的生活，在那之后，它甚至胆敢向你收取毁灭你的"劳务费"，还带利息。对于这个问题，心理学领域没有争议。每位对此有所了解的治疗师、研究人员和学者，都会毫不含糊地承认，有的高风险性因素与非适应性完美主义有关。我们将在本书中充分讨论这些风险性因素，帮助你学会识别警示信号，并以适当的方式应对（老实说，从过去的经验中我们可以确定，识别警示信号和远离警示信号是两种不同的技能）。

　　存在风险性因素的地方，也存在保护性因素，即可用来提升自己安全感和健康水平的一系列条件。在了解相关信息且能够察觉自己情绪的情况下，削弱风险性因素，关注保护性因素，就是在管理自身的心理健康。

　　如果消灭问题的策略不起作用，整合性的策略应该会派上用场。要采取整合的方式应对完美主义，你得跳出思维定式，然后将它抛到一边。现在我们就开始用这种方式来思考。

跳出思维定式，然后将它抛到一边

　　你已经知道，在你学会健康地生活之前，你就是一个完美主义者了。请友善地将"我正在从完美主义者的状态中恢复过来"这种无意义的想法从你的头脑中清除。你无须从你自己中"恢复过来"。这是第一点。

　　第二点是，你需要开始欣赏你拥有的东西。不要再将你的完美主义视为理所当然。并非每个人都能体会到你内心那股推动你去探索自己和周围世界可能性的边界的冲动。完美主义者不会让自己受制于"现实"，这种思维的优势本身就是无价之宝。

　　作为完美主义者，你身体里蕴含着强大的能量，强大到你不知道该拿它怎么办才好。但是，如果你知道该怎么处理这些能量，会怎么样？

只要你还在谨小慎微地行事，那种能量就会在你内心激荡，使你感到痛苦。不要痛恨这种痛苦，反而要对它的存在抱有一分好奇。如果你是一个完美主义者，你会渴求更多。这是什么？为什么你想要这样的东西？你会如何设想你得到自己所求之物后的感觉？完美主义会诱使你对自己是谁及此生最渴望的东西展开深入的、无尽的探索。

在确定自己想要的东西后，完美主义带来的压力将激励你朝着目标前进。与理想主义者不同，你不会满足于做白日梦，而是必须为你的理想做些什么。完美主义这种会迫使人行动的特质一开始会令人恼怒、沮丧，常常使人不堪重负。然而，随着你学会管理自己的完美主义，它带给你的压力就会减小。

你开始欣赏自己内心的驱动力。你意识到这份驱动力的存在不是为了伤害你，而是为了引导你发挥自己的潜力。你不再唯恐避之不及，而是十分珍视你的驱动力，正是它阻止你将能量引向错误的方向。之后，你的成长甚至会超越此前你最疯狂的梦想中的样子。无论从哪个层面来讲，完美主义都是一份礼物。

第三点：你是完美的。是的，你很完美。不是"完美的不完美"，也不是"已经足够好了"——你就是完美的。

当有人说我们完美时，我们会产生一种介于难过与不自在之间的被冒犯的感觉：

"你怎么会这么说呢？"

"你一点儿也不了解我。"

"很难相信你会用那个词来描述我。"

"不不不不不，我根本就不完美！"

"不是这样的。"

　　我们认为自己采取防御的姿态合情合理，因此，当有人敢给我们贴这样的标签时，我们会立刻大声否认，否认了就舒坦了。可是同时，当他人的批评或带有评判意味的言辞刺中我们的心时，我们却很少立即大声为自己辩护（甚至事后也很少）。我们不觉得自己有权反对他人把我们归入负面的类型，因为负面的东西更容易使人相信。

　　"完美"这个词的英文"perfect"源自拉丁语中的"perficere"，后者由"per"（表示"完整"）和"ficere"（表示"行动"）组成。人们认为的完美之物，是圆满完成了的东西，是一个完整而完美的整体。当我们形容某个事物是完美的，我们的意思是，我们再也无法给它加入任何东西，让它变得更好了。我们不能给已然完整的事物添加更多，所以不需要更多东西了。

　　想象一下你所爱的人。然后想象一下那个人的笑声。那个声音不完美吗？你无法改变这笑声中的任何东西来使它变得更好，它已经是完整、完善的。我们用"perfect"一词来强调完整性。当你说某人是一个"perfect stranger"时，你指的并不是他是一个没有瑕疵的陌生人，而是在说他对你来说是一个完全陌生的人。

　　你并非毫无瑕疵，也没有人能毫无瑕疵——但你完整、完善，你就是完美的。

　　我们很容易认为孩子、自然和我们最好的朋友是完美的，却会否认作为成年女性的自己也是完美的。因为我们很难想象，如果我们本就完整，无须增加任何东西，会是怎样一种境况；如果我们深刻理解到自己并不残缺，而是完美的，我们一直都是如此，不需要做任何修补，就能做好迎接生活的准备，只需要出现在这里就好……会怎么样呢？

　　答案不是"我们会变强大"。我们本来就很强大。答案是，我们将感到自己有资格触碰我们的内在力量。如果我们感到，我们有资格触碰自身的力量，就像我们有权放弃自己的完整性一样，世界会变成什么样子？

我最喜欢的对完美的定义来自亚里士多德的《形而上学》（*Metaphysics*）[16]，这是一本包含 14 卷内容的哲学专著，探讨了有关生命存在和存在本质的问题。在这本读起来轻松愉悦的书中，亚里士多德阐述了使某物完美的 3 个要素。

1. "完整即完美，它包含所有必要的部分"

你是完美的，因为你已经是一个完整、完善的人，已经"包含所有必要的部分"。你无须做任何事来变得完美。在你还是一个婴儿的时候，在你睁开眼睛之前，你就是完美的。在你学会拼写、走路、取得好成绩或逗人笑以前，你就是一个完整的人。你不必通过努力去变得完整，你生来完整。而完整并不意味着不会感到破碎。有时，我们只能看到自己的一小部分。有时，我们无法触碰完整、真实的自我。但有限的感知并不能决定现实。即便月亮像一块碎片悬挂在天空中，即便你在天空中找不到它的踪迹，它依旧圆满而完整。

2. "完美之物是如此出色，以至于没有比它更好的东西"

你是完美的，因为你独一无二，你的独特之处是如此出色，无人能出其右。没有人能比你更好地做你自己。你不是"百万分之一"，不是十亿分之一，你是唯一的你。请记得这一点。

3. "达成目的即完美"

你是完美的，因为你在这个世界上存在，这一事实本身就实现了一个目的。通过存在，通过成为唯一的你，你实现了自己的目的。正如托利所说："你是世界上的存在，这就是你所需的一切。"

你一出生，就值得拥有世界上所有的爱、喜悦、自由、联结和尊严，仅仅因为你存在其中。现在依然如此。你在生命中取得的一切只是一曲终了后的掌声。而你就是那首歌。

在一个一贯将女性的欲望和抱负病态化的世界，本书传达的信息可能听起来很激进，但实际上并不是这样。恰恰相反，这些"激进"的观点本该是基本的"起点"：你已经是完整的人。你没有任何问题。你并非弱点无数。你具备强大的优势，你可以利用这些优势来选择自己生活的方向。请像你轻易相信"专家"不断告诉你你有什么问题那样，坦然接受这样一个想法：你没有问题。

如果你身上不需要增添一星半点别的东西，就足以以自己想要的方式生活，会如何？如果你需要的只是足够开放的心态，好从不同的角度看待自己，又会怎样？如果你需要的不是不停地改正错误，而只是与他人稳固的联结呢？提这些问题不只是在耍嘴皮子。

完美是一个悖论

完美是一个悖论——你永远无法变完美，可你已经是完美的了。具备适应性思维的完美主义者相信这两个说法都对，而非适应性思维下的完美主义者则会认为两者都错了。

听一听世界上最有智慧的人怎么说，不久，你就会发现，他们的言论中暗含着完美的悖论。那群最为杰出的人会以各种各样的形式告诉你，你需要接受不存在完美这个事实，而且你越快接受这一点，就能越早恢复自由。他们会告诉你，没有人是完美的，他们也一样，这对你来说是一件好事，否则生活将变得可怕又无聊。他们会告诉你，不要让完美成为"好"的敌人，要追求进步而非完美，做完一件事比完美做好这件事更重要。然后，他们会直视你的眼睛，笑容满面地宣称："你是完美的。"

从各个层面看，他们告诉你的都的确是真理。

激励满满的人生

所有完美主义者都会追求那些无法实现的、"不切实际"的理想。然而，与抱有非适应性思维的完美主义者不同，适应性完美主义者明白，理想并不一定要实现，而是用来激励我们的。适应性完美主义者会在一生中不断地让理想激励自己。他们会被比自身更了不起的事物吸引，开启一个永远无法完成，但值得他们奋斗终生的伟大任务。

要使自己常常受到激励，你需要熟悉自己内在的完美主义冲动，允许自己接纳完美主义的能量，并学会与之相处，而不是对抗它。这不是为了修复、摆脱或纠正什么，而是为了建立联结。

你很早之前就对自己的弱点和犯的错误有所了解了。你可以告诉我，你是否不止了解那些弱点，还能用它们界定自己所处的位置？无论如何，我们都不能继续这样下去了。现在我们要认识你的优势。

一旦你认识到自己的力量，你就能够获得新的视角，从而把完美主义倾向融入自己的生活，你会感到完美主义是一种健康的倾向。健康意味着安全，健康意味着拥有能量，健康是对真实自我的反映。然而，健康并不意味着会一直快乐。

幸福与快乐

人的福祉可以分为两个基本取向。快乐取向追求更多的快乐，避免感到痛苦；而幸福取向追求意义感的提升。[17]快乐和有意义的体验并不互斥，但其中一种体验也不必然引发另一种体验。

完美主义者发现快乐取向是实现人的福祉的基础方法，但不足以激起他们的激情。这也是人们常抱怨完美主义者不会找乐子的原因之一。其实完美主义者不是不懂享乐，而是具有强烈的幸福取向。对完美主义者来说，有意思的是迎接新的挑战并在克服这些挑战的过程中构建意义，而不是玩飞盘或其他人爱做的事。

在研究中，人们会将幸福取向描述为"追求完美，实现自身真正潜力的努力"。[18] 强烈的幸福取向是你完美主义的一个重要特征，在继续思考的同时，我们要牢记这一点。不必觉得自己不能一直快乐就是失败的。有的时候快乐不起来，这并不是一种心理障碍。

你的目标不是保持快乐，也不是整日陶醉于如糖果一般被包裹在多巴胺"糖衣"中的即时满足。如果这是你的目标，那么你是一个享乐主义者，而不是完美主义者。

享乐主义会让完美主义者感到无聊。完美主义者喜欢行动。完美主义者喜欢挑战。完美主义者希望做出贡献、创造和成长。

由内而外地适应

无论你是天生就具备强烈的完美主义倾向，还是由于特定经历，潜藏的倾向才浮现了出来，都无关紧要。无论你的完美主义是你忠实的伙伴，还是在压力下才会迅速爆发的力量或脆弱时才会冒出来的冒险倾向，都不重要。重要的是，作为一个成年人，你要负责调节自己的完美主义，你能学会引导它朝适应性的方向发展。

确切地说，你要适应什么呢？你要适应你最真实的自我。适应性完美主义者不会去适应外部环境或期望，他们的适应是一个内在的过程。你将从内而外地进行适应。

适应性完美主义包含一套可学习的技能。你不仅能学会这套技能，而且能很快体会到其带来的一系列好处。例如，适应性完美主义者会感受到一股强烈的动力，驱使他们去追求成功，而且他们十分享受这种感觉。

"但我已经有驱使我追求成功的动力了。"

也许你有，也许你没有。很多完美主义者认为他们被成功的渴望驱动着，但实际上他们追求的是避免失败——这是两种截然不同的动机。

如果是对成功的追求在驱动你前行，这种动机被称为促进型动机。如果是避免失败的愿望在驱动你前行，这种动机被称为预防型动机。[19] 备受尊敬的心理学家海蒂·格兰特（Heidi Grant）博士和 E. 托里·希金斯（E. Tory Higgins）博士在他们的文章《你是为了赢，还是为了不输？》中，很好地解释了这两种潜在动机："关注进步的人会受到榜样人物的激励，而专注于预防问题的人则会受到警示性故事的影响。"[20]

当你学会适应自身，根据自己的价值观追求独属于你的那种成功时，你的奋斗将更有激情、更有意义，最重要的是，会给你带来更多喜悦。为什么呢？

研究表明，适应性完美主义者是为了胜利而行动的，他们更有可能享受这个过程，因为他们的努力源于其乐观心态和获得报酬的需要。而非适应性完美主义者是为了不输而行动的，他们更容易感到压力，更容易担忧，因为他们的努力源于恐惧。[21]

当你明白只有你自己能定义什么东西对你有意义时，你就能体会到那份能使你取得独属于自己的成功的力量。不断取得独属于自己的成功，你就能建立起独属于自己的自信，外部的赞誉不会对它产生丝毫影响。对适应性完美主义者来说，"胜利"可以是实现传统意义上的成功（有时这样确实很不错），但那种胜利也就仅此而已罢了。然而当你实现内在的自我价值时，外部的得失将无法造就或毁灭你。同样，事实证明，对适应性完美主义者而言，"失败"也不是那么要紧。

　　适应性完美主义者不会将挫折视为失败，而会将其看作成长和学习的机会。这并不是说适应性完美主义者能神奇地对失望"免疫"，而是他们对自己所学到的东西的欣赏和尝试本身带给他们的激动超越了那份失望之情。

　　因此，你应该能明白，为何大胆行动是适应性完美主义的副产品——为什么不呢？人们之所以束手束脚，是因为他们害怕失败，但当你学会从过程而非结果中获取意义后，你不可能失败。归根结底，这就是幸福取向——找到意义才是成功所在。

　　顺便说一句，你知道若你不会被失败吓倒，你将更容易赢得胜利吗？正如托马斯·J. 沃森（Thomas J. Watson）⊖所说："如果你想提高成功的概率，那就让失败的概率翻倍。"

　　非适应性完美主义者并不是在追求成功，而是在避免失败。非适应性完美主义者努力避免失败，是因为逃避羞耻感的渴望驱动着他们。

　　正如我们将在第 4 章中进一步讨论的那样，逃避羞耻感是最令人精疲力竭且徒劳无益的情绪活动之一。当你处于非适应性状态的时候，你是无法享受过程的，这就好像你不会因为自己没有受重伤就喜欢上车祸。当你的唯一目标就是为逃避羞耻而取得胜利，并且你真的取得了胜利，你的感觉不一定会很好——只是会感觉自己没受重伤而已。

　　从避免失败到追求由自我定义的成功的核心转变，简而言之，就是自由。如果用 7 个字来说，就是"适应性完美主义"。

　　这听起来太理想了，让人很难相信：你真的能享受到完美主义的所有好处，而不必承受随之而来的自我惩罚吗？你真的能学会利用完美主义在生活中取得巨大成功，而不是让它毁掉你的生

　　⊖　IBM 创始人。——译者注

活吗？即使某件事被你彻底搞砸了，你也可以像事情做成了那样，为自己感到骄傲和快乐吗？是的，你可以。适应性完美主义者每天都是如此。

拥抱适应性完美主义

要变得健康，不是下决心停止不健康的行为就可以了，而是下决心迎接生活的挑战。转向适应性完美主义不是一件一劳永逸的事，好像只要做了选择就成功了。为了真正拥抱适应性完美主义，我们需要做一系列选择，其中要做的第一个选择就是"修炼"成长型思维（growth mindset）。

你可能对斯坦福大学的心理学家卡罗尔·德韦克（Carol Dweck）博士提出的"成长型思维"与"固定型思维"（fixed mindset）很熟悉。德韦克的观点是，人们会基于两种基本信念体系中的一种来展开行动，他们要么相信自己有成长和发展的能力（成长型思维），要么相信自己的能力是不会变化的（固定型思维）。

德韦克认为，你的思维会影响你在生活中做出的许多决策及对生活的满意程度。你如何应对个人的失败和他人的成功，你是否愿意付出努力，你为自己设定了什么目标……这些都源于你的思维方式。

例如，如果你是固定型思维，相信自己无法学会某样技能，你可能尝试一两次后就会放弃，说："看吧，我说过我不擅长这个。"而如果你相信自己有能力把它弄明白，你就会坚持下去，不会被打倒，继而放弃。

这也是为什么人们会喜欢玩有一千多块碎片的拼图。他们玩拼图，是因为他们确信拼图是能拼好的，而且自己有能力拼好。

当你知道只要不断试错，总能成功的时候，你不会介意尝试，也不会介意犯错。你不仅会喜欢玩拼图，还能从中获得快乐。

研究表明，适应性完美主义与成长型思维成正相关。[22] 不需要认定自己总能有所成长，但培养对自身成长潜力的开放态度是有好处的。

我曾服务过许多处在非适应性状态的完美主义者，他们开始治疗时，是以固定型思维来看待自己能做到什么的。他们大多觉得："我知我永远也尝不到极乐的滋味，但我希望自己能不那么不快乐。"

人们会说，自己为了变得健康而做过很多次尝试，都无济于事，这说明他们注定会永远深陷苦闷。但是，不考虑问题的根源可能是方法不当，而不是个人本身，就得出令人挫败的结论，这是不公平的。

目前人们管理完美主义的方式就像一场灾难性的火车事故。我们之前谈到过，整个策略是以强制消除完美主义理念为基础构建起来的。因此，许多完美主义者采纳了故意变平庸的糟糕建议：故意考低分，故意迟到，强迫自己展示自己觉得不怎么样的作品……

完美主义者希望这样就能像治愈发烧一样治愈自己的完美主义倾向，因此他们会按这些建议说的做。然而这种方法不仅行不通，还会让完美主义者感觉更糟，因为他们会觉得一定是自己做错了什么。

你过去失败的经历并不能证明你疗愈、成长和发展的能力不会再有提升了。这些失败经历无关紧要——我不在乎，你也无须在意。接纳你漫长而曲折的经历，它表明，你始终在追寻真实的自我。

要认识到，迄今为止，所有试图管理完美主义倾向的方法都没有奏效，因为它们都在解决错误的问题——它们尝试让你停止

5

做完美主义者。改变自己并不能疗愈你，你得通过学会在这个世界上做自己，来使自己得到疗愈。

为了挑战固定型思维，你要明白，如果你找错了问题，你也会弄错解决方案。你一直遵循着一个错误的解决方案：尝试变得不那么像自己，尝试控制自己的本质。而真正的解决方案是以更健康的方式，多多展现真实的自我。

选择成长型思维，你需要为可能性留出空间。为可能性留出空间就像做深呼吸，真正的呼吸。让空气穿过你的喉咙。想象一下，也许你能过上那种常使你感到喜悦的生活。你每周笑多少次，你的人际关系质量如何，你能不能连续睡一整晚而不中断，你的职业有多令你满足……这一切都可以变得更好。

即使只是理性地承认改变在客观上是可能的，你能接受自己可以改变也很重要。如果你试过，但仍然无法使心态放开，那也没关系。你读到了这里，说明你已经足够开放了。

你甚至不需要刻意培养，就是如此大胆、真实，拥有无穷的动力，你有失败、学习和成长的自信，在此过程中，你会给你的生活赋予更多意义，提升自己和你周围的世界——这就是完美主义。你可以排斥完美主义，也可以拥抱它。

当你停止排斥完美主义时，你就是在实践不抵抗主义（nonresistance）。不抵抗主义能释放你的能量。而负责将你新获取的能量引导到特定地方的那个人正是你自己。

如果你能有目的地引导你的能量，并用它来进行疗愈，你就可以构建你想要的生活，不会再过得那么苦。当然，之前可能没有提到，过上自己想要的生活后，很多时候，你仍然会感到生活十分艰难。不过不同的是，至少受这样的苦是值得的。

第 3 章

当完美主义被视为疾病，平衡被视为疗愈之法，女性被视为患者

将女性对自身力量和抱负的表达病态化的模式

很少有人对有天赋、有才华、有创造力的女性的心理活动和思维方式进行描述。

——克莱丽莎·平科洛·埃斯蒂斯博士

我从我的下一个来访者，在"蜂巢"里工作的鲁帕（Rupa）身边经过。"蜂巢"是谷歌公司纽约办公室内的一小片小型独立工作空间。我想她没有看到我。10分钟后，在我的办公室里，我提到我刚才在"蜂巢"看到她了，随后她开始闲聊，说了半天她"忙得像蜜蜂似的"，不过似乎很快就感到有一点儿尴尬。作为一个即使能得到再多财富和好处也无法闲聊的人，我觉得几乎没有比灾难性的失败的闲聊更有意思的事了。我微笑着，没接她的话头，然后她开始大谈特谈起来。

鲁帕把所有事安排得井井有条。每天早上做完咖啡后，上地铁前，她都会锻炼身体。她的健身追踪器会震动，屏幕上圆形的

小烟花欢快地炸开，祝贺她今天付出了努力："完成运动目标。"
为了让新年下定的决心变为现实，她雇了一位理财顾问，并且已
经做出了满意的财务决策。她非常留意自己的饮食，从不被谷歌
办公室内的食品车、华夫饼制作站、砖炉比萨等诱惑。她不仅有
朋友，还时不时与他们一块玩。

她对酒精的依赖让她有些不安，所以经过一番艰难的斗争后，
她最终成功戒酒。在数字营销领域的职业经历使她对创造产生渴
望，因此，她充分研究了最佳防护装备，雇用合适的暖通空调承
包商，确保她家里的上排风系统正常运行，然后购买了一个家用
窑炉，还把公寓里多余的那间卧室改造成了陶艺工作室。她也会
约会、旅行，每 6 个月去看一次牙医，在独立书店买书，给自己
放松的时间，不勉强自己做任何事。

她很喜欢她努力争取到的这种生活。她向我强调了这一点，
还告诉我为了过上这样的生活，她经历了多少艰辛，就像攀登高
峰一般。鲁帕找到我是因为她有时睡不了整觉，夜里会醒来。

"'有时候'是指多久一次？"我问道。

"我不确定，我没记下来。"

于是我们开始记录。鲁帕每周大约有 4 天，夜里会醒来，通
常是在凌晨 2 点左右，没有明显的原因。她会凝视天花板，看着
斑驳的黑暗，大部分时候她能忍住不拿起手机，有时则立刻去拿
手机。

大约一个小时后，她会再次入睡，最终她能得到足够的休息，
不过可以理解，这种情况令她困扰。她告诉我，她真的一点儿也
不焦虑。她午后不会喝咖啡，也会避免摄入过多含糖的食物。鲁
帕的身体很疲倦，但她说："我就是无法让脑子停下来。我不知道
是怎么回事。"

当人们说他们不知道为什么自己无法入睡时，通常意味着他

们还没准备好探索可能的原因，并将结果公布出来。把某件事用言语表达出来，会促成改变。

有时你会大声说出一个想法，以赋予其重量，因为它很重要。有时，你大声说出一个想法是为了放下它，因为它微不足道。在你把话说出口之前，这个想法可能是模糊难辨的。而如果你把想法公之于众，相当于你在它身上下了更大的赌注，因为你真正的想法对你来说变得更加清晰了。

我们也不会将我们知道的某些东西大声说出来，因为承认真相可能会让我们解脱，但是几乎总是痛苦的。当你无法入睡时，至少有一部分你知道原因；否则，你不会从睡梦中醒来的。我不知道鲁帕为什么会在深夜醒来，但我知道，在某种程度上，她清楚是什么原因。

在她"忙得像蜜蜂似的"那次会谈前的晚上（当时我们还没见过几面——我们认识才几周，大概见了四五次），鲁帕过得特别艰难。

"我又那样了，"她坐得笔直，说道，"我太累了，我只想哭。"

"是什么使你没有真的哭出来？"我真诚地问她。她的能量似乎在变化。就好像她吸气时是一个人，呼气时就会变成另一个人。她的身体似乎正不断坍缩到沙发里，声音也随之低沉下来。鲁帕是一个充满活力且多面的人，她的每一面都是真实的。她不是在作秀，这只是她的另一面——不那么规规矩矩的一面。

鲁帕的表情让我想起我的大学室友把烟全抽完了时的样子，于是，我直接说出了这个想法。鲁帕凝视着一个什么都没有的角落，看了足足 10 秒钟。随后，她打破了沉默："我家里的一切都是陶土味儿的。我自己也闻起来像陶土。"这会儿她看起来简直快哭出来了。

那一刻，我们俩笑了起来，毫无道理，但就是笑了。她开始口若悬河，手舞足蹈地解释她买窑炉是因为她觉得自己需要一个正经的爱好，而且这也为她拒绝他人的拜访提供了更好的理由。然而，现在她的生活似乎总是散发着干净的温泉泥的味道。

此时此刻，鲁帕就像在"嘲笑这一切的荒谬"和"彻底崩溃"之间走钢丝。不经过滤就直接叙述自己的意识流，需要冒情绪风险，所有人都是如此，鲁帕也一样。不过让我震撼的是，这一点在她身上如此显著。心理治疗中的大部分工作实际上是在治疗师的办公室以外完成的，但鲁帕分享的不是几天前的感悟，而是当下的体验。就好像某个写有"直播中"的标志亮起了红光，而她开始"直播"了。

她向我倾诉一件又一件事，我不免替她感到不安：她喜欢理财，但她到底在为什么而存钱呢？不再饮酒的确是一种进步，她会保持下去，但现在她已经分不清没醉的人和其他人谁更烦人一些。她并非真的在依照直觉来吃东西，只是在模仿别人的做法——她认为依照直觉进食的人应该吃些什么。因此，她吃了很多杏仁。她爱她的朋友，但并不想见他们。她也一点儿都不喜欢约会。"一点儿都不"的意思是，她讨厌约会，她甚至在想自己有没有可能是无性恋者。她更喜欢待在家里，看电视，毫不留情地挖苦他人发在网上的交友资料，给自己敷一张药妆面膜，然后独自上床睡觉。她对她无法命名的东西心怀怨恨，但她清楚那东西闻起来像什么。是陶土的气味。

鲁帕犯了一个新手常犯的错误，这也是女性常犯的错误之一，然而很不幸，很多人视其为女性进入成年期必经的仪式——放弃由自我定义的生活，以换取人们预设的"平衡"。鲁帕觉得自己受到了欺骗，其实并不是只要她减少工作时间，找到一个爱好，多多社交，健康饮食，并主动寻找恋爱对象，就可以过上健康、情绪稳定，而且平静却有趣的生活。但从一开始，这就是一个不切实际的交易，不如说一直以来就是如此。

你见过那些警示人们在易贝（eBay）上购买家具时不要忘记查看家具尺寸的图片吗？这类图片上往往画着一个人，他的手掌中有一个逼真但过小的物品。遵循预设的平衡生活与之类似，只不过你手里拿着的不是缩小款伊姆斯椅（Eames chair）[⊖]，而是微缩版的生活，它容纳不下过于庞大的你，无法与你的重要性相提并论。

幸运的话，你不会满足于他人对成功的定义，尽管这些定义还不错，也很受欢迎。生活中总会有一些东西锲而不舍地敲打你内心的玻璃窗，试图引起你的注意。也许是在你下班后沿车道走向前门时，也有可能是早晨你炒鸡蛋的时候。最常见的情况或许与鲁帕类似，敲击声会在深夜降临，在那些原本他人曾向你保证，只要你按他们说的做，就会无比宁静的深夜降临。有些东西会由内而外给你施加压力，迫切地要求你更进一步：去追求更好的、更广阔的生活，也是真正适合你的生活。你猜得到那是什么东西吗？

每周都有 4 个晚上，鲁帕会从沉睡中醒来，盯着她那颜色深深浅浅的天花板看，因为她把自己的生活塞进了一个坐标系：横轴是别人告诉她她得做的事，纵轴则是她应该成为什么样的人。在这个坐标系之上，还有施加给女性的要求——正如作家卡伦·基尔班（Karen Kilbane）所说的，"病态的感激"，这会导致你的内心产生一种无声、无形的失败感：我到底哪里有毛病？任何人都会感到感激的。我可以改变，我得理顺自己的想法才行。许多雄心勃勃的女性的二三十岁甚至更年长的时期，都是这么度过的——努力去过别人所说的每个人都想过的"平衡生活"，结果发现自己并不渴望这样的生活。

⊖　1956 年美国的伊姆斯夫妇设计的一款经典餐椅，现已被纽约现代艺术博物馆永久收藏。——译者注

鲁帕完成了"保持平衡"的清单上的任务，然后开始等待，但是什么也没发生。她不仅没能感到满足，相反，还体验到了一股压抑、受制、令人痛苦的焦虑。这给她造成了一定的冲击，虽不会很强烈，但是一点一点累积着，总能使人清醒。她疲倦地坐在我的沙发上，除了向我坦白，无力再做任何事情。她问了我（也是问她自己）一个残酷而犀利的问题：难道就只能这样了吗？

与之形成鲜明对比的是，我注意到，当女性描述年纪增长所带来的喜悦和好处时，她们显得那么明快、开朗。她们通常会说："当你到了一定年龄，你就能学会不再在意他人的眼光。你总算能接受自己无法取悦每个人的事实了，于是你会努力满足自己。你相信你知道自己需要什么。你会尽力让自己认真起来，认真表达自己想要什么，做自己想做的事，不再顾及结果如何。"男性往往不会这样描述年纪增长的好处。

从此过上平衡的生活

我认识的女性中没有一个过上了平衡的生活。我认识很多女性，她们离平衡感还差得远呢，恐怕她们每周得多过上两天，购买一次专业清洁服务，或者截止日期能延后一段时日，又或者能把孩子交给专业人士照顾整整 3 天，生活才能平衡。我认识的很多女性就像鲁帕和我以前那样，她们构建了一个看似非常平衡的生活，却总觉得心神不定，仿佛被无休止的敲击声困扰着。离平衡只差一步的感觉很容易让人上瘾，然而，遗憾的是，寻求平衡的努力总是陷入失败的循环。平衡似乎成了女性现代性的奖杯，十分难以捉摸，它永远在你的前方，好像只要再走一步就能赶上。

然而，在我的实践中，女性不断向我报告她们无法实现平衡，仿佛除了她们以外，其他人都已经弄清楚该怎么做了。我的回应不是"别担心，大家都还在努力寻求平衡"，而是"别担心，平衡并不存在"。平衡就像讲给成年女性的童话故事，在这些故事里，王子被平衡取代了：如果你保持友善，始终拥有高尚的品德，并做好所有该做的事，如果你能最大限度地从困境或无意识状态中汲取收获，那么平衡的生活就会降临，拯救你，一切都会好起来，你将幸福地度过余生。

我们会执着于平衡这个诱人的目标，是因为我们相信两种错误认知。第一种是"生活通常是稳定而连贯的"。当然，马路上偶尔会出现凸起的小块，也可能发生意外情况，但那是例外，不是规律。真正的规律是，如果你的生活没有实现自动化，不能从这一天无缝过渡到下一天，那你肯定做错了什么。

既然生活通常稳定而连贯，容易自动化地运转起来，那么，你只需要找到并代入正确的公式，就能让一切顺利按预期展开。将问题分类归纳，将每个问题与其电压力锅般的快速解决方案一一对应起来，哇哦！问题解决了。

第二种错误认知是，你所有最为基本和复杂的需求、渴望和欲望，也就是你心里那如同郁郁葱葱、绿意盎然、起伏不断、布满露珠的山丘一样蓬勃而茂盛的漫游癖，你大大小小的好奇心——都能第一时间得到满足，并且可以同时得到满足，而且只要你能合理履行作为社会基本成员必须履行的无数社交、职业和家庭义务，它们就能同时得到满足。

如今，我们对平衡的看法基于这样一个观念：你的生活完全可以归纳为一份待办事项清单，并且一旦你完成了清单上所有的项目，将遇到的问题与相应的解决方案匹配起来，你就能听到那令人满意的"咔嗒"声，就像安全带扣对位置时发出的声音。如果你还没有体验过这种"咔嗒"声，就是因为你还不够平衡，你做得不对。"平衡"已经变成了"健康"的同义词。如果你不是一个平衡的女性,你就不健康。

正如你现在可能已经注意到的那样,路面上那些偶尔出现的凸起,那些意外情况……它们才是规律,而不是例外。生活根本不是什么一以贯之的存在。某些时刻,你的生活会被某种内在或外在的事物侵蚀,这是正常且健康的,是可接受的。我们可以将这种侵蚀视为平衡的反面,它会一次又一次地出现在我们变动不居的生活中。

侵蚀本身不是问题,反倒是生活的意义所在:活着并投身生活,不要把自己封闭在经过精心控制的范围内,还称之为平衡。人生中有些季节适合工作,有些季节适合性生活,有些季节可以做3件事,有些季节能做9件事,有些季节则只能做两件不怎么样的事,受困于令人沮丧的空虚。

当你坠入爱河、重新装修房子或经历悲伤的时候,平衡在哪里?当你处理离婚的事,当早上你的车启动不了,当你已经找了3个月工作却没有任何起色时,平衡又在哪里?大多数女性都有过足以在 #MeToo 运动中分享的经历——那个时候,平衡在哪里?

在你的第二个孩子出生以后,当你为首次 A 轮融资做准备时,当你的长辈生病,需要更好的照料时,平衡在哪里?当你找到合适的激素避孕药,当某个家庭成员正饱受躁郁症之苦,却连续3天无人知晓时,平衡在哪里?当你工作的公司被一个大集团收购,你的工作不再稳定,当破坏性的飓风席卷你在世界居住的小小角落时,平衡在哪里?某种疾病在全球流行的时候,要过平衡的生活,有可以遵循的公式吗?如果大流行"结束"后,你还苦于应对它带给你和你周围的人的所有改变,又该怎么做到平衡?

起初,追求平衡是具有疗愈作用的,其目标是平衡能量(即哲学概念"阴阳",以及对脉轮健康状态的关注等)。为了达到最高的活力水平，你要关注你内在的能量系统，并根据自己的需求进行调节。平衡能量与平衡任务明显不同，后者是人们口头上常说的"平衡"的含义。

人们说一个女性的生活是平衡的，并不意味着她发现了理想的能量平衡点，而是说她能够同时兼顾多个任务，负起多个责任。日程表不断加长，她却不会失误。对平衡的这种定义是片面的，将其解释为能从容不迫地忙碌，而这与健康无关。下文所说的平衡，指的都是这种简化、表面的平衡。

我的一个好朋友曾和我分享过一个法律行业的说法：成为律师事务所的合伙人就像参加吃馅饼比赛，而奖品是更多的馅饼。平衡与之十分类似。你能成功平衡的任务越多，你同时应付这些任务的能力就越强，咚咚咚……平衡更多的任务。

除了平衡各项任务以外，人们还期望女性提前做准备，以平衡好自己可能带给他人的情绪体验。在我最喜欢的 Apple TV+ 剧集《早间新闻》（*The Morning Show*）中，里斯·威瑟斯庞（Reese Witherspoon）饰演当地新闻主播布拉德利·杰克逊（Bradley Jackson），她获得了网络电视台的一个重要机会。杰克逊不情不愿地采购适合上镜的衣服，她将镜头前应有的形象戏称为"观众心仪、人畜无害的梦幻女孩"："人们以一千种不同的方式告诉过我，我太自由了、太保守了、太中庸了。你的下巴太长了。你不怎么笑。你头发太黑。你想把头发染成金色吗？你的胸部在哪里？快，露出你的胸部。等等，收起你的胸部。你在吸引男人！你吓到女人了。你知道的，攻击性别这么强——这样男人可不想和你上床。不要那么愤怒——女人会觉得你在批评她们。"

我按了两次倒带键。这一段真令人满意，因为它简明扼要地解释了女性经常面对的一些自相矛盾的要求。女性总得面对这样的要求，无论在什么地方，无论什么时候。

　　"你如何平衡工作和母职？"这是每个有孩子的职业女性经常被问到的问题。职业男性也是父亲，但是，别人不会问他们类似的问题，因为人们并不期望父亲扮演主要照顾者的角色。人们认为父亲应将主要精力放在工作上，在孩子的生活中，父亲是排第二位或第三位的照顾者。因此，在外工作的女性称自己为"职业妈妈"，在外工作的男性却不会称自己为"职业爸爸"。这也是为什么父亲在工作和家庭生活有所冲突时不会感受到同等的内疚，因为他们并不会面对同样程度的冲突（在事业上取得成功、同时照顾好孩子、对孩子的课程表一清二楚、了解孩子的玩伴、和医生预约、处理夫妻社交生活，以及做家务等）。[1]

　　在这里，也许我应该说，我们的目标不是要得到像男性那样的对待。你有过这样的经历吧：你觉得你应该知道某人是谁，却不认识他，于是你去谷歌搜索。有人曾对我说，我的生日和鲁德亚德·吉卜林（Rudyard Kipling）[一]的生日在同一天，我当时说："太好了！"然后我就去搜索，还读了他的一些诗。在《如果》这首关于成为男人的诗中，我读到了一句话。

　　在这首诗的语境下，这句话是乐观且鼓舞人心的。无论如何，它深深地吸引了我，仿佛独立成行，牢牢铭记在我的脑海里，让我想起我曾经共事过的每个男人："永远不要提及你失去的东西。"

　　人们不允许男性感受很多个人的痛苦，更不用说把它们表达出来了，其中有一种痛苦之所以出现，就是因为他们对完美主义无止境的追求不会遭受任何挑战。"成为男人"要求他们的心境达到一种"空白"状态，这并不符合男性的高度敏感、幽默感、创造力、始终不渝的同情心、智慧和美感。任何一个正在抚养小男

　　[一]　英国作家、诗人。著有小说《丛林之书》《老虎！老虎！》。——译者注

孩的人都会告诉你，他是有史以来最可爱的小男孩。小男孩的内心会迸发出温柔、爱意和好奇，但男性会被教导：如果他们想在这个世界上得到认真的对待，就得把这些东西隐藏起来。

男性的自我价值感很不稳固，超出大部分人的想象。我们设想男性过得很不错，但实际上他们过得并不好。他们并非高坐在父权制度的宝座上，嘲笑其他人。他们正站在虚构的二元性别的边缘，努力不使自己跌下那个真实存在的"悬崖"。

我认为自己非常幸运，在职业生涯的早期就读到了杰克逊·卡茨（Jackson Katz）博士的作品。他的突破性著作《大男子主义悖论：为什么有些男人会伤害女人，以及男人能做些什么》（*The Macho Paradox: Why Some Men Hurt Women and How All Men Can Help*）是一个很好的起点，在它的启发下，人们可以持续探索超出其范围的问题。国际知名作家和艺术家阿洛克·韦德-梅农（Alok Vaid-Menon）的书《超越性别二元论》（*Beyond the Gender Binary*）也是如此。不过，现在我们回到寻找平衡这件事上，探讨为什么这种不可能的事，没有更好或更糟的实现方式。

一个谜思

有两个女人。她们都已成为妻子和母亲。她们都会比其他家庭成员早两个小时起床。女人 A 解释说，她早起是因为早晨能拥有一段时间烘焙新鲜面包给家人吃，让她很愉悦，她喜欢用手揉面团的感觉，喜欢那种触感。在烘焙面包时，她会打扫家里。干净的家会让她感到平静。由于她是独自一人按自己的步调打扫的，所以清洁工作更像是冥想，而不是一件家务。打扫完之后，她会看一会儿书。她非常喜欢属于自己的早晨时光。

女人 B 解释说，她早起是要为上班做准备。仔细查看她的日程表并确认自己已为每个会议做好准备的感觉很好，找到很可能出现的问题会迫使她找出解决方案。她也钟爱一次性回复前一天收到的所有电子邮件的高效。如果查看日程和处理邮件后还有时间，她会读一会儿书。她的房子有点儿乱，但不是脏乱。除非有人来访，否则房子通常处于这种状态。她的孩子早餐吃麦片，所以没有需要烹饪的东西。

你认为人们会让哪个女人"更平衡一些"呢？

这其实是一个陷阱问题，答案是既不是女人 A 也不是女人B。如果这两位女性来到某种现代女性委员会，后者会强烈鼓励她们按自己认为合适的方式继续关注自己。两人都会得到盛赞："了不起！做会令你感到开心的事！你必须先照顾好自己，你知道的。照顾不好自己，就无法帮助他人。"

接下来，这个我们幻想的委员会简单地追问一句。这只是一个形式上的小环节。可能有人会低声问："在你为自己做这一切事情时，其他人都还在睡觉，对吗？"

这就是附带的条件：无论你做什么——锻炼身体、读书、参加俱乐部、凝视窗外、投资自己和你的事业……你可以做任何你想做的事！只不过，在其他人醒来前，你就得做完这些事。

我们把平衡的担子交给了女性，并提醒她们这个任务极其沉重，这正是她们成为超级英雄的原因，然后我们不断向她们强调要照顾自己："要平衡，也要自我照顾；要平衡，也要自我照顾；要平衡，也要自我照顾。"是的，谢谢你们，我听到了。

女性往往会假设，一旦实现平衡，就能将自己的能量释放到世界上。然而没有平衡，你一样可以做到这一点。平衡不是成为真正自己的先决条件。对于大多数女性，尤其是对每一种完美主义者来说，从表面上看，真实地生活似乎恰恰与平衡相反。我所认识的最有成就感的女性在平衡方面做得都很糟，我指的是，真正的、标志性的糟。

随着年龄增长，女性会感到越来越自由，不是因为她们终于实现了她们一直以来追求的平衡，而是因为她们终于放弃了。经过痛苦的反复试错后，女性逐渐明白，正如我的朋友米莎（Miesha）曾经说过的那样，"这么做只会屡战屡败"。

在不断抛弃对自己不再有益的东西的同时，一种令人振奋的不恭敬态度会在女性的内心滋长，她们会将追求平衡的要求揉成一团，并扔进垃圾桶。然后她们会点燃垃圾。她们已经结束了这一切。她们退出了。

平衡并不真实存在，它只是一个概念。在实际应用中，受时间和现实情况等所限，平衡是不可能实现的。平衡似乎总在拐角处，要等假期过后，要等处理完这个非常严重的情况后才可能实现。平衡从未真正出现过，我们却没有注意到，因为我们忙于责怪自己，就好像是我们自己推迟了它的到来一般。我这里所说的"我们"指的是女性。

女孩，你一团糟！

我们会用"一团糟"（hot mess）这个词来形容一个未能展现出平衡特质的女性。她明显无法应付千头万绪的事情，她开会会迟到，她的头发也许有些凌乱，或者刚坐下 5 分钟，她的手机就响了，因为她忘了调静音模式。无论如何，关键在于她看起来不够整洁，也不够平衡。她会将时间和精力的冲突表现出来，我们也能注意到这一点。

使用"一团糟"这个说法，更容易引起人们的注意——当某个事物有名字时，谈起它就更方便了。你想到的"一团糟"的人，通常是一个女性或一个外貌比较女性化的人。"一团糟"是用来描述女性特质的。请注意，在这里，可见性是关键所在——如果"一团糟"的人外表看上去整洁有序，如果他们假装十分平衡，他们就不会被认为"一团糟"。

"一团糟"是一种外在的描述，因为在这个说法中，外在形象才是重要的，女性的内心体验没有她们的外貌重要。这反映了这样一种假设：如果女性身材纤细，那么无论私底下发生什么，她们都是健康的。其所鼓励的并不是为自己而追求健康，而是为了给他人以健康的表象而追求健康。

我们使用的语言显然会反映我们所处的文化。或许不太明显，不过，我们不使用的语言更能清晰地反映文化。就像"guilty pleasure"（罪恶的快感）这个表达无法很好地翻译成法语一样，"bossy"（专横）、"strong-minded"（意志坚定）、"hot mess""mom guilt"（母职内疚）这些词，也没有能用在男性身上的等价词。把这些词用在男性身上时，隐含的信息与英语世界的文化的价值体系不符合。换句话说，我们不这么使用这些词，是因为这么用不会产生意义。

法国人认为，生活中的快乐是自然、健康、值得推崇的，为什么人要为自己感到快乐而感到内疚？男性应该是权威的，所以他们怎么可能专横呢？男性不需要保持微笑和愉快，所以当他们摆出中性的面部表情时，为什么会觉得这不正常，要找一个特定的词来指称它？男性不必永远保持平衡，所以他们也不可能"一团糟"。"父职内疚"这个词并不存在，因为男性不会接收到"他们应该为工作感到内疚"的信息。"意志坚定"用来形容男性是多余的。

我们将隐含的性别表现期望嵌入日常语言（如"职业母亲"）

中来传播这些期望。语言还通过不同程度的惩罚和奖励，包括"不惩罚"这种"奖励"，强化了这些期望。例如，偏离了"看起来健康、平衡"的隐性别表现期望，你就会被贴上"一团糟"的标签（一种惩罚）。写邮件时刻意多用感叹号，则没有人会称你为"悍妇"（不惩罚的"奖励"）。

是的，有些女性违背性别表现期望，成功赢得了行业的尊重和权力，但她们这样做付出了巨大的个人和职业代价；但她们不必承受巨大的风险，通过立即付出代价，她们绕过了风险。有这么一个令人印象深刻的例子。

在娱乐体育节目电视网（ESPN）所称的"美国公开赛历史上最具争议的决赛"中，自称完美主义者的塞雷娜·威廉姆斯（Serena Williams）在接到 3 次犯规处罚后丢了 1 分，输了 1 局。她受到的最后一次处罚，是因为言语侮辱裁判员，她说主裁判是"撒谎者"和"小偷"。威廉姆斯对此提出抗议，并向裁判员呼吁："这种情况发生在我身上太多次了。这不公平。你知道有多少男人做过更糟糕的事吗？"威廉姆斯继续自信地为自己辩护："这里有很多男人，说过很多话，但是……因为我是一个女人，你就要从我这里夺走这个权利。这是不对的。"

赛后，媒体掀起轩然大波，《体育画报》（Sports Illustrated）的撰稿人 S. L. 普莱斯（S. L. Price）支持威廉姆斯关于男性做过更糟糕的事情的言论。普莱斯提到，温布尔登网球锦标赛和美国网球公开赛冠军吉米·康纳斯（Jimmy Connors）曾在美国网球公开赛的一场比赛中多次说主裁判是"流产儿"，还让他"滚下椅子，你这个混蛋"，却无须承受任何后果。康纳斯最终赢得了那场比赛。[2]用知名女权主义作家菲利斯·切斯勒（Phyllis Chesler）博士的话来说："多么离奇，又多么熟悉。"

平衡女性的反面

显得不平衡的惩罚是，我们自己或他人会觉得我们一团糟。不过，"一团糟"的状态并不与平衡相对。健康、平衡的女性的反面是完美主义者。

完美主义可能会使你失败，但正如前文提到的，任何没有边界的权力都可能使你失败——那么为什么我们单单要挑完美主义出来说呢？

这个问题或许更好一些：为什么我们要将完美主义单列出来，认为它是女性身上所带有的消极特质呢？

你从没听过男性自称"正在康复的完美主义者"，这是有原因的：没人会教导男性"要从完美主义中"恢复过来。男性受到的教导是，要将他们的完美主义追求、他们对高标准的坚持，以及他们追求卓越的动力——尽管这份动力有时因过于关注细节而陷入低效，有时则可能破坏人际关系，融入更全面的自我认知。男性受到的教导是，要毫不妥协地追求自己的抱负。我们不仅期望男性完美主义者这样做，还会因此而赞扬他们。由英国厨师转型为媒体大亨的戈登·拉姆齐在荧幕上的形象就是一个明显的例子。

我们相当清楚，人们向来教导女性要道歉。在 2010 年的一项研究证实女性比男性更常道歉之后，我们开始注意到，女性在提出请求和进行一般性陈述时，往往会加入"抱歉"一词："抱歉，你能把咖啡递给我吗？抱歉，我有一个问题。抱歉，今天是我的生日。"

人们并不是在一夜之间认识到女性过度道歉的倾向的。文化意识发生这样的转变，只是因为有大量公司、媒体机构和个人多次发声抵制这种现象。要求我们关注自己如何使用"抱歉"一词的思潮反复涌现，融入了时代精神，就像袜子持续在烘干机里翻滚。许多专栏文章和 TED 演讲都谈到了这个话题，而"抱歉"也为众多播客节目提供了丰富的素材。艾米·舒默（Amy Schumer）[⊖]拍摄了一部喜剧短片，以过度道歉的女性为主角；潘婷（Pantene）则围绕这个问题展开了一场广告活动。我们的意识被其淹没了。

现在我们已经不再道歉了，也几乎不再为不再道歉而道歉。苏黎世大学研究员戴维·马特利（David Matley）从事数字文化、社交媒体、自我呈现和人际关系管理等多个领域的研究。[3] 研究标签"#sorrynotsorry"（对不起，我并不感到抱歉）时，马特利发现，这个标签往往用于谈论实际的话题，"作为'不抱歉'的标志，平衡着（不）礼貌与自我呈现策略……允许标签的使用者对网络适当行为规范的变化采取既反对又认可的立场"。我们使用"#sorrynotsorry"这个标签来叛逆地宣告我们不在乎别人对我们选择的看法，同时通过承认我们知道自己所说的内容"违反规则"来保持愉悦。如果你必须打个赌，你会选谁更常使用"#sorrynotsorry"这个标签，男性还是女性？

目前，女性对野心的表达和对权力的追求受到压制，这些表达被纳入完美主义范畴，随后完美主义又被极度病态化，这是性别歧视最广为流传的一个隐性驱动因素。强调限制女性权力表达的做法被称为"寻求平衡"，这种指导几乎只针对女性，而非男性。

对女性来说，完美主义是一种需要用一生来康复的病。"完美主义者"背后的隐含信息是"你做得太多了"。作为相应的解决方法，平衡被摆在了女性面前（诱使女性信奉）。"寻求平衡"背后的隐含信息是"保持冷静、放慢脚步，从而照顾好自己，但同时成为所有人眼中那个万能的角色，从而照顾好其他每个人"。

　　⊖　美国演员、编剧、导演，出演《艾米·舒默的内心世界》等喜剧类
　　　　作品。——译者注

为女性完美主义者欢呼

女性完美主义者并不总是被病态化。如果一个女性将完美主义用在追求符合传统女性标准上，她的完美主义就会被视为优点，她也会因此而获得奖赏。然而，如果一个女性将完美主义用在历史上由男性主导的领域，或用来追求传统的男性特质，她的完美主义就会被病态化，惩罚也会随之而来。

正如我在引言中所说的，这就是为什么玛莎·斯图尔特可以凭她的完美主义建立一个商业帝国，并成为或许是我们这个时代最广受赞誉的女性完美主义者。但是请注意，玛莎·斯图尔特的公司，玛莎·斯图尔特生活全媒体公司，关注的都是哪些领域：迅速制作早午餐食谱，各种节日娱乐活动，引人注目的油漆调色板，婚礼，等等。这些都是典型的家庭主妇会感兴趣的内容。玛莎·斯图尔特之所以能公开宣称自己是完美主义者，而不必听别人念叨"你得更平衡一些"（即克制她强大的驱动力），是因为她的兴趣始终未曾超出公众所能接受的范围，公众认可女性可以公开表达在这些事物上的抱负。然而，为什么指出玛莎·斯图尔特在创办她的公司之前是华尔街的一名股票经纪人，会让人感到如此"不对劲"呢？

2011 年，日本整理顾问近藤麻理惠（Marie Kondo）写作了《怦然心动的人生整理魔法》(The Life-Changing Magic of Tidying Up) 一书。可怜的朋友们，很长时间以来，我总会谈到它。我很喜欢这本书。《怦然心动的人生整理魔法》从头到尾都体现着完美主义。每件衬衫都必须完美地垂直叠放。即使是最小的决策，也要关注其意图。家里绝不能有任何零钱。存在一个理想状态，你应该努力实现它，而这种努力应该是令人快乐的——这本书也可以叫《完美主义者的清洁指南》(The Perfectionist's Guide to Cleaning)。

《怦然心动的人生整理魔法》在全球 40 个国家销售了超过
1100 万册，在《纽约时报》(*New York Times*) 畅销书榜单上流连了
150 多周，并促成了奈飞 (Netflix) 热门节目《麻理惠的整理秘诀》
(*Tidying Up with Marie Kondo*) 的播出。这难道是因为我们讨厌完
美主义，认为它有害，知道它不健康吗？

拜托。

我们超爱完美主义，而且总觉得做得还不够。当然，我们不
喜欢非适应性完美主义的表现。除非这种功能失调被包装得很吸
引人，否则我们不会喜欢任何非适应性表现。只要完美主义出现
在恰当的背景下，我们的文化其实是推崇它的。而探索什么是"恰
当的背景"，并不会耗费我们太长时间。

当女性完美主义者通过修缮和装饰她们的家、举办社交聚会，
以及做家务，展现出她们的完美主义时，我们的文化就会接受、
欣赏、宣传她们，你觉得这是巧合吗？这种欣赏既是一种奖励，
也是一个信号：这就是你该做的事。

"我是个彻头彻尾的完美主义者"

"专横"这个词用来约束女孩和成年女性，阻止她们做出那些
带有权威性、传统上被认为是男性化的行为，与之相似，"完美主
义者"这个词悄然兴起，用来约束雄心和权力。与所有暗示性信
息一样，我们不仅会无意识地听到它，还会无意识地内化它。我
来举个例子。

一天下午，在一个共享工作空间，我坐得离一位摄影师给客
户布置的拍照区域很近。在多次按下快门的间隙，摄影师不断说
出这样的话：

"我是个彻头彻尾的完美主义者，我知道，不过你的手能再靠近臀部一点儿吗？"

"我有点儿完美主义，这真的很烦人，我知道！但你能把脸再往窗户那边侧一点儿吗？"

"好吧，我对这个有点儿完美主义，我想请你抬起下巴，让它与你的胸部成90度角。"

这位摄影师可能是个完美主义者，也可能不是。我并不了解她。但我知道的是，她是一位专业摄影师，她的工作是通过对被摄对象（在这个例子中，被摄对象是其他人）进行具体和一般性的指导来为其拍摄照片。她反复使用"完美主义"这个模糊的修饰语来弱化她的指示，使其听起来比较好接受，同时保持自己对拍摄过程的控制权。实际上，在拍摄双方的动态关系中，她已被预先赋予了这项权力。在这里，她是广受认可的专家，然而，她似乎仍觉得有必要以口头方式重申她可以行使这项权力。每次她想实现更好的拍摄效果时，她都会提到自己是完美主义者这个背景，来使沟通更加和缓。

隐性的沟通需要足够精妙。精妙沟通的标志性特点，就是充满合理的否认。说些"完美主义可能非常不健康——这就是为什么我们劝女性别那么追求完美，而是要寻求平衡"之类的话，就能轻松否认完美主义的调节性功能。就像被裹进苹果酱中的药片一样，对女性追求卓越的驱动力的压抑，混入已然模糊且复杂的"完美主义"概念中，将它一口吞下时，我们几乎无法察觉。

推动女性追求进一步的平衡不是出于对女性健康状况的考虑，而是对女性权力状况的考虑。不幸的是，隐性的信息传递确实起了作用。女性将她们的精力分散在了对平衡无谓的追寻上，同时，内化了这些思想的她们会将自己相当健康的渴求视作缺乏感恩之心的表现。

这并不是说，完美主义不可能作为一种破坏性的力量存在于人们的生活中。完美主义对任何人来说都既可能有害，又可能有益，具体会如何取决于人如何管理它。直到我们认识到完美主义具有二元的、性别化的特征以后，我们才能停止坐视那些误入歧途的男性径直飞向燃烧的太阳，停止坐视女性的翅膀以保护的名义被剪断。

更多

如果你现在没有过上平衡的生活，这并不意味着你有什么问题。你不需要去健身房锻炼到累得愤怒不起来，也不需要给感恩日记里的清单再添上几行，直到欲望消失。你可以在生气的同时内心充满爱。你可以在心怀感恩的同时渴望拥有更多。你不需要平衡这些东西。

你有权利渴望拥有并获得更多东西。这种渴望是健康的。你的欲望是真实而重要的，它们只需要对你有意义，不需要让其他人理解。

有的女性受到的教导是"完美主义（就是雄心壮志）不是什么好东西，是错的"，对她们来说，渴望更多东西似乎太过反叛和"肮脏"；就像有的女性受的教导是"产生性欲是错误的"，对她们来说，性兴奋状态似乎太过反叛和"肮脏"。你可能知道不少关于如何保持感恩之心、过得健康又平衡的观点，对其中任何一个观点而言，渴望更多都是一种冒犯。渴望更多东西的女性必然不懂感恩，渴望更多东西的男性却被认为富有远见。寻求权力的女性是贪婪的，寻求权力的男性则是"阿尔法雄性"。这些叙述枯燥且陈旧。请同它们告别。

不要让你的雄心壮志被病态化。拒绝为自己对卓越的渴望道歉，也无须掩饰它。彻底摒弃你需要做出改正的观念。现在，重新拥抱你的完美主义。

即便只是片刻，允许自己在一个厌恶女性的世界里抱有这样一个激进的想法：你没有任何问题。

第 4 章

近距离观察完美主义

更加深入地理解完美主义及心理健康的流动性

在关乎思想和内心的事情上，没有什么是固定不变的。

——哈丽特·勒纳（Harriet Lerner）博士

那天莉娜（Lena）很累。她手上已经有太多事了。收到邮件时，她立刻意识到自己应该拒绝。她想说不。或者更准确地说，她希望自己能够希望说不。

但是抓住这个机会的想法刺激着莉娜，即使她很疲倦。对她来说，承担略微超出自己承受范围的任务已经成为她的行事哲学。在我们会谈的过程中，她大声读出了邮件内容，并毫不犹豫地开始阐述接下这项任务的理由：

"如果我只做自己有能力处理的事，我能真正做成什么呢？老实说，什么也做不成。而且，如果我确保自己有时间做所有事，我的生活又有什么意思？并不会很有趣。"接着，她用专门说给我这个心理治疗师听的"活饵"代替了之前的"塑料虫子"："如果我总是选择严格意义上更健康的选项，我将无法成长。我来这里就是为了成长。"

现在轮到我读邮件了。我打开去年秋天莉娜发给我的邮件。听出我在读什么后，她立刻打断了我："好了，我明白了，我明白了——你可以停下了。"她使自己安静下来。

在邮件中，莉娜描述了一种"深刻而必要的"改变生活方式的渴望。她内心的一部分希望停止强迫自己努力，不要再觉得自己必须成为最好的自己。她想知道如何做那个普通的自己，同时不至于嫌弃自己是个失败者。

做超出自身能力的事总是能给莉娜带来活力，除非这样做会伤害到她。莉娜在痛苦中写下了那封邮件。雄心的阴暗面是一种完美主义者非常熟知的痛苦——你意识到自己搞不定了，但除了强迫自己继续努力，你看不到其他选项。

然而，莉娜也有一定道理。有时候，你明知道某件事超出了你能应付的范围，但你还是会选择答应，而且余生你都会感激当初那个选择了答应的自己——答应再生一个孩子，做主题演讲，举办聚会并开展正式的庆祝活动，接受工作邀约等。我们不知道当初我们同意翻修那栋房子、开始做播客、救助那只到处乱吃东西的狗时，到底在想什么。这些事超出我们的能力了，即便放到现在也超出我们的能力，但我们绝不可能选择其他做法。

平衡并不存在，你要么尚未达到能量平衡状态，要么超出了这个状态。换句话说，你要么感到缺乏激情，要么感到不堪重负。完美主义者通常会选择做超出能量平衡状态的事。对完美主义者来说，缺乏激情的风险比不堪重负的风险更加可怕。

莉娜和我仔细审视了这一切。我们讨论了界限、疲劳，以及休息的极大好处。我们还探讨了她所体验到的兴奋，她能否放下眼前的事，成功进入新的状态，以及答应接下某项任务与否分别会让她付出怎样的代价。

我没有尝试让她得出特定的结论。我只希望她能根据她的价值观、限制条件、梦想和迄今为止对自己的认识来权衡各种选择。

莉娜尽其所能，紧张地思考了 3 天，然后做出了决定。

完美主义 + 紧张

我们都会时不时地感到紧张。我们会注意到我们憧憬的理想状态与摆在眼前的现实之间存在差距。这种觉察让我们紧张，之后，这种紧张会寻求一个释放的出口。

感到紧张并寻求释放是完美主义者的日常体验。完美主义者内心存在着一种永远不会消失的紧张感。就像灯开启时会发出声音一样，你会习惯那种嗡鸣声。

紧张的感觉并不总是那么好，但它有一定价值。紧张能激发和唤起意识。紧张能促使人们行动。紧张使一切变得更加有趣。我们如何处理我们体验到的紧张感，决定了生活能不能给我们救赎，会不会变得多姿多彩、有悲有喜，甚至总是出人意料。紧张像一张万能牌，让人捉摸不清。

完美主义会引起一种典型的紧张感——渴望得到你无法拥有的东西。你希望理想成为现实。理想情况下，莉娜会找到安排好生活的办法，抓住机会，但不用付任何代价。在不伤害自己的前提下，她能离自己的理想多近？这才是她所有问题的真正含义。

完美主义非常个性化

完美主义的紧张感源于你身份认同中最基本的两个方面的持续冲突——你是一个充满缺陷和显著局限性的人，同时又是一个拥有无限潜力的完美存在。调和你的局限和潜力之间的矛盾是完美主义的根本挑战。然而，正如我在引言中提到的那样，描述完美主义并不是一件容易的事，不是简单说一句类似"完美主义者希望事物始终保持完美"的话就可以了。

完美主义者们的追求并不一致，它们反映了每个完美主义者对成功的"完美"设想，而这一设想是个性化的，紧紧围绕完美主义者最看重的事物展开。这是完美主义最容易被误解的特征之一——人们会认为："我不可能是完美主义者，因为我从不准时……我不可能是完美主义者，因为我不介意周围有一点儿乱。"我们一直试图将完美主义的概念限制在一个很小的范围内，但它远远超出了这个范围。

例如，一个巴黎型完美主义者即便多年做着同一份工作，却始终未曾晋升，也能泰然处之，因为他们所认为的卓越、成就和对理想的追求体现在人际关系中。巴黎型完美主义者渴望拥有理想的联结——他们心目中理想的友谊、理想的浪漫关系、理想的与自我的联结，或是与同事、家人、社区的理想关系，也许包括上述全部。完美主义的个性化特征也是激烈型完美主义者在工作中能够遵守严苛的标准，自己家看起来却像刚被洗劫过一样的原因。

完美主义是强迫性的

我们之前谈到过，完美主义者通常会更频繁地注意到现实与理想之间的差距，并且认为有必要积极地弥合这种差距。虽然强迫性行为常常被用作判断功能障碍的临床标志，但它并不天然代表某人存在功能障碍。

就适应性完美主义而言，健康的强迫性努力是价值驱动的，它给人以成就感，并且不会对完美主义者或他人造成伤害。而就非适应性完美主义而言，不健康的强迫性努力无法给人成就感，并且可能会对完美主义者和他人造成伤害。

接受完美主义的强迫性，意味着接受这一事实：作为完美主义者，你将始终被迫努力追求你所属的完美主义类型会追求的那种理想。如果莉娜压抑她追求特定理想的冲动——如果她以一般的速度成长，并给自己开启一个"巡航控制系统"[⊖]，她内心的某些部分会黯淡下去，就像艺术家压抑他们进行艺术创作的冲动，他们内心的某些部分也会变得黯淡一样。无论艺术家做什么，无论他们在生活的其他领域取得多大的成就，他们都会觉得自己是个失败者，直到他们开始进行艺术创作。这是无法避免的，也不应该避免。

接受完美主义的强迫性本质，接受任何强烈自然冲动的强迫性本质，可能会让人感到害怕、感到受限。我们希望控制自己被迫行动的程度。我们渴望自由。

然而，我们无法通过控制来获得解放，而只能通过接受来获得解放。

无论莉娜如何努力想找到某种方法，好让自己放下努力的冲动——无论她多么努力"放松"，以在拥抱平凡的同时，不至觉得自己是个失败者，她始终做不到。你也无法做到。

这向来是对完美主义的解释中最具挑衅性的部分：如果你不努力追求卓越，你就会觉得自己是个失败者。人们不乐意听这种话。第一，这话听起来像是对平凡的无礼评判，尽管并不是这样的。

平凡并不是一件坏事。完美主义者在很多领域，也就是他们

⊖　利用电子技术，实现在一定车速范围内，驾驶员不用控制加速踏板，就能保证汽车以设定的速度稳定行驶的一种电子控制装置。——译者注

并无追求的那些领域，都表现得很普通，甚至低于平均水平。

第二，听上去，"健康的人就是那些能学会知足的人"，这个观点似乎更容易接受，也更恰当。这是事实。只有当你学会培养自己知足的品质，并且认可这种品质，你才能成为一个健康的完美主义者。但你可以在知足的同时，仍然渴望更多东西。这也是健康的。

有时我会用华丽的语言来淡化这种挑衅性：如果你不尊重内心那促使你积极探索理想的驱动力，你可能会长期深陷失败主义（换句话说，你会觉得自己是个失败者）。

我所说的"失败者"，并不是在社会比较的语境下，与他人相关联的那个"失败者"，而是指失去了与完整自我的联系的感觉。完美主义者会在治疗中"告解"：当他们试图停止追求卓越时，他们感觉自己变得黯淡无光。他们会觉得自己失去了某些东西，是个失败者。关键不是找出停止渴望卓越的方法——对真正的完美主义者来说，这么做只会适得其反。关键是搞清楚如何根据自己而不是他人的价值观来追求卓越。

第8章，我们会再次分析莉娜和价值观的问题。现在，让我们谈谈如何确认自己是不是真正的完美主义者。

区分完美主义

完美主义的强迫性和主动性，将理想主义者、积极奋斗者与完美主义者区分了开来。理想主义者可以愉快地谈论或幻想自己理想中的场景，完美主义者则总觉得自己必须努力追求理想。积极奋斗者可以选择停止奋斗，并且能平静地做出这个选择，完美主义者却做不到。

比方说，积极奋斗者在整个职业生涯里勤勤恳恳，并得到了丰厚的回报，在这之后，他们可能会决定："你知道吗，我要休息了。我的工作彻底结束了。"积极奋斗者可能很年轻就退休了，比如 55 岁，然后整天在沙滩上坐着，享受无所事事的无穷乐趣，一享受就是很多年。尽管在沙滩上这么坐着是数百万人的梦想，但对完美主义者来说，沙滩就是一个满是沙子的可怕的流放地。他们根本干不出这种事。

自恋者在努力实现自己的目标时，也可能表现出完美主义的特点，或对自己提出更高的要求。然而，第五版《精神障碍诊断与统计手册》（DSM-5）指出，达成目标后，自恋者会坚信自己已经变完美了。[1]他们可能会认为："我是一个完美的老板。我做了一套完美的方案。我创作出了完美的艺术品。"然而，完美主义者即使达成了目标，并深感满意，也总能注意到技术上还能改进的地方。除了自恋者一贯不太能共情他人这一点外，其与完美主义者的另一个关键区别是，前者不像后者那样，会认真进行自我批评。

所有完美主义者内心都住着一群批评者。适应性完美主义者学会了如何以同情的态度回应内心的批评，从而削弱消极的自我对话对他们的影响——但那声音会不断回响。自恋者内心没有那么多批评者，倒是有很多超级粉丝称他们是天才，是最棒的，规则不适用于像他们这样特别的人。自恋者会觉得自己很伟大，而完美主义者不会。

自恋者对他人的批评非常敏感，这一现象被称为自恋受损（narcissistic injury），但是他们的痛苦源于困惑："他们怎么可能看不到我有多出色？为什么他们不理解我应该得到特殊待遇？"为了修复自己的自恋，自恋者需要他人持续且过度地向他们表达赞美和肯定，这被称为自恋供给（narcissistic supply）。

　　抱有适应性心态的完美主义者会从自己身上获得基本的认同感，相反，处于非适应性心态的完美主义者并不会因他人的肯定而就此平静下来。出于一些原因（我们将在后文中深入探讨），过度的赞美和肯定，实际上会使非适应性完美主义者感到更加不安全。

　　人们有时会将强迫症与完美主义混淆，但是这两者是截然不同的。强迫症患者可能会具有侵入性思维，这种思维是围绕某个强迫性主题展开的，例如污染或伤害。他们担心自己爱的人会受伤，然后脑子里就会播放那个人被公交车撞倒的画面。强迫症患者的强迫性思维可能极具侵入性，甚至让他们感觉十分陌生，就好像你的大脑被劫持了，被迫反复体验你不想体验的思想或画面。

　　被大量不想要的想法压倒后，强迫症患者可能会进行某种仪式性、强迫性的行为，以消除那些反复出现的想法带来的威胁和焦虑。强迫症可能会使人们产生略显神奇的想法："如果我将货架上的花瓶排列得完全对称，就能保护身边的人，使他们免受伤害。"[2]

　　与完美主义者追求理想的强迫性努力相比，强迫症的强迫性表现为特定的行为，例如数到一定的数字、反复洗手或重复一个确切的短语。强迫症的强迫性也可能体现在刻板地遵守没有逻辑的规则上："我必须先轻敲3次门框，才能进入一个房间。"完美主义者可能也有一些刻板行为，但这种刻板与现实情况有关，也有逻辑可循："我得读上3遍才能发送邮件，因为邮件里可能有语法错误，我不想显得不称职。"

　　需要明确的是，完美主义并不被视为一种障碍。与自恋型人格障碍（narcissistic personality disorder）和强迫症不同，完美主义者没有临床上的认定标准。完美主义者之间的差异恰恰反映了我构建的完美主义 / 完美主义者概念的特点。

　　与非适应性完美主义最相似的临床障碍是强迫型人格障碍（obsessive-compulsive personality disorder）。虽然名字听起来很像强迫症，但它是一种非常不同的疾病。强迫型人格障碍还有其他诊断标准：过度专注于工作而牺牲健康的人际关系，控制欲极强，过分注重秩序，以及《精神障碍诊断与统计手册》所说的"严苛的完美主义"。[3]

　　《精神障碍诊断与统计手册》是这样定义"严苛的完美主义"的：

> 刻板地希望所有事物，包括自己和他人的表现完美无瑕，没有错误或缺陷；为确保每个细节都正确而牺牲时效性；相信只有一种正确的做事方式；难以改变想法和 / 或观点；过分关注细节、组织和秩序。[4]

　　请注意，《精神障碍诊断与统计手册》有意而审慎地区分出了严苛的完美主义。这种表述与一些研究的观点暗合，这些研究表明，完美主义既可能是灵活的，又可能是严苛的；既可能是适应性的，又可能是非适应性的；既可能是健康的，又有可能是不健康的。但《精神障碍诊断与统计手册》并没有对与完美主义类似的情况做出同样的区分：没有"严苛的自恋""严苛的贪食症（bulimia）""严苛的广场恐惧症（agoraphobia）"，因为自恋、贪食症和广场恐惧症都被认为是非适应性的。

　　我们还要注意，目前对严苛的完美主义的临床定义并不包括完美主义倾向在情感和人际方面的表现，我们将在本章详细探讨它们，它们也是完美主义的特征。

　　乍一看，任何完美主义者都可能很容易体会到强迫型人格障碍患者的感觉。对这种患者的刻板程度进行深入研究，能使我们的认识更加清晰。正如《精神障碍诊断与统计手册》所述："患有这种障碍的个体通常（可能会）刻板地服从权威和规则，坚持在字面意义上遵守规则，即便某些情况下情有可原，也不会有所变通。"[5]例如，如果有人摔倒在了草坪上，需要帮助，强迫型人格障碍患者可能会认为踏上草坪去提供帮助并不合适，因为那里有一个"勿踩草坪"的标志。

确诊强迫型人格障碍不需要满足每一个诊断标准，不过这种障碍还有其他诊断标准，包括囤积倾向和对金钱的贪婪[6]——这两者的根源都是试图保持对自己生活的极致控制。

具体而言，囤积破旧家电或上千本旧杂志之类的东西，是在尝试控制未来可能发生的意外事件，这种尝试是不合逻辑、极端且刻板的。[7]例如，强迫型人格障碍患者可能会想："你永远不知道未来会发生什么，也许我将来会需要一个旧的烤面包机旋钮，所以我不能扔掉这17个坏了的烤面包机。"

有时，强迫型人格障碍会使患者变得极端节俭，这种节俭也源自渴望控制的机制。为了应对无法控制未来的事实，你拒绝花钱，这样你就会感觉自己准备得更充分了，更能掌控即将发生的一切了。我们说的这种情况并不是小气。强迫型人格障碍患者哪怕手头有200万美元，仍会拒绝花钱买自己的午餐，而会选择在杂货店品尝各种免费样品。

通过强调以下要点，《精神障碍诊断与统计手册》更加深刻地区分了完美主义倾向和极端的刻板："适度的强迫性人格特质可能具备适应性，尤其是在表现优秀就能得到奖励的情况下。只有当这些特质变得不够灵活、适应性差，且持续的时间较长，使功能明显受损或给人带来巨大的主观困扰时，才构成强迫型人格障碍。"[8]

重要的是，要理解，即使你此刻的体验在临床上并不会被认定为疾病，但这并不意味着你完全没有危险。你需要审视你的思想、情感、行为和人际关系在多大程度上影响着你的生活。治疗师、书籍和个人发展资源能帮你搭建一个支持性的框架，帮助你考虑这些问题，但最终只有你自己知道自己的真实感受。在我们继续探索完美主义的过程中，请诚实地面对哪些东西对你有益，哪些东西又对你有害。

完美主义 + 朝着理想努力前进

完美主义者希望在自己的整个人生中不断努力追求一个不可能实现的理想；我们刚才讨论过，实际上他们确实需要这样做。适应性完美主义者认为，发现一项值得无休止追求的事业，是一种荣幸和特权。若你无尽的追求是由价值驱动的，而且是健康的，那么它会给你带来非凡的喜悦。进行一项你知道自己永远无法完成的工作，你就可以永远继续做下去了，对你而言，这正是其奖赏。

强迫性地为一个不可能实现的理想而努力，是完美主义的基础。你努力的原因和方式则决定了你的完美主义是否健康。

- **你为什么要努力？** 你弥合理想与现实之间的差距，是出于对卓越和成长的渴望（适应性），还是因为你需要弥补你感知到的不足，避免失败（非适应性）？
- **你是如何努力的？** 在努力的过程中，你是否伤害了自己或他人（非适应性）？还是说，你努力的方式对自己有益（适应性）？

确定你努力的动机（即"为什么"部分）会迫使你去寻求自我价值感。

完美主义 + 自我价值

自我价值指的是，理解即便现在你尚未实现所有目标，你也和实现这些目标后一样，值得拥有爱、喜悦、尊严、自由和与他人的联结。你之所以值得拥有这些东西，只是因为你存在。

你的自我价值是先定的，你对此毫无控制力。从你出生的那一天起，直到你离世，你始终是有价值的。在过去的每一个小时，每一次你犯错误时，无论在阳光下还是在风雨中，你都是有价值的。是接受还是否定你的价值，取决于你自己。

理解自我价值的另一种方式是明确自我价值不是什么样子。自我价值不等同于自尊。正如杰出的研究者布琳·布朗博士给出的简明扼要的解释："我们会思考自尊。"自尊并不是一种感觉。[9]

相反，自我价值是我们更深层次的体验。自我价值是你对你理应得到哪些东西的感受和信念。这两者之间的区别会给那些拥有高自尊，但内心常常不安的完美主义者造成困惑。

举个例子，当你奋力争取到晋升机会，得到了你理想的工作时，内心会这么想："我知道我很聪明，我知道我很能干，我也知道我表现得很好——那为什么我还是感觉不够？"是的，你知道自己很有能力、很聪明，但你是否相信自己值得拥有一份自己喜爱的工作呢？

从另一个角度看，完美主义者可能会发现自己陷入了一个糟糕的境地，却无法离开。例如，一个处在有害关系中的人可能清楚自己很有趣、有魅力，也很聪明，是人们理想中的伴侣。他们的自尊心很强，然而他们仍会与一个把他们当过期食物对待的人在一起——只是因为对方还没有决定将他们扔掉。他们可能会说："这太不健康了。我知道我应该抽身，可是为什么我还在维持现状？"是的，你知道自己很聪明、很有吸引力、很幽默——但你是否相信自己值得拥有真正的美好的爱呢？

当人们说"你已经足够好了"，他们指的是你的自我价值。他们实际上在说："嘿，你不需要做任何事来证明你值得立刻获得爱、自由、尊严、喜悦和联结。你的存在本身就已经支付了'入场费'。你只要简简单单地存在就足够了。"

适应性完美主义者能够体会到他们的自我价值。当你清楚自己已经是完整而完全的（也就是完美），你就会以一种富足的心态来生活。你已经拥有了所需的一切，感觉很安全。对适应性完美主义者来说，为理想而努力是对这种安全感的一种充满喜悦的表达。

非适应性完美主义者不觉得自己完整，也没有安全感。他们感觉自己是破碎的，总认为自己身上缺少一些什么。他们努力，是因为他们觉得自己需要做出弥补，修复损坏之处，以及尝试提供替代物或隐藏缺陷。

我们可以用一个简单的例子——那些力求使自己的外表处于最佳状态的人，来区分适应性和非适应性完美主义者的不同动机。适应性完美主义者想使自己的外表处于最佳状态，是因为在他们心里，他们感觉自己很好。激活积极的内在情感，并将其通过外表表现出来，他们会觉得这样的自己更符合他们原本的样子，这个过程就像在赞美自己。而非适应性完美主义者想使自己的外表处在最佳状态，则是由于他们感觉很糟糕。他们渴望让自己的外表无懈可击，是因为他们认定，自己的缺陷已经这么多了，自己总得有一点儿可取之处吧。

还可以这么理解：适应性完美主义者给予他人的是礼物，而非适应性完美主义者给予他人的是"安慰奖"。安慰奖类似于一种道歉的姿态。如果有人给你发安慰奖，相当于他在尝试用这样的话来安慰你："你没有赢，我为此感到抱歉，不过，这里有个不那么理想的东西可以给你，这样你就不至于空手离开了。"抱有非适应性思维方式的完美主义者认为，在成为一个完整的、足够好的人，或在被他人接受这件事上，自己已经"输"了。非适应性完美主义者努力实现目标（包括人际目标，如讨好他人），是为了不使他人觉得：有这人（也就是非适应性完美主义者）在，我只好空手而归了。

无论何时，你都不可能让他人空手而归，因为你每次出现都带着你自己。当你能感觉到你的自我价值时，你会记得这一点的；但当你感觉不到你的自我价值时，你就会忘记。

如果你处在非适应性的思维模式中，你并不一定会觉得自己一无是处。你只是感觉你现在不够有价值。你认为，在修复好自己之后（也就是使自己表面上完美无缺，从而变得有价值），你终究会配得上你最渴望的东西。你生活在等待的状态中。

重要的是，要知道，失去对自我价值的感知并不会让你觉得"我就是垃圾，所以让我拼命弥补吧"。通常情况下，这种感受会更加微妙，带有一丝错误的乐观主义。

失去对自我价值的感知更像是这种感觉："好，我就快完成了，我接近成功了，所以很快我就能享受生活了，只要我'搞定了'，只要我瘦下来，只要我赚到足够多的钱，只要我得到那份工作，只要我怀孕，只要我或我的孩子被那所学校录取，只要我晋升为合伙人，只要我进入一段恋情，只要我能给我爱的人买到他们想要的礼物……**只要我做到这些事，我就会觉得自己还不错。**"当你察觉不到你的自我价值时，你会认为，只有达成目标，你才能拥有感到喜悦的能力。

我怀疑我写这整本书，只是为了写下下面这句话：你无法努力赢得快乐。快乐是天赋的权利。爱、自由、尊严和联结也是如此。正如旁人轻易无法模仿的作家詹姆斯·鲍德温（James

Baldwin)[⊖]所说:"你的王冠已经被买下,并付清了价钱。你要做的就是戴上它。"

高自尊并不等同于高自我价值。对于自我价值,我们还抱有一个巨大的误解,那就是以为它是静态的。自我价值是流动的。即便我们中间最自信的那个人,也无法完全避免与自我价值"断联"。这种"断联"可能会在一瞬间发生。

待在塔吉特百货停车场里的那些时刻

我的朋友萨琳娜(Selena)像个文明人一样给我发短信,问我能不能和她通个电话。我立刻给她打了过去。她在塔吉特百货停车场,正独自一人坐在车里。你我都知道,发生了什么事都有可能。我做好了心理准备。

萨琳娜:嗨。
我:嘿,怎么了?

随后,果然是一段不可避免的意味深长的沉默——"请原谅我暂时沉默,因为我就要崩溃了"。

萨琳娜呼吸急促,声音十分尖锐,她解释说,今天是她孩子们就读的小学的"校园精神日"(Spirit Day),但她没记起来。她的两个女儿是穿着普通衣服去的学校,而其他人都穿着绿色和白色的衣服。学校把班级合影发给了所有家长,她坚持要发给我看。"别发了,我不需要看。"我说。"我已经发了。"她说。

"你看,看左边那些脸上有彩绘的孩子。"她先是尖叫,然

⊖ 美国黑人小说家、散文家、戏剧家和社会评论家。著有小说《向苍天呼唤》。——译者注

后跺了跺脚，"谁早上有时间给孩子的脸上画东西？！我来告诉你——好妈妈们。J甚至都不笑。她们回家后我该跟她们说什么？'对不起，你们的妈妈糟透了'？"

萨琳娜知道自己是个了不起的家长，而且她几乎总能觉察到她的自我价值。但那张照片触动了她的神经。

3年前，萨琳娜离了婚，"由于她不想继续这段婚姻，她毁了孩子们的生活"的想法，使她产生了强烈的羞愧和内疚，她不得不在治疗中艰难克服这一切。在那之前，她已经克服了花（任何）时间在工作上这件事给她带来的羞愧和内疚。生活中这些经验教训让她感到："好吧，那时候是很难，但我已经成功解决了！我也长了教训了。现在我可以享受接下来的生活了。"

在过去的至少一年里，她感到自信而自由，仿佛她已能深刻理解其自我价值。然而，"校园精神日"的照片突然出现在她的收件箱里，她一打开那封邮件，就感觉自己被残酷地打回了原形。

也许此刻你能深刻地察觉你的自我价值，感觉自己已经"学会"了关键的一课。但无论你成长了多少，未来总会有某个时刻，你会在塔吉特百货停车场里，陷入对自我价值的怀疑。

你并没有被打回原形，只不过自我价值是流动的。你越是能深刻体验你的自我价值，当你脚步不稳时，你就能越快调整好自己的步伐。我们都会有脚步不稳的时候。

有些日子很艰难，有些日子并不那么艰难，但是我们仍会乱了方寸。你可能会在一瞬间失去平静——当会议上每个人都笑了起来，你却不确定他们是在和你一起笑，还是在嘲笑你时；当你在杂货店刷卡，却显示交易被拒绝时；当你在社交媒体上看到一些意料之外的东西时；当你正在约会或交新朋友，而对方突然不再回你的短信时。自我价值是流动的，因为心理健康就是流动的。

心理健康是流动的

每当我听到"每 5 个美国人里就有 1 个有心理健康问题"的说法，我就有点控制不住情绪。这种说法对我来说就相当于打印在纸上的"你很棒"。我总想向虚空提出一个请求："我能和另外 4 个美国人谈一谈吗？"

没有人能对"心理健康问题"免疫，心理健康问题是人类共同面临的问题。我们都能游动、深潜、滑行、漂浮、飞翔于人生这片天地。我们会在不同的时间，以不同的方式，出于不同的原因，经历生活的高低起伏。这一切没什么不好，发生各种各样的事也很正常，而且正因如此，我们才需要彼此。

如果你想知道自己是适应性完美主义者还是非适应性完美主义者，省点麻烦吧，你两者皆是。任何一个完美主义者都两者皆是。

我们喜欢以二元的方式思考。我们要么抑郁（"该死！"），要么不抑郁（"呼！"）。但心理健康并没有这么简单。尽管基于具有诊断价值的参考值范围来建立心理健康的分类模型非常方便实用，但心理健康实际上与具体情境和个人特质关系很大，远超出我们目前的认知。当我使用"适应性"和"非适应性"来描述完美主义者时，我指的是他们的思维模式，而不是他们本身。

对我来说，解释普遍意义上的心理健康流动性，特别是完美主义流动性的最好方式是什么呢？尽管这可能会促使你合上这本书，然后烧了它，但我还是要告诉你我大学三年级时一位教授对我说的一句话，我至今仍未完全从这句话带给我的刺激中恢复过来："这门课没有分数。"

完美主义的原始表现

我们习惯于将完美主义简单地概念化，因此我们很容易忽视它的动态性。鉴于完美主义是流动的，而且与情境紧密相关，那么这样做是有好处的：把个性化的外衣与完美主义剥离开来，检视维持其运转的辐条。

以下是我在工作中遇到过的完美主义的原始表现形式。

- **情感完美主义**：我想体验完美的情感状态。
- **认知完美主义**：我想获得对事物完美的理解。
- **行为完美主义**：在扮演我的角色、完成我的任务时，我希望自己能够完美地行动。
- **物品完美主义**：我希望某个外部事物——艺术品、桌面、我的脸、我导演的电影、演示文稿、我网站的"关于"页面、我孩子的头发……处于完美的状态。
- **过程完美主义**：我希望某个过程（如乘坐飞机、戒酒、去教堂、演讲、婚姻）从开始、持续到结束，都是完美的。

完美主义的不同方面会因我们所处情境的变化而浮现或消退。例如，假期，我的物品完美主义会变得格外强烈，此时我更像一个古典型完美主义者（这并不是我平时表现出的完美主义类型）。我会以小时为单位来规划我的一天。我会穿上格子铅笔裙，甚至会吹干我的头发。去年，尽管大雨滂沱，我却花 30 分钟在 72 街和阿姆斯特丹大街交汇处的圣诞树摊位上寻找完美的圣诞花环。

搬到纽约的第一年，我和姐姐合住在一栋步梯公寓的 5 楼，我们在这里为家人办了圣诞聚会。我姐姐问她应该做点儿什么。我是怎么回答的来着？"你最好让我做所有事。"

3 天时间里，我把那 5 层楼梯上上下下走了得有一百遍——

采购杂货、装饰屋子、去洗衣店。我无法停止为聚会做准备。附近有一家可爱的旧货店，我在那里找到了一套好看的复古节日高脚杯。玻璃杯身上刻有绿色的冬青和红色的浆果，边缘是喜庆的金色。我迷上了用那些玻璃杯装传统蛋奶酒。

为了买直接从豆荚里取出的新鲜香草籽，我又上下跑了一趟。这很值得。你可以透过厚厚的高脚杯玻璃，看那些放大了的美丽的小颗黑色香草籽。或者说，至少我可以看到，哪怕其他人都不在乎。

我给泡沫饮料加上一大勺新鲜打发的奶油，轻轻撒上一点儿磨碎的肉豆蔻，再放一根肉桂棒作为装饰性的搅拌棒。当我端上饮料时，我的一个兄弟说："谢谢！"他随手把玻璃杯里的肉桂棒取出，扔到餐巾纸上。

我茫然地看着他，此时正播放着一些怀旧的节日歌曲，音量刚刚好，形成了完美的背景音。"怎么了？"他问。我耐心地解释说，他得把肉桂棒放回饮料中，因为那是节日的一部分。他没说什么，只是照办了，然后去厨房将更多的朗姆酒倒进了他的蛋奶酒里。

古典型完美主义者容易陷入物品完美主义，不过任何人都可能如此。假使完美主义者处于适应性状态（那个圣诞节，我确实并不处于适应性状态），聚焦于物品完美主义能使他们感到满足，调节他们的情绪，促使他们深思，而且是富有意义的。

当物品完美主义以适应性的方式表现出来时，它有助于增强你已有的完整和完美。当它以非适应性的方式表现出来时，它其实反映了你对外部事物的依赖，你需要这些东西来使内心感到完整和完美。

那是我在纽约过的第一个圣诞节，某种程度上我真的以为，若我提供了完美的食物，把房子装饰得很完美，如果我为节日准备了完美的音乐，策划了完美的活动，那么这将使每个人都感到与彼此联系紧密、内心平静，感觉自己是完整的。只要我把其他人都招待好，我也可以感到与大家联系紧密、内心平静，感觉自己是完整的。这样，我的任务就完成了，最终我会放松下来，享受那一刻。毕竟我做了那么多，我肯定已经赢得了快乐。

然而，那一刻，我并没有与我的自我价值相连，这并不是说我觉得自己一无是处，但这意味着我暂时不愿充分地去过我自己的生活——享受当下，直到我"赢得"它。我把我的快乐建立在我的表现，而不是我的存在本身的基础之上。在这种情况下，"我的表现"集中体现为我成功控制其他人，使他们感到放松和快乐的能力。拥抱我的力量本应是允许自己无条件地体验快乐，并让其他人保持他们自己的状态，感受他们自己的感受。

每种完美主义者都有表达自己非适应性完美主义的内在动力的方式，但无论非适应性完美主义出现的情境是怎样的，其基本模式都相同：你与你的自我价值分离，而且你认为自我价值的恢复取决于外在表现。你开始试图弥补你不需要弥补的东西。你开始试图赢得已经属于你的东西。

你的非适应性完美主义会突然出现，认为它能够挽回局面，改善现状，认为它会保护好你，不让你受伤害。非适应性完美主义会让你视一根肉桂棒为开启内心平静的遗失之钥。然而，它只会让情况变得更糟。

对巴黎型完美主义者来说，非适应性完美主义表现为为取悦他人而忽视了愉悦自己。对拖延型完美主义者来说，它表现为拖延太久，结果一直未曾付诸行动。对混乱型完美主义者来说，它表现为应下所有事，却什么都没做，最终毁了自己。对激烈型完美主义者来说，它表现为以为成就能够带给你那些只有与他人的联结可以带给你的东西。对古典型完美主义者来说，它表现为拒绝承认无论你为人多么可靠，你的外表多美，你做事又是多么有条理，总有些时候，情况就是如此不确定，令你无法掌控。

　　对每个人来说，非适应性完美主义看起来都像你与自我价值断联后做出的反应，这种反应会使你被孤立起来。此时，你不会利用你真正的力量，反倒更执着于表面的控制。

表面的控制和真正的力量

　　正如欲望和爱情那样，可能权力和控制看上去也是一样的。但是它们不是一回事。控制是有限的，是一种具有交易性质的所有物。如果你能对某种事物施加控制，那么一旦你将控制权交给别人，就意味着你放弃了自己的控制权。相比之下，权力则是无限的，而且可以共享。如果你拥有权力，那么你即便赋能他人（赋予他人权力），也没有失去任何权力。

　　权力就是理解自己永远有价值。这样一来，你就不会迫切地希望某种结果以特定的方式到来，因为你知道，无论结果会带给你什么，你都值得拥有。你允许自己感受快乐、爱、尊严、自由和联结。

　　你已经胜利了。自信地认定自己已经胜利，会解放你的潜能。当你的自我价值不再受威胁时，冒险就变得容易了。你会获得更多你想要的东西，因为你会变得更愿意冒险尝试。

　　当你与自我价值失去联系时，你会痴迷于控制。别人与你相处，可能会觉得你是一个难以满足的高需求者，因为你过于期待特定结果的出现。你需要某件事以特定的方式发生，这样你才能感到宽慰。你有些绝望，不管你是否意识到了这一点。

　　人们能感受到绝望者身上的焦虑情绪。如果你想成为自己所在领域、家庭、社区或世界的领导者，你需要学会掌握权力，而不是施加控制。没有人愿意为控制欲强的人工作，或与他们相处。

控制设下限制，权力推崇自由。控制是吝啬的，权力是慷慨的。控制纠缠细节，权力激发灵感。控制实施操纵，权力施加影响。控制只看眼前——你必须规划好一切，每一次精确地做一件事。权力则着眼未来——它会使你信心倍增，而这恰恰是一种难得的奢侈。权力是一种更为高阶的存在。

依赖表面控制策略，而不是发挥你的权力，就像通过推汽车保险杠来移动一辆汽车，而不是坐进去开动它一样。

想一想你会被什么样的领导者吸引。他们的权威建立在控制还是权力之上？你可以做一个没有权力的权威人物（比如无人听从、无人尊重的老板），也可以成为一个没有正式权力的领导者（比如能影响整个团队决策的员工）。权力不是由头衔赋予的。任何人都可以拥有权力。

完美主义 + 正念

很少有哪个词像"正念"（mindfulness）一样被商品化得如此严重。我曾见过一个叫"正念蛋黄酱"的品牌。真是一个奇怪的世界。无论如何，我更喜欢用"活在当下"（presence）这个词来描述一个人有意识地将自己的整个自我带入当前时刻的能力。追求完美和追求"存在"之间存在密切的关系。

当一个人认为某个事物很"完美"时，原因无他，只因他当时全身心地投入。即使某个事物的功能是完美的，如果人们不在状态，他们也注定会挑剔其缺陷。

你对完美时刻的记忆，正是你存在感最为强烈的时刻的记忆。

完美主义者之所以成为完美主义者，是因为他们喜欢追求理想。目标即终点，理想却会持续存在。完美主义者达成一个目标后，总会设立一个新的目标，一个更大的目标，因为他们真正的兴趣在于追逐目标所代表的理想。

显然，理想无法实现，而实现存在感是一个例外。

完美主义反映了我们与生俱来的渴望——内在世界和外在世界完全一致。这是在尝试融合理想（拥抱可能性）与现实（接受现实）。唯一能彻底弥合两者之间鸿沟的方法就是"活在当下"。当你"活在当下"时，你会同时接纳当前的现实和其他可能性。你正在实现一种理想状态——理想的觉知状态。

"活在当下"意味着你与此刻保持联系。你正在读这句话。你正在呼吸，尽管呼吸可能很浅。你不是一个死物，你活着，此时此刻，在这里活着。

"活在当下"常伴随着一种古怪的"不敬"态度。你不需要任何事发生。你不需要任何人喜欢你。你彻底不再纠结于小事，不再努力让未来符合你的意愿，不再试图让你想要的一切立刻实现。

当你"活在当下"时，你现在的生活不再由过去决定，而是由可能性决定。你是如此完整，同时完全自由。

人们对"活在当下"有一个误解，就是认为"活在当下"的感觉等于幸福。我们深呼吸，调整姿势，然后等待。我们等待着去感受某种东西。闪闪发光，干干净净，做好充分准备——我们觉得这就是幸福，就像汽车广告中的人看上去那样。

你可以在"活在当下"的同时感觉疲惫。你可以在"活在当下"的同时感到心碎。你可以在"活在当下"的同时觉得自己尚未准备好。"活在当下"并不能保证你的幸福，但它能带来自由。

"活在当下"不是一种精神状态，而是一种存在状态。因此，它不仅会改变你的思维和认知方式，还会改变你的动作、你抬头的角度、你说话的音调和速度。无论你是深吸气，将气息吸入锁骨下方并深入腹部，还是让气息如空气吊灯般悬于喉部上方；无论你是否注意到还是完全错过了周围生机勃勃的色彩；无论你是打断别人还是耐心倾听；无论你是不停地抠弄身上的皮肤还是双手保持静止——这些都体现了你活在当下的状态。

"活在当下"会改变你的判断力、同理心，使你更加以解决问题为导向。你曾深陷于一个无情的世界，在那里，缺失和错误让原本就存在的美好事物黯淡无光，而"活在当下"能将你从中解放出来。

即使在那些接受现实会令人痛苦万分，人们难以活在当下的时刻，"活在当下"仍可能对改善现状有帮助。"活在当下"是唯一能实现的理想，这就是为什么它对完美主义者有着强烈的吸引力。

那么，为什么不是所有完美主义者都能欣然享受内心的平静，从更高的意识水平中受益呢？

因为至少一开始，完美主义者会尝试从相反的方向寻求"活在当下"的体验。他们认为："如果我能让自己或他人变得完美，就能体验完美的感觉。"

你会觉得，只要让外部事物变得完美，你就会感觉自己充分地活着，你会很满足，会与他人拥有紧密的联结，你可以探索其他可能性，你感到自己是如此旷达、完整、平和——其实，这些都是人们处于"活在当下"状态时的体验。真实情况恰恰是反过来的：你越是培育内心的存在感，就越会让自己无论周围发生什么，都认同自己是完整的、有活力的，自己与他人有所联结。你越是"活在当下"，就越能体会到外部事物的完美。

当我听人们描述那些完美的时刻时，我发现，他们并不是在描述物质层面上的东西，而是在描述完整和与他人联结的感觉。而当我听到人们描述那些本应"完美"却没能完美的时刻时，他们描述的正是在外在、表面的完美之下，内心那种破碎的体验。

我们会觉得表面的完美呆板、乏味，因为它并不能给我们满满的存在感，别人可以模仿这种"完美"。你可以按画纸上标有数字的小块来涂色，不犯一丝错误，但你永远无法通过这种方式创作出杰作。总会少点什么，少的就是你独有的存在感——正是它使整件事"完全完成"，使这件事变得完美。

有的人能在自己的领域崭露头角并保持领先地位，绝非巧合，而是因为他们在做事时很有"活在当下"的感觉。我们觉得他们能"完美"地完成自己的工作。当碧昂丝（Beyoncé）踏上舞台，她并不只是要用表演来娱乐我们，她也通过展现其存在感，给我们以激励。

碧昂丝所精通的并非她的舞步，亦非懂得如何把自己牢记的歌词美妙地演唱出来——很多人都会跳舞，也有很多人拥有动听的嗓音；她所精通的是她始终全身心投入所带来力量的能力。

因为碧昂丝擅长使自己进入"活在当下"的状态，所以即便她披着床单走上舞台，静静地站在那里，直视你的眼睛，你依然会被她吸引。你知道她哪里吸引你吗？是她的力量。你知道她的力量来自哪里吗？来自她的存在感。你知道她的"存在"给人怎样的感受吗？完美。

如果有人说，你已经拥有你所需的一切了，他们指的是你身上有一种独特的存在感，而这份存在感是有力量的。如果有人与你在一起时完全处于"活在当下"的状态，你会产生一种催眠般的感觉。你会想：我从来没有遇到过他们这样的人。因为确实如此。每个人都有自己独特的存在感。

我们喜欢与存在感强的人在一起，因为他们会唤醒我们内在的存在感。在觉察到他人存在感的力量时，人们很难对自身的这种力量浑然不觉。

你的存在感是你力量的中心。为了进入"活在当下"的状态，你所需要的一切，其实你已经拥有了。

对拥有适应性思维的完美主义者来说，"活在当下"是首要的任务。无论你在做什么、思考什么、感受什么，你首先追求的都是"活在当下"。有人将当前时刻全身心投入的感觉称为"进入状态"。心理学家米哈里·契克森米哈赖（Mihaly Csikszentmihalyi）则称其为"进入心流"（in flow）。

我们还可以从更一般的意义上描述"活在当下"的状态：解放自己，放手，敞开心扉接纳可能性，不被过去或未来束缚，为自发的思考和行动留出空间。以上所有描述都强调了"失控"。

当你"活在当下"时，你不会去控制，也不会在意什么。当你与自身的力量有所联结时，你不需要控制。

"活在当下"的反义词是"缺席"。当你缺席时，你就与你的力量失去了联系。你感觉不到自己的价值，而是等待着感觉到你的价值。你没有旷达之感，反而仿佛患上了情感上的"幽闭恐惧症"。你没有全然占据你的内心，而是离开了自己的领地。你没有接受现状（接受并不意味着必须喜欢），而是持续损耗能量，以此来抗拒当下的现实。你的产出取代了你的身份——你在做什么事，以及你做得有多好、多快，反倒成了你本质的一部分。

对具有非适应性思维的完美主义者来说，表现是首要的任务。即使你并不关心你所做的事，不想做，无法从中获得乐趣，或者做这件事会对你造成伤害，你也必须出色地完成。这时，你会最大程度地施加控制，因为当你感到无力时，控制似乎成了一种负责的做法。

数千把匕首

假使你通过追求外在的表现来寻求内心的平静，那么当你实现你的目标时，你会迎来最强烈、破坏性最强的痛苦。你终于拿到了第一名。你做得最棒。你以你认为有力的方式证明了你的自我价值。也许那是一间阔气的办公室和一个好听的头衔。也许你买到了完美的大房子。也许你能穿上那条牛仔裤了。也许你获得了刻有你名字的沉重奖杯。重点是，你得到了你想要的一切。那时，有着非适应性思维的完美主义者会感到自己仿佛一下被数千把匕首刺中。

这正是无数心理医生、研究人员和完美主义者自己观察到的最广为人知且令人困惑的现象：即使非适应性完美主义者做到了"完美"，达成了目标，他们的表现甚至超出了目标的要求，他们仍然不满足。

富有开创性的精神分析师卡伦·霍尼（Karen Horney）博士将这种不满足描述为成功与内在安全感之间的一种"负相关关系"："他并不会认为'我做到了'，只会感觉'事情发生了'。多次在自己的领域取得成就，并没有让他更安心，反倒使他更焦虑了。"[10] 现代完美主义专家保罗·L. 休伊特（Paul L. Hewitt）博士、戈登·L. 弗莱特（Gordon L. Flett）博士和塞缪尔·F. 米凯尔（Samuel F. Mikail）博士补充说，完美主义者持续感到不满的情况尤其令人困惑，因为这"恰与几十年来有关强化的研究和思考相悖"。[11]

许多研究强调，实现目标不但不能使某些完美主义者满足，而且常使他们的心情变得更糟。[12] 世界上怎么会有这么一类人，他们得到自己想要的东西，甚至超预期实现目标后，反而感觉更糟了？

因为胜利的体验会迫使你意识到，没有任何东西可以替代自我价值或存在感。一个都没有。

用你的完美主义助你一臂之力

你永远不需要努力做到完美，因为你已经是完美的了——对于我们这些被教导自己不完整、不够好，以及"总是几乎就要达成目标"的人来说，这种观念十分陌生。其实，没有什么几乎要达成的目标，只有此时此刻。

以前，每到 11 月，我总会感觉胃里打了个结。节日季[⊖]令我压力满满，于是，我的非适应性完美主义会试图发挥作用，从而挽回局面。如今，我胃里打的那些结已经不存在了。我学会了在注意到我的物品完美主义初露端倪时，提醒自己进入"活在当下"的状态，并与内在力量保持联结。

我充分利用内在力量这笔财富，而不是试图控制一切，赢得胜利。实践中，运用力量意味着要提醒自己，你已经完整和完美。运用力量意味着花时间审视自己，保持自我觉察，询问自己的感受，就像对待朋友一样（你将在第 8 章了解为什么要用第三人称做这些事）。运用力量意味着自由给予自己美好的事物，而不是先等着看事情会怎么发展，再决定自己值得拥有多少好东西。运用力量意味着给那些害你难以相信自我价值、保持"活在当下"状态的人和事设立界限。

在节日季，我仍然会完成古典型完美主义者会完成的那些节日任务，但我会以快乐和超然看待结果的心态来完成。现在我非常喜欢假日，我过去可从未想过自己会说这样的话。

你的完美主义的每个方面都是一种修行，也是一个警钟，当你需要提醒时就会响起。

- 过去已经过去了，恐怕就像八千年前的事情一样遥远，而

⊖　11 月末到 1 月的一段时间，其间西方国家有好几个节日。——译者注

未来则并非你能掌控的东西——不妨专注于当下。

- 你已经完整和完美，你不需要变成你已经是的那个样子。
- 你现在就值得获得安宁，即使你在睡觉，你也值得拥有这份安宁。
- 你的潜力是无限的，它在呼唤你，回应这个呼唤难道不是一件令人振奋的事吗？

当你内化这些要点后，你的完美主义会这么对你说："好，很好，你已经搞懂了！现在让我们去享受乐趣吧！"你可以为发挥你最强大的潜力、满足你最深切的渴望，自由释放你奋斗的激情。你将更接近自己的本质，也会得到更多你想要的东西。当你学会利用完美主义来帮助自己时，你会爱上这种无法按捺冲动的感觉。你将乐于成为一个完美主义者。

在这里，重要的是，你必须有意识地回应完美主义，而不是无意识地做出反应，这样它才能健康发展。不过，人无法有意识地回应自己未曾察觉的事物。因此，我们需要回顾一下完美主义的原始表现。

继续讨论完美主义的原始表现

除了我们之前讨论过的物品完美主义之外，我在工作中还观察到了行为、认知、过程和情感导向的完美主义的不同表现形式。

行为完美主义

从字面上看，行为完美主义会要求你完美地做好某事（如考试得满分），不过它也可能会要求你做那些你认为能完美体现自己角色（如女儿、老板、女性、自信的人、父母等）的事。如果行为完美主义在激励你好好表现的同时，不会损害你的健康状态，且不会让你过分纠结于结果，那它就是适应性的。例如，"我想掌握这首钢琴曲，是因为努力做我喜欢的事让我快乐。如果演奏会那天我搞砸了，也没关系，我应该给自己最好的机会来变得更出色"。

如果你为了奉行行为完美主义而牺牲自己的健康，那这种完美主义就是非适应性的。例如，每次公婆来镇上，尽管出于种种原因，你会觉得不太舒服，你还是会答应让他们住在你家，因为你认为完美的儿媳就应该这样做。又如，你没跟上会议内容，想提问，但你选择保持沉默，因为你想当一个总是很清楚最新事态的完美员工。

每个人都有难以按真实自我行动的时候，至少偶尔会这样。当无法按真实自我行动形成一种模式化的反应时，就表明存在功能失调的情况。如果我们时常感觉，自己有义务做一些背离我们需求、目标和价值观的事，那么这种义务感往往源自某种行为完美主义标准，但我们并没有意识到我们在遵守这个标准。

认知完美主义

认知完美主义要求人们完美地理解事物。从认知的角度来看，一些系统和程式，我们完全能理解，例如仓库中的包裹从发货到抵达顾客门口的每个细节。虽然分析和理解一个过程很有用，但是，如果某个事物没有形成严格程式化的系统，那么太过渴望完美地认识或理解它，可能会使你陷入困境，感到迷失。

例如，一个拖延型完美主义者可能会陷入认知完美主义的循环，他会认为："在给这个城市规划岗位投简历前，我得完美地理解城市规划工作的方方面面。"

说到迷失，不妨想象一下，那种渴望彻底（完美）理解"为什么"的感觉有多揪心。例如试图理解某人究竟为什么离开我们，或渴望知道自己没被录用的每一个原因。这就是认知完美主义。

我们认为，完美地理解"为什么"可以帮助我们控制对已发生的事产生的负面情绪。然而，若你能接受和处理内心的不良情绪，而不是抹除它们，你会获得真正的力量。

如果你的认知完美主义是受到了好奇心的驱动，而且你学习时不过分追求结果，那它就是适应性的。例如，一位神经学家一生致力于研究为什么人会做梦。经过几十年的研究，这位神经学家可能会说："我真的不知道为什么人会做梦。"他没有找到答案或结论，但他非常享受这几十年来自己所做的有意义的工作。他可能得退休了，但这并不重要。无论如何，他永远不会停止努力寻找答案。

过程完美主义

过程完美主义指的是希望一个过程完美地开始、持续、结束。对一个耗时较长的过程而言，"完美"的结束可以是这个过程永不结束。因此，如果一个过程结束了（如以离婚收场的婚姻），或受到重大干扰（如原本已经在康复，结果疾病复发了），那么整个过程都会被视为失败。

过程完美主义还可能包括自己给某个过程持续的时间、消耗的能量、需要的帮助设立标准，或对其抱有一些先入为主的观念。例如，一个完美主义者明明通过了律师资格考试，但仍可能认为自己是失败的，因为在他的心目中，他要通过考试，本不需要学得那么努力。

让我们离远一点儿，在更大的视野里看待过程完美主义与身份认同形成的关系。如果你感觉童年时自己存在功能失调问题，而且深陷过程完美主义，无法自拔，你会觉得自己已经被判处了终身"落后"的命运。要是成为真正自己的过程开始得并不完美，那它怎么可能好起来呢？

过程完美主义的另一种表现形式，看上去和上文所述的相反，但其实有相似之处，往往出现在那些自认为拥有"完美童年"的完美主义者身上。过程开始得很完美，所以他们背负着巨大的压力：他们的余生必须完美地展开，因为在他们看来，他们没有任何借口不去做到完美。

拖延型完美主义者必须努力做事，才能不被他们对完美开始一个过程的渴望所压倒。而当过程进行得不完美时，混乱型完美主义者会陷入困境。激烈型完美主义者执着于让过程完美结束（实现目标）。巴黎型完美主义者的目标多是人际关系方面的，所以他们不在乎自己处于过程的哪个阶段，只要感觉与他人联系紧密就好。古典型完美主义者也不在乎自己处于过程的哪个阶段，只要他们能有条理且一定程度上稳定地做出行动即可。

和其他形式的完美主义一样，当你利用过程完美主义为自己服务，而不是让它决定你的生活质量时，它就是适应性的。我有一个来访者叫奥布里（Aubrey），她会以过程完美主义的视角来看待世界。等公交车、取干洗的衣服、看电视——这些事情让她敏锐地意识到，她可以如何优化过程，从而获得绝佳的体验。

多年来，奥布里一直在抵抗完美主义视角带来的沮丧情绪，努力变得和其他人一样。其他人似乎没有注意到他们可以改善自己的体验，也不关心这一点。而当我们讨论起她能怎样将完美主义用在她最看重的事物上时，她的世界仿佛瞬间打开了。

奥布里是一名服务员，她同其他任何一个完美主义者一样重视工作质量。她觉得，如果当客人询问菜做得怎么样了的时候，她不能告诉他们还得等多久，如果她不能给还没点餐的客人提供用餐建议，她就算不上做好了自己的工作。

　　奥布里开始寻找解决方案。在此过程中，她了解到有一种电子厨房显示系统，她发现自己"异常喜欢"这玩意儿，希望餐厅能购进一套这样的系统。

　　奥布里兴奋地向管理层提出了她的想法，但由于成本问题，她刚讲了 20 秒，管理层便予以否决。然而奥布里没有退缩，她又建议把特色菜摆成一"串"——每桌客人就座时，在桌上摆上一排小份的特色菜。反正本来就得做这些菜，而且每份菜分量都很小，何乐而不为？这一特别服务取悦了客人，并且由于不知道多久才能上菜，有了这些小菜，等待的这段时间，客人也有了别的可以关注的东西。该方案大获成功。

　　接下来，为什么碍眼的挂衣架要放在前台的旁边呢？奥布里在我面前练习如何游说管理层："难道客人进入这个场所后第一眼看到的应该是一堆其他人的外套吗？"这里她用"场所"这个词来形容这家大学酒吧，着实有些夸张，但奥布里不在乎。

　　她在这 3 个月内对餐厅做出的改进比过去 5 年还要多。利润（和小费）飙升。更重要的是，对奥布里来说，感受到甚至亲眼看到自己在行动中表现出的能动性，让她倍感喜悦，感到意义非凡。

　　曾经每天都让奥布里沮丧不已的东西，现在成了她的撒手锏。奥布里的目标是开一家温馨、休闲、社区支持性的餐厅（社区支持农业的餐厅版本）。从始至终，奥布里想的都是为客人提供难忘的用餐体验。奥布里能不能做到这一点，根本不是一个问题，问题是她何时会做到。

　　拥有天赋，但没有机会磨炼相关技能，也无法利用这个天赋使自己和他人受益，这是十分痛苦的。将天赋视为负担，则更加痛苦。

　　某些领域非常适合那些天然能看清或预测更大流程内部微观过程的人，这里的"更大流程"包括工业设计、导演工作，甚至整个酒店服务业。然而，要使过程完美主义对你有益，你不是非得将它用在正式或专业场合。如果你发现自己陷入了过程完美主义，你可以利用你对完美过程的渴望，让自己活在当下，并获得更广阔的视野。

情感完美主义

情感完美主义指渴望处于完美的情感状态。这里所说的完美的情感状态，并不是快乐或平静，而是完美地控制自己的感受、产生某种感受的时间，以及这种感受的强度。

例如，对一个母亲来说，完美的情感状态可能包括在一定程度上容忍孩子，即使孩子的吵闹让她感恼怒。她感受到的是恼怒，产生这种感受的时间是孩子吵闹时，而这种感受的强度是轻微的。然而，如果她发现自己的反应超出了她所认为的"完美"的恼怒体验，就容易陷入自我指责。

假设有这么一种情况：孩子不怎么吵闹，或只吵闹了一会儿，而母亲非常恼怒，甚至可以说是暴怒。对处于非适应性状态的完美主义者来说，任何偏离完美情感状态的体验都是一种失败。

采取"部分控制"的反应来迫使自己接受不理想的感受，这种策略并不罕见："好，我会给自己 5 分钟难过的时间，然后继续前进。"对困在非适应性情感完美主义循环中的人来说，通过理性地调节情感体验来面对内心世界，是一种常用的策略。相关研究支持了这一观点：非适应性完美主义与通过压抑情感来应对压力有关。[13]

挣扎于情感完美主义中的完美主义者认为一切情感体验都应该在特定的时候出现，且都应该有分寸。他们试图像转动旋钮一样控制自己的感受，而且不仅仅是控制那些"不好"的感受。

完美的情感反应也可能包括怨恨时强迫自己感激，无聊时强迫自己兴奋，对自己的身体并不满意，但强迫自己变得满意等。
当你无法正确控制自己的感受时，你就会惩罚自己。

当适应性完美主义者注意到自己的情感反应与心中理想的反应不同时，他们会好奇为什么会这样（而不是想惩罚自己），并会思考自己可能需要些什么。适应性完美主义者不会逃避自己的情感，而是会努力以健康的方式来调节自己的情感体验（我们将在本书的后半部分讨论如何做到这一点）。

如果你有目的地确立了一个灵活的理想情感状态，并用它来激励自己努力实现积极的改变，那么你的情感完美主义也是适应性的。例如，你工作得很痛苦，所以你有意识地构想了工作时你理想的情感状态：

"我希望当有人问我是干什么的时，我能兴奋地谈论我的工作。我不需要每天早上都兴奋地从床上跳下来去上班，但我希望整体上能为我的工作自豪。我希望日子不会难过到直接威胁我的心理健康。我不想再感觉自己是被迫工作的。工作时，我不需要一直轻松自在，但我希望工作环境足够舒适，能让我每周笑上几次。"

然后，记住，我们并不是非得实现理想，而是要让理想激励自己。你可以用这个理想来指引自己寻找新的工作。

就算对情感上的完美的追求不是完美主义中最常被忽视的部分，也是其中一个。情感完美主义之所以未曾得到足够的关注，是因为它不像"希望一直快乐"那么简单，它是一种个人化的、私密的体验。

没有什么比情感完美主义者对疗愈的看法更能体现情感完美主义的了。你希望自己在特定情况下，以特定的方式产生特定强度的感受，你觉得这就是你已获得疗愈的"证明"。玛丽萨（Marissa）就是如此。

玛丽萨有一个男同事，她称此人是她此生挚爱。他们约会了几周，最终因为工作上的关系太复杂了而决定不再见面。两人保持着"朋友"关系，但在他们最后一次约会的几周后，这个男人开始和另一个女同事约会，并在 6 个月内和她结了婚。

玛丽萨告诉我，当她的前任在办公室宣布妻子怀孕之后，她内心深处希望自己能"单纯地为他高兴"，然而她伤心欲绝。她是怎么解决的呢？控制住局面。她的完美主义（通常表现为巴黎型）在各方面都达到了极致。

一开始，她坚持要在办公室为这对夫妇举办一场"准妈妈派对"（baby shower）^㊀。她要成为他们完美的朋友（行为完美主义），她要完美地为他们感到快乐（情感完美主义），她也想让派对本身完美无瑕（物品完美主义）。如果她能掌控她想要的这一切，包括最后与这个男人好好谈一次，结束他们的关系，搞清楚为什么他们没能在一起（认知完美主义），那么她是能够如愿以偿的——彻底忘了他，彻底断绝两人的情感联系（过程完美主义）。这可是一个大工程。

我们从情感完美主义讲起。

我：你觉得，当你在派对上看到他俩微笑着站在一起，他的手放在她的孕肚上时，怎样的情感反应是合理的？

玛丽萨：我希望我能忘了这个场景，变得高高兴兴的，就像发现一只瓢虫后会产生的那种感觉。

我什么也没说。

玛丽萨：这是有可能的！我们不知道未来会发生什么！

㊀ 也叫"迎婴派对"。在欧美，一些准父母会在孩子母亲分娩前夕（一到两个月）为即将到来的宝宝举办这样一个派对。——译者注

我：就你目前的状况而言，我想我知道会发生什么。我觉得你也知道。

玛丽萨的目标，正像很多人会陷入的那种目标，不是处理已经发生了的事，而是学会控制自己对这些事的感受。我们对"正式实现疗愈"抱有先入为主的观念，这些观念在我们的头脑和心灵中徘徊。可我们对疗愈的想象往往是错误的。你不知道你的疗愈会以何种形式到来。有一种方式可以用来定义疗愈：对可能性持开放态度。当你专注于情感控制时，你就把自己与可能性隔绝开了。而力量体现在，理解无论你感受到了什么，你在生命中的每一刻都有主动权。不过这条规则也有例外情况——创伤。

完美主义 + 创伤

当你无法获得力量，或一开始就没有力量时，你的创伤将展露无遗（比如，童年创伤就会这样）。创伤会大大改变你，这种改变会使你再也无法适应经历创伤之前自己的样子。摆脱创伤、获得疗愈的方法不是回归过去的自己，而是成为此刻你决心要成为的人。非适应性完美主义可能表现为对创伤的特定反应，内奥米（Naomi）就属于这种情况。

内奥米和朋友一起去滑雪，在酒店房间内遭到了强奸。和许多强奸受害者一样，内奥米对这段经历的记忆主要基于感官，而不是时序性的。她清楚地记得从打开的阳台门吹进来的新雪清凉干爽的气味。内奥米告诉自己，疗愈就是在空气中闻到雪的气味时，她第一个想到的不再是被强奸的记忆。

比起她一生中渴望拥有过的任何东西，内奥米更想找回曾经的自己吸入冷冽、纯净、令人清醒的雪的气味时，所体验到的简单的愉悦。为了实现给自己设定的这个"治疗目标"，在过去的 3 年里，每个冬天，她都会定期强迫自己躺在雪地上，闭上眼睛，吸上一口气。

但是这样做并没有起效。

她现在更加讨厌雪了。她讨厌有雪的电影。她讨厌冬天。她讨厌手机上的天气应用。她讨厌电暖器。她讨厌厚重的外套。她讨厌夏天，因为之前它离自己而去。她讨厌天空，因为那是雪的来处。她每天都对新事物感到厌恶。"我来这儿，"她告诉我，"是因为今年我一定要实现我的愿望。我想让雪的气味再次带给我快乐。"

那时正值纽约的 9 月。

听内奥米更加详细地描述她躺在雪地上的这个方法时，我双手相叠，仿佛在祈祷，食指触碰到了嘴唇。这似乎让内奥米感到有些困扰，至少是困惑。讲完她用在自己身上的脱敏技巧后，她沉默了两秒钟，又说："你不是不应该那样吗？"

"哪样？"我问。

"我以为心理治疗师不应该情绪化。"

我从内奥米那儿感受到了钢铁般沉重而顽固的痛苦，除此之外，我还意识到她将情感完美主义投射到了我身上。也就是说，如果我要"修复"她，我需要有能力把自己的感受放在一边，专注于结果。她希望我从纯理性的角度与她互动，因为她想学会从纯理性的角度处理自己的创伤。

许多遭受过创伤的人都存在这样的情况，与自己的痛苦一同"存在"，让内奥米非常不安。她无法预测或控制自己的情绪反应，她认为这是她个人的失败。哪怕我只表露出了最轻微的情感反应，若她看到了，也会备感不安，她会对我能否帮助她产生疑虑，就好像我让她失望了。

创伤和未受管理的完美主义相碰撞，会导致霍尼所说的"心智至上"(supremacy of the mind)[14]。整合（即真正的疗愈）反而不会被视为一个可选项。正如霍尼所讲，"不再是'心智与（and）情感'，而是'心智对（versus）情感''心智对躯体''心智对自我'。于是大脑成了唯一有活着的感觉的部分"。

完美主义者理智上明白他们无法改变过去，但这并不能阻止他们尝试改变过去对他们的影响。一旦接受这些影响的存在，就得面对强烈的失控感和失败感。

所谓"合乎逻辑"的解决方案是把你的经历分成两部分：事件本身和事件对你的影响程度。换言之，你接受这件事的存在，但拒绝承认其影响。你大概会这么说："对，确实有这回事，但我没事。"这种区分就像某种数学运算，是应对创伤的长除法。

接受以下事实，力量自然会萌生：虽然你无法控制自己的感受，无法控制过去对你的影响，但是接下来会发生什么，完全取决于你自己。力量就是明白你的生活可以是一个有意识的选择，选择去追求你想要的东西；而不是某种无意识反应，为的是逃避已经发生的事。

持续提升你的意识，认识到自己认可特定的"完美情绪状态"，而且对各种各样"完美情绪状态"的模式有一定设想。这有助于你破除以下观念：你需要做出规定的情绪反应。

完美主义发展的前因

教养方式与各个取向的完美主义有多大关系？克劳迪娅·卡尔莫（Cláudia Carmo）博士呼吁人们多进行这一领域的研究时指出："部分研究认为，父母极端苛刻的家庭更容易养出完美主义的孩子，而且专制的教养方式可能会导致孩子一生都采取完美主义倾向。然而教养方式是否与适应性或非适应性完美主义的发展直接相关，我们仍不清楚……虽然在寻找父母对青少年和儿童适应性和非适应性完美主义的作用的经验证据方面，已经取得了一些进展，但相关研究仍然比较缺乏，而且尚未得到确切的结论。"[15]

我对完美主义发展前因的观点受到了现有研究的启发，不过更多的还是源自我的临床工作。我只能提供我的临床经验给大家参考。⊖

正如我们在第 2 章讨论的那样，完美主义是一种自然的冲动，有些人天生便具有较强的完美主义倾向。从我与完美主义者的交谈中，我发现，孩子的完美主义可能会表现为好奇和兴趣，这种好奇和兴趣的程度可能会很深，有时会导致强迫性的自主行为。例如，近藤麻理惠孩童时期就对室内设计和收纳异常着迷。她会放弃课间休息，选择留在教室里整理书架。在家时，她会潜入兄弟姐妹的房间，偷偷替他们清理杂物。[16]

天生就具有完美主义倾向的孩子，可能不只会沉迷于我们孩童时期通常会沉迷的那些东西——"第一百次看他们最爱的迪士尼电影"，他们或许会极其关注特定的活动，而且这种活动对其他人来说可能有点儿怪，因为它并不一定"适合孩子"，比如筹备水族箱、收集配套的行李箱、听经典歌剧。这并不奇怪，而是反映了某种正在这些孩子内心壮大的东西——他们的个人理想。

当我们不理解某种现象时，我们就容易产生恐惧或好奇，大多数人容易陷入恐惧。那个时候，近藤哪怕不休息，也会强迫性地清理杂物的情况，可能的确让她的老师和照顾者深感担忧。然而把这些放在她持续终生的热爱之下（特别是这种热爱还成功为她赚到了

⊖ 更多信息见"作者的话"部分。

钱）来审视时，曾令人担忧的行为模式倒变成了有趣的逸事。

　　如果你忘记了孩子并不是缩小版的成人，就很容易把他们的一些行为误认为是完美主义的表现。例如，如果一个 4 岁的孩子因为找不到颜色完美的蜡笔来画独角兽，而扑倒在地上大哭，并不意味着他就是完美主义者。

　　孩子们正在学习调节情绪，他们本就还无法像成年人那样，拥有构建观点和管理负面情绪的能力。不单单是幼儿和发怒的问题，不如说，对各个年龄段的孩子来说，被沮丧或失落等情绪淹没，然后对这些情绪做出过度反应，从发展的角度来讲都是合理的。

　　有时，孩子身上的完美主义倾向非常僵化，而且明显不太健康，因为他们的身心功能受到了显著的干扰，他们也会感到忧虑。这种情况下，你需要寻求更多支持，如寻求学校辅导员、认识的社区成员、家庭治疗师等的帮助。目前，研究人员正在探讨僵化的完美主义与各种心理健康问题的关系。

　　一般认为，僵化的完美主义是一种"跨诊断"（transdiagnostic）特征，这意味着在许多心理疾病的诊断中，它都会以某种形式充当诊断依据。跨诊断机制（transdiagnostic mechanism）是疾病的风险因素，也可能是导致病情延续的因素，也就是说，它会提高罹患某种疾病的可能性，而且会使病情更有可能持续下去。

　　不过，我还从来没和不承认自己的完美主义不太健康，却担心孩子有不健康完美主义倾向的父母谈过话。在我看来，示范是教育孩子最有效的方式。无论你示范的是健康还是不健康的行为，都无关紧要，孩子轻易就能学到其中任意一种。詹姆斯·鲍德温的话在这里也适用："孩子们从不擅长听长辈的话，但他们总能将长辈模仿得很好。"

非适应性完美主义发展的前因

如果在你成长的过程中，你知道自己被爱着，那你几乎无法体会那种怀疑自己究竟是否被爱的感觉，也体会不到清楚地知道自己不被需要、不被爱是一种怎样的感受。对不少人来说，"有人真心爱我吗"这个问题会像电脑屏保一样不时占据脑海；而那些体验过无条件的爱的孩子，根本不存在这种想法。

同样，如果你在成长中饱尝虐待、忽视，或者有条件的爱，那你几乎无法理解会有人爱你，无论你做什么或做不了什么都爱你。当一个只体验过有条件的爱的人听到"我爱你"的时候，他真正听进去的是"我现在爱你，所以别把事情搞砸了"。有条件的爱并不是真正的爱，而是一种契约。我们都知道，契约包含细则，而且契约可能会失效。

那些探讨非适应性完美主义是如何发展的理论表达了同样的观点：当孩子爱和归属的基本需求得不到满足的时候，本应用于建立健康的自主感（探索个人兴趣，与他人建立健康关系）的全部能量，都会被重新引导去用来寻求归属和赢得爱。[17]这种与他人联结的渴望，可能会表现为追求表面的完美：我把每件事都做得很完美，你现在会爱我吗？

作为对虐待和忽视的一种反应，完美主义不仅体现了对被爱的渴望，还是在求生存。你的照顾者不只能给你加油打气、拥抱你，他们也给你提供食物、住所和衣物——你完全依赖于他们。当最原始的依恋关系并不可靠时，一旦不符合他们对你的完美设想，你就会感觉危险就在眼前。就和走进车流时那种危险的感觉一样。

我刚开始工作时，做的是社会工作，我的其中一部分工作是上门拜访，确认那些可能被虐待的孩子真实的生活状况如何。我永远不会忘记自己第一次"真刀真枪"上阵前，我的老板给我的令人发寒的建议。她说："留意那些表现得十分完美的孩子，他们才是被吓坏了的孩子。"

内化别人对你的完美设想，不一定意味着你要取得好成绩，或者表现得很完美；你还可能会成为一个沉默寡言、不受重视的孩子，一个没有需求的孩子，一个长期通过开玩笑或惹麻烦来吸引别人注意力的孩子。

感受不到爱的孩子会不计一切地努力赢得那份爱。"你想转移一下注意力吗？你可以把注意力转移到我身上。你想停止悲伤吗？我会为整个家带来足够的快乐。你希望我不再是一个负担吗？我连吃东西的时候都不会发出一丝声音的。"

一个感受不到爱的孩子所做的一切都是为了回答这个问题：

"现在我值得被爱了吗？"

孩子会不断以不同的形式问这个问题，但不会一直问下去。如果他们每一次都认为，这个问题的答案是"不"，那么他们会渐渐内化以下信息：

"哦，我不像其他人那样，能够获得快乐，也没有人爱我。我不值得被爱，不值得拥有安全或美好的体验。"

一个看不见的开关被打开了。在孩子的潜意识中，自由地成为他们自己不再是一个可选项。那么做会让他们的生活极度不安稳。一旦没有自由可言，就只剩下两种选择。第一种是表演。他们会选择扮演一个值得喜爱的角色，并祈求上苍没有人发现他们在表演。第二种选择是自毁。他们会陷入"既然没有人关心我，我为什么要在意"的心态，进而摧毁自己。

对那些选择表演的人而言，每件事都在给他们施压，要求他们进行完美的表演。这有点儿像人们撒谎时，往往会给自己的谎言添加很多细节，因为在他们的脑海中，谎言听起来并不真实。非适应性完美主义也是这样运作的。这类完美主义者总感觉自己在说谎——他们只是假装自己值得被爱，所以最好能把自己的情况讲得清清楚楚。他们最好表现得非常完美，因为一旦他们所说的话中出现任何漏洞，谎言都会显露无遗。

这些与自己和他人相处的模式可能源自家庭背景，也可能源自更大范围内文化、校园环境、宗教机构等带给他们的被拒绝或不被爱的感受。

无意识的表演和自毁模式会持续下去，直到有意识的干预将它们打破。一旦意识参与其中，一切皆有可能。

归属

我们将爱和安全视为有助于成长的美好事物，因而常常谈起它们。一个大大的后院的确有助于成长。但爱和安全是我们的需要。我们需要在爱和安全中成长，成年后，我们也得主动培养爱、安全和归属的感觉。

任何在孤独中成长或者成年后孤独生活的人，都会遇到模式化的困扰——抑郁、过度焦虑、非适应性完美主义、上瘾等，什么情况都可能出现。人类不宜孤立，我们注定要与彼此联结。

联结是一切成长和疗愈的源泉，是我们的需求。缺乏健康的联结，我们会功能失调。

长期功能失调会增加你患心理疾病的风险，包括出现自杀倾向。下一节将讨论完美主义和自杀。如果你决定先跳过这一部分，可以翻到下一章⊖。如果你不确定，不用着急，把本章剩下的内容

⊖ 如果此刻你有自杀意念，并且认为自己在接下来的 24 小时内所做的选择可能会危害你的安全，请寻求支持。将你的情况告诉你信任的人，让他知道你不想独自一人待着，或者拨打心理健康危机援助热线。另外，你也可以随时去医院，或让救护车去接你。

留到以后再看也行，它不会消失的。

完美主义 + 自杀

3 年来，西蒙娜（Simone）每周一上午 9 点会来和我会谈。我从将她转介给我的全科医生那里得知，和恋人分手后，她"感觉自己不像自己了"，而且她正在服用抗抑郁药，药是 5 年前精神科医生给她开的，她只去见过那医生一次。

我们接触的第一个月，我鼓励西蒙娜去找我一位值得信任的精神科同事，重新评估她的药物治疗方案。新开的药起效得比她预期的更快（我觉得她根本没想到新药会有帮助）。我记得，她非常担心她的轻松感仅仅是安慰剂效应，很快就会消失。按她的话来说就是，她不想"回到那个状态"。

我直接问了她那个往往能救人一命的问题，这个问题也只能这样问："你有没有想过结束自己的生命？"她没有坚决地否定，而这可以理解为一种肯定。[⊖]

西蒙娜和我开始频繁地讨论自杀问题，这是一件好事。对我来说，谈论自杀意念并不可怕，避而不谈才可怕。大家会不约而同地回避对自杀问题的讨论，这可以理解，但是对自杀的忽视是可怕的，后果很严重。我们正处于一场全面的公共健康危机之中。我们不是快到警戒范围，而是已经在警戒范围内了。

根据美国疾病控制与预防中心（Centers for Disease Control and Prevention）的数据，在过去的 20 年里，美国的自杀人数竟

⊖ 这里需要明确一点，对于这个救命的问题，即使某人坚定地给出了否定的回答，也不意味着他们说了实话，或者他们没有生命危险。请了解更多信息，学习如何进行这些的确极具挑战性的对话。

惊人地增加了 35%。2019 年美国国家心理健康研究所（National Institute of Mental Health）发布的一份报告指出，自杀是 10~34 岁人群的第二大死因，2019 年有 140 万成年人尝试结束自己的生命。新冠疫情更是极大地加剧了自杀危机。[18]

美国疾病控制与预防中心的数据显示，2021 年 2 月和 3 月中大约一个月的时间内，因疑似自杀而被送往急诊室的 12~17 岁女孩增加了超过 50%。[19]该中心还指出，每年有 1200 万美国人报告他们在认真考虑结束自己的生命。[20]又有多少人正认真考虑自杀，但是没有报告？谁也说不清楚，不过我们可以假设这个数字高于 1200 万。

将自杀话题限制在治疗师办公室里，或在某个名人自杀后的一周内对此缄口不言，并不能让大众深入、有效地理解这个复杂的问题。统计数据清楚地表明，在本书的读者中，有一些人曾考虑过结束自己的生命。又或者，也许你很担心你所爱的人有自杀倾向。每隔一段时间，我们都要主动、实质性地谈论自杀话题，这一点十分重要。

我们不谈论自杀，是因为我们不知道该怎么谈。我们不知道该说些什么，是因为我们不理解自杀问题。而我们不理解自杀问题，又是因为我们不谈论它。积极讨论自杀问题立竿见影，比如，我们会了解到，我们无须等到情况十分危急时才采取行动，去打报警电话或打心理健康危机援助热线寻求帮助。此外，援助热线（包括短信热线）不只是为那些有自杀想法的人设立的，陷入任何心理健康危机，包括物质使用问题的人都可以寻求它的支持。如果你担心自己关心之人，或希望进一步了解如何处理自杀倾向，也可以拨打援助热线。

正如一则有关疗愈的经典格言所说："问题的本质从来不是问题本身。"在与出现自杀行为谱（suicide spectrum）中行为的人交谈过后，我意识到，他们并不是想死，而是希望通过自己经历的痛苦来得到缓解。在这里，我使用"自杀行为谱"这个说法，是因为人们不只有"想自杀或不想自杀"这两种状态（正如精神障碍的分类模型过分简化了人们情境化的、不断变化的心理体验）。例如，一些人存在自伤（parasuicidal）行为，美国心理学会（American Psychological Association）将其界定为一系列故意伤害自己的行为，这么做可能是为了自杀，也可能不是。[21]

许多治疗师主张对自杀行为谱中的其他位点（区别于 3 个基本位点——自杀意念、有计划的自杀意念、自杀尝试）进行详细描述，心理学家阿黛尔·瑞安·麦克道尔（Adele Ryan McDowell）就是其中的一位。麦克道尔认为以下位点应该包括在内。[22]

- 自杀意念：考虑结束生命。
- 自杀尝试：自杀未遂，最后生还了⊖。[23]
- 被动自杀倾向：考虑自杀，不过没有主动采取措施结束自己的生命。（被动自杀倾向可能会以间接的方式体现出来，如对死亡的漠不关心。存在被动自杀倾向的人可能会说："就算我被公交车撞了，我也无所谓。"）
- 主动考虑自杀：制订计划并构想细节。
- 考虑自杀并付诸行动：麦克道尔指出，考虑自杀并付诸行动有两种情况——计划性的和冲动性的。在冲动性的情况下，人们会感觉到"自杀的念头一闪而过，情绪汹涌奔腾，而且这些念头和情绪在当时确实很要紧。这种情况常

⊖ 有人用"自杀姿态"（suicide gesture）来表示这个状态，但我了解到这种说法是无意中带上了贬义的。正如杜克大学儿童和家庭心理健康与发展神经科学学部的心理学家妮科尔·海尔布伦（Nicole Heilbron）博士所说："将个体的行为标签化为'姿态'……可能会传达出一种轻视的态度，从而让我们产生虚幻的安全感，忽略个体的安全及其接受监测的需要。"

出现在青少年和年轻的成年人身上"。

- 长期的自杀倾向：很长时间里一直在考虑自杀，很有可能付诸实施，或者已经尝试过几次。
- 慢性自杀（slow suicide）：麦克道尔对其的描述是"一生都会自残，这种自残会不断侵蚀一个人的身体健康、幸福感、心理稳定性、情绪弹性，以及生命力"。

　　一种常见的对自杀的误解是以为它是线性发展的。我们认为自杀"过程"是这样的：首先考虑一段时间，然后这些想法逐渐演变成计划，接着执行计划——整个过程中，此人所爱的人会注意到他身上释放的警报和信号。然而正如约翰斯·霍普金斯大学医学院精神病学家保罗·内斯塔特（Paul Nestadt）博士接受《纽约时报》采访时对金·廷利（Kim Tingley）所说的："自杀可能出奇地冲动。大部分决定自杀的人会在一小时内采取行动，近1/4的人5分钟内就行动了。"廷利合理地指出："不允许持枪或加大获取枪支的难度能减少因自杀死亡的人数，而让更多的人更容易获得心理健康护理服务，更能负担得起心理健康护理服务的费用，也有助于达到这个目的。"[24]

　　如果你不理解自杀行为可能有多冲动，就很难理解家中是否有枪支会对你或家人的自杀风险产生怎样的影响。在美国，超过一半的自杀者是用枪自杀的。根据美国疾病控制与预防中心的报告，2018年，持枪自杀的人数是被枪杀者的两倍。[25]

　　哈佛大学陈曾熙公共卫生学院（Harvard University's T. H. Chan School of Public Health）健康政策教授戴维·海明威（David Hemenway）对这种怪异情况进行了简要的解释："能最好地解释美国各城市、各州和地区自杀率差异的因素，不是心理健康、自杀意念甚至自杀尝试上的差异，而是枪支的可获得性。很多自杀行为是冲动的，而想死的冲动会逐渐消退。用枪自杀快速而致命，致死率很高。"[26]

在公司、在家里、在一段关系中，你可能最不想谈论的就是身边的人是不是在承受巨大的痛苦，以至于他们觉得自杀才能解脱。但我们必须谈论这个话题。

你知道那些和你最亲近的人（包括你的孩子）是否曾考虑过自杀吗？不妨问问他们。担心提及自杀会将这个念头植入对方的脑海是对自杀的另一种误解。研究表明，承认自杀想法的存在并直白讨论自杀能减少人们的自杀意念，还会使人们更愿意寻求支持。[27] 正如治疗师斯泰茜·弗里登瑟尔（Stacey Freedenthal）发布在"聊自杀"（Speaking of Suicide）网站上的一篇文章所说："在你担心自己可能会播下种子的时候，其实一棵大树已经长了出来。"[28]

尽管服用新药显著缓解了西蒙娜的病情，不过至少连续 5 个月，她依然每天都会产生自杀意念。自杀是她每天早上醒来时首先会想到的事情之一。她的生活质量在改善，但她总感觉自己不得不回到那种让她精疲力竭、心情沉重、伤痕累累的痛苦状态，而这个想法往往会压倒她。在这里，西蒙娜的自杀意念充当着一种自我安抚的技巧：如果情况再次恶化到那种程度，我可以逃避。

西蒙娜的自杀意念之所以会减少，并不是因为现在她感觉更好了。真正的原因是，她明白，哪怕再次陷入巨大的痛苦，她也不再无能为力。

通过主动在身边构建一些保护性因素（能培养她韧性的事物），比如接受治疗、多散散步（这也有助于她的睡眠）、健康饮食、持续服药、与他人社交，西蒙娜找到了力量。她开始在她所在街区的犹太会堂做义工，尽管她并不是犹太人。她还报名加入了纽约大学的"免费和公开"通讯（"free and public" newsletter）团队，尽管她已经毕业 15 年了，而且上的并不是纽约大学。这不重要，这些服务原本就是面向整个社区的，大多数大型机构的服务也是如此。

西蒙娜慢慢用那些她认为"美好而有益"的人和事，将她的生活填得满满当当。没有比这些"美好而有益"的事物更单纯，而又能影响人的存在了。例如，西蒙娜以前从未听说过奇亚籽，更别说尝过了。一天，她买了一袋奇亚籽，开始每天早上都撒一点儿到贝果的奶油乳酪上，不知为何，这让她意识到她在追求健康这件事上其实拥有很大的主动权。而后，她开始用手提包随身携带奇亚籽，吃任何食物时都会加上一点儿。比如比萨、冰咖啡、鸡蛋。中午的炒菜？没有奇亚籽就不行。冰激凌？没有奇亚籽也不行。对西蒙娜来说，促成她改变的不是奇亚籽本身，而是它们给她带来的自我认同上的转变。她开始以新的方式看待自己，将自己视为一个能做出更有利健康的选择的人，一个能以不同方式体验生活的人。

每当产生自杀的欲望或冲动时，西蒙娜会尝试换一种做法，她也在这个过程中找到了力量。她将自杀热线存在了手机里。我们同西蒙娜的一个朋友取得联系，让她给西蒙娜一把钥匙，这样，一旦西蒙娜感觉自己可能无法独处，就能去她的公寓。西蒙娜还把最近医院的地址存在了优步账号的收藏夹。她准备了一个类似孕妇待产包的"医院包"，里面装了过夜要用的东西，放进衣柜里，随时可以拿走。

在我们开始会谈的两年后，西蒙娜寄了一张贺卡到我的办公室。贺卡上有一朵兰花，内页是空白的。她用下面这些话填满了空白：

> 谁知道生活会带来什么呢？无论发生什么事，我都会选择活下去。
>
> 下周见。
>
> 　　　　　　　　　　　　　　　　西蒙娜

这可不是自杀者的遗书，甚至截然相反。

很长一段时间里，西蒙娜都觉得自己无法在痛苦的重压下行动和生活。她并不孤单，也许与她那些追求完美的同伴在一起时更是如此。

长期以来，研究人员一直在探索完美主义是否会让人更容易自杀。尽管在完美主义没有一个一致的定义的情况下，这些研究很难给出足够好的解释，但简而言之，问题的答案是肯定的。完美主义与自杀倾向成正相关。

研究表明，"完美主义最有害的一点在于，完美主义者总感觉外部的压力在促使他们变完美"。[29] 几十年前，前文提到过的完美主义领域的两位一流专家，保罗·L. 休伊特博士和戈登·L. 弗莱特博士便已将这种完美主义定义为"社会规定型完美主义"（socially prescribed perfectionism，SPP）。[30]

学术界隐藏着许多对疗愈有帮助的"宝物"，SPP 理论就是其中之一。这一理论探讨了人们对周遭规范和期望的感知是如何影响其心理健康的。弗莱特和休伊特这种基于生活背景的理论框架，不仅有助于深入洞察完美主义的运行机制，运用到更加广阔的领域，还能就其他大量心理健康问题背后的社会文化因素提供更加深刻的见解。⊖

SPP 主要指认为别人期望你完美无缺，它与总体上适应不良的特质（如过度焦虑和拖延症），特别是与自杀倾向，关系更为紧密。[31]

也许，在屈辱和羞耻感的作用下，相比自杀倾向，要求自己变得完美的外部压力更成问题。如果你是自己给自己设立完美主义标准的，并不一味追求满足他人的期望，你不会那么容易感到屈辱，因为你未必觉得别人期待你完美无缺，完美主义只是你个

⊖　更多信息见"作者的话"部分。

人的体验。然而如果你认为别人希望你成为一个完美的人，因而把完美主义标准强加给了自己，你可能更容易陷入屈辱和羞耻，因为你总感觉有"观众"在看着你。

如果你或你周围的人体验过强烈的被看见的感觉（例如，一个青少年当选为班长，一名地方队运动员得到国家级报纸的报道，一名员工的工作引起行业的广泛关注），那么，你需要关注与你们感知到的追求完美的外部压力相关的自杀风险。这不只是给完美主义者的提醒，社交媒体公司、经理人、教练、教师、雇主、父母等也要对此保持敏感。

完美主义者对外部压力的强调也应得到关注。作为老板、父母、伴侣、领导或教练，你可能并不觉得自己在给周围的人施加压力，要求他们变得完美。事实上，得知你身边的人压力巨大，你可能会震惊不已。你的灵活、开放、对错误的包容（鼓励？）和对你周围的人无条件的积极回应，值得你时常大声予以表达。

理解二元思维（也被称为黑白思维或非此即彼思维）有助于理清自杀倾向的形成和发展过程。

完美主义 + 二元思维

完美主义者处于非适应性状态的一个显著迹象就是二元思维，即极端的想法掩盖了多种可能性。二元思维中没有灰色地带，例如，你要么成功要么失败，要么美丽要么丑陋，要么备受尊崇，要么成为笑柄。

你知道西蒙娜最初是如何描述她对死亡的冷淡态度的吗？她以一种冷静而理性的方式解释道："有一次，我点了份中餐，里面竟然有一根 U 形钉，像是订书机用的那种银色订书钉。于是我检查了一下饭里是否还有其他订书钉。但尽管我检查过了，我还是不确定自己检查得够不够仔细。吃了几口之后，我继续慢慢咀嚼食物，以防还有其他订书钉。这真的毁了整顿饭，所以我把饭菜全扔了，没有吃完。这就像我的生活。米饭里有一根订书钉，即使我把它取出来，它也已经把一切都毁了，所以还有什么意义呢。"

　　遭遇二元思维时，每个想法之间或许只隔了几厘米的距离，但在这几厘米之下，是万丈沟壑。突然间，你可能就会坠落到地球上最深的地方。

　　"那你最后吃了什么？"我问她。

西蒙娜：你的意思是……？
我：那天的晚餐，后来你吃了什么？
西蒙娜：什么都没吃。我说了，整顿饭都被毁了。

　　真正的二元思维就是这样。问题不仅仅在于这顿饭是毁了还是没毁，更重要的是，眨眼之间，你连后续的想法也不再会有：既然这顿饭被毁了，那我也不可能再吃别的东西。这正是二元思维的危险之处，一段原本只会带来些许不满的经历，其背后的错误逻辑很容易，而且会很快引发关于整个生命实际意义的存在危机。

　　"我们大吵了一架，所以这段关系完了，所以我也彻底完了，所以我的整个人生都是失败的，所以还有什么意义呢。"

　　"这一刻，我被狠狠羞辱了，所以我的自信彻底被摧毁，所以我再也不会感到开心了，所以还有什么意义呢。"

　　"我没有做上我想做的工作，即使我得到另一份工作，那也不是我想要的工作，所以我永远不会快乐了，所以还有什么意义呢。"

　　"我的车启动不了，所以所有事我都处理不好，所以以后所有事我也都处理不好，所以还有什么意义呢。"

　　二元思维既存在于微观层面（你开会时要么表现出色，要么就是把一切都搞砸了），又存在于宏观层面（你要么职业生涯获得成功，要么四处碰壁）。如果不加以纠正，二元思维会像水从纸巾的一角开始被吸收一样，占据人们的心灵。你要么完美无缺，要么应该为自己感到羞耻；你要么效率很高，要么是个笨手笨脚的人；要么每个人都喜欢你，要么你就是世界的累赘；你要么是第一，要么就完全浪费了时间。

一旦意识到二元思维的存在，打破它就会变得更容易。

一旦你意识到自己陷入了二元思维，不要试图强迫自己停止非黑即白的思考。如果你能找到中间的灰色地带，那就太好了。如果不能，就试着和别人交流一下。当别的任何事物都没法帮到你时，联结能够为你提供支撑。

我以前的办公室里贴着一张灰色背景的插图，图片中间印有巨大的"-ISH"字样。我喜欢听人们说带"ish"⊖的词："我有点儿开心"（happy-ish）"我今天过得还行"（good-ish）"我有点儿沮丧"（depressed-ish）。"ish"就像一首单音节的歌，当你走出非黑即白的思维，进入灰色的世界时，你就会唱起这首歌。用我读研究生时最喜欢的教授，杰出的阿妮卡·沃伦（AnikaWarren）博士的话来说就是，"你必须学会生活在灰色中"。

适应性完美主义者会学习培养"ish"思维。他们会学习"活在当下"，而非"缺席"；学习使用力量，而非控制；学习与他人联结，而非将自己孤立（本书的后半部分旨在提供学习这些东西所需要的具体策略和工具）。适应性完美主义者还会学习怎么才能不再犯完美主义者常犯的头号错误——因为失误而惩罚自己。

每个人都有惩罚自己的时候，但完美主义者将惩罚提升到了另一个层次。在"惩罚"这项"运动"上，他们就是奥林匹克选手。他们将惩罚也做到了完美。完美主义者读的都是法学院吧。

⊖ 在英语中作为后缀，表示"有一点儿"。——译者注

第 5 章

你一直在解决错误的问题

问题不在于你用完美主义对待生活，
而在于你用自我惩罚来应对失误

　　我曾遇到过一个老牧师的妻子，她告诉我，年轻时，她生下了自己的第一个孩子，虽然那时候用树枝打孩子是一种常规的惩罚方式，但她不相信打孩子是什么好事。然而，在她儿子四五岁时，有一天，他做了一件她觉得应该责罚的事——这是他人生中第一次干这样的事。她让儿子自己出去找根树枝，回来挨打。儿子去了很久，而后哭着回来了，对她说："妈妈，我找不到树枝，这儿有一块石头，你可以用它砸我。"突然间，这名母亲就理解了孩子的感受：如果我的妈妈想伤害我，那她用什么伤害我并没有什么区别，不妨让她用石头砸我吧。母亲抱住儿子，他们一起哭了起来。后来，她把那块石头放在了厨房的架子上，好时刻提醒自己：永远不要使用暴力。我认为每个人都应该记住这一点。

——阿斯特丽德·林格伦（Astrid Lindgren）获
"德国书业和平奖"时的演讲

周三晚上 7:07。

卡拉（Carla）打来了电话。我接了起来。

我：嘿，还好吗？

周三晚上 7 点是卡拉和我会谈的时间，她之前从未迟到过。

卡拉：我很好。我在外面呢。

我：门铃坏了吗？我马上来接你。

当时，我在上东区一座古老的棕褐色石屋底层的办公室接诊。门铃有时候会卡住。

卡拉：不用，我马上就进来，再过一分钟吧，我也不知道。

我用食指拨开窗帘，看到她站在门廊旁边，低头看着地面。她的脚不安地拨弄着行道树旁矮矮的铁栅栏，而她正在抽烟。"我就来。"说完，我挂断了电话。当我们之间再无玻璃窗相隔后，我发现卡拉刚刚哭过。

我：我不知道你抽烟。

卡拉：我确实不抽。你介意吗？对不起，我知道这味道有点儿恶心。

我坐在门廊上。天色看上去快要下雨了。几个人从门前走过，他们经过时，我们就保持沉默。

我抬头看着天空。"我一直不确定，这种时候，戏剧性的天气到底是有益还是有害。"

卡拉：哪种时候？

我：我不知道，卡拉，这得由你来告诉我。发生什么了？

卡拉继续抽烟，还在人行道上迈起了又长又宽的步子，踱来踱去，简直像在学习某种舞蹈。她告诉我，早上，她和妈妈吵了一架，她直接挂断了电话。卡拉很内疚，又打回去向妈妈道歉。事情似乎解决了，妈妈表示理解。这个故事讲到这里，已经花了10分钟。我打断了卡拉："你想进去吗？"

她熄灭了第二支香烟，随后，我们进了屋子。在卡拉向我讲述她这一天的遭遇时，我一直在等她告诉我一些人们只会告诉心理治疗师的事。但她没有。

她细数了一系列事件，对于每件事，她都觉得自己搞砸了，进而无意识地让这一天变得更加艰难。比如，挂断妈妈的电话后，她走进一家繁忙的咖啡店买了咖啡，尽管她已经感到有点儿"别扭"，感觉自己已摄入了太多咖啡因，而且她知道非买这杯咖啡，她会迟到的（这让她压力满满）。平时上班途中她会听音乐，这会让她的心情变好，但今天，她觉得自己最好"反思"一下挂断妈妈电话这一粗鲁行为。这件事在卡拉的脑海中反复重演，随之而来的还有她对自己的负面评价：她是个忘恩负义的女儿，她得努力变得更耐心一些。上班路上这段时间着实难熬，她觉得这也得赖她自己。

这天，卡拉持续和自己进行着消极的对话，折磨自己，还取消了和一个从费城过来的朋友的约饭。我知道她一直很期待和那个朋友一起吃顿午餐。我问她为什么要取消。卡拉说了一些类似"当你落后的时候，沉湎于无聊事是不好的"的话。"落后"这个词在我脑海中挥之不去。

我：你具体落后于什么东西呢？

卡拉：我不知道。

我：有什么东西领先于你？

卡拉：最好的自己，我想成为最好的自己。

我：你的意思是，你想变得完美？

卡拉：不，不是完美，我知道没有人是完美的。但我本应比现在做得更好，我只是想成为最好的自己。现在这个不是我。

我：对你来说，两者有什么区别？

卡拉：哪两者？

我：最好的你和完美。

卡拉沉默了。

自我惩罚是指有意识或无意识地靠近那些你知道会伤害你的事物，或不让自己靠近那些你知道能帮助你的事物。惩罚是为了增加痛苦。总体上看，惩罚自己就是通过伤害自己来让自己长教训。你惩罚自己是"为了自己好"。你用伤害自己的方式来学习、成长和疗愈。

但惩罚毫无用处。如果你惩罚了某人，那个人并不能学会改变，他只能学会如何避开惩罚的源头。如果你是自我惩罚的源头（例如，你会和自己展开批判性的对话），那么你会学会借助麻木来避开自己。麻木表现为过度进食、过度消费、过度工作、过分戏剧化、物质滥用、毫无目的地看电视或浏览社交媒体等。

你无法通过伤害自己来获得疗愈。要实现任何形式的个人成长，我们都需要内化过去的教训，了解更健康的做法，并相信我们本身就能够改变。在生活中做出积极的改变，根本不需要任何惩罚。

尽管惩罚能制止不良行为，引导人们做出被期望的行为，但它的效果仍然十分有限，因为它会带来更多问题。如果你有一家餐馆，你不希望员工上班迟到，那你可以通过惩罚的方式解决，比如宣布自己将解雇接下来迟到的3名员工。第二天，还在你餐馆工作的人自会准时到达。恭喜你，你的惩罚是有效的。现在，你拥有了一个能够按时到岗的员工团队，但是他们会告诉自己认识的每一个人不要来你的餐馆，并准备一有机会就立马跳槽。此外，他们只会保证最低限度，而不是高质量的工作（还有两个员工往食物里吐口水）。

你惩罚员工，或许能得到表面上的好处，你针对的具体行为可能会有所改变，然而为了这些许好处，你得付出巨大的机会成本，失去更重要的东西，比如员工的忠诚、稳定和自主性。你会扼杀员工的自发性和协作精神，因为惩罚让人心灰意冷。你的公司会成为创造力和创新的坟墓。

当你采取惩罚手段时，你并没有解决问题，只是在回避问题，而且制造了新的问题。

惩罚是处理问题的消极方式，它会增加问题。提出解决方案则是积极的，它能够减少问题。与解决方案相对的不是问题，而是惩罚。

完美主义者一定要认识到，惩罚本质上是无效的。如果说有一件事，所有专家都达成了共识，这件事就是完美主义者会对自己进行残酷的惩罚。[1]当你处于非适应性状态时，你会以跳转、默认、巡航控制设置等思维模式来惩罚自己，除非你有意识地选择打破它。

理解惩罚

惩罚与纪律、个人责任、自然结果，以及康复，都不一样。

惩罚与纪律的区别

- 惩罚旨在增加痛苦。而纪律旨在改进组织与安排。

- 惩罚是一种被动的反应。纪律既可以是主动的，又可以是被动的。
- 惩罚只关心减少负面行为的发生。纪律则通过促进积极行为来减少负面行为。

正如心理治疗师和心理健康倡导者埃米·莫林（Amy Morin）指出的那样，惩罚并非促进积极改变的方法，但纪律却与之有关。促进积极改变的方法包括教授积极的应对策略，在人们表现良好时称赞他们，当人们犯错时，花时间教他们如何更好地处理类似情况。[2] 莫林指出，惩罚其实是试图通过痛苦来控制人。纪律则指尝试教导人们通过更好地组织和安排自己的行动，让自己更有力量。

惩罚与个人责任的区别

个人责任既可能主动，又可能被动，它鼓励人们始终对自己负责。主动的个人责任有助于建立信任。你所信任的是，即便没有任何外部要求，负责任的人也会承担属于自己的责任。被动的个人责任（即为自己造成的伤害承担责任）则能疗愈他人。个人责任之所以能实现疗愈，是因为它本身就包含积极帮助受到伤害的人这一点。[3]

对自己负责是主动的，惩罚则是被动的。承担责任意味着公开承认自己的行为对相关人士造成了影响，承认自己本可以做出不同的选择，向受伤的人道歉，尽力解决问题，承诺改善当下的状况，并制定计划来实现改善。[4]

的确，个人责任要求你承认自己的错误，但它不只是为错误承担责任，更重要的是对解决方案负责。

相比之下，惩罚不需要你进行丝毫的反思，你不必承认什么，不必肩负责任，无须安抚他人，也不用承诺做出什么改变，甚至为此制定计划。惩罚是懒惰的。

惩罚与自然结果的区别

惩罚依靠恐惧来激励人们去达成期望的结果。自然结果则靠帮助人们理解各项选择的影响来激励人。前者会使人们形成"我害怕做错事"的心态。后者则相反,人们会产生这样的心态:"我很想做正确的事。"

惩罚促使人们避开惩罚的源头。自然结果则鼓励人们避免做出负面的选择,主动做出更加正向的选择。[5]

惩罚与康复的区别

康复和惩罚都是被动的,但康复追求稳定和赋能,而惩罚是为了削弱信心和力量。康复意味着在稳定和健康的新基础上实现积极的成长。惩罚不关心什么积极的成长,也对做好补救工作、打好新的基础不感兴趣,无论原本是怎样的情况,它只想施加痛苦。

惩罚是强制控制的一种形式。与那些强制控制你的人处于某种关系(包括与你自己的关系)中是不健康的。人们之所以意识不到惩罚会造成功能失调,是因为有些文化将惩罚视为应对不良行为的适当和有效手段(尽管实际上并非如此)广泛宣传、积极推广。

尽管人们知道惩罚是无效的,但它仍是美国文化中的一条主线。人们默许了每年成千上万的孩子在学校受到体罚[6],尽管有大量证据表明,打孩子会提高他们的攻击性,导致他们出现更多反社会行为和心理健康问题。面对美国的监狱产业复合体⊖中累犯

⊖ 利用监狱盈利的体系。——译者注

率异常高的情况（这明确表明惩罚不起作用），"三振法案"（three-strike laws）被提出，也就是施加更多惩罚，而不是为犯罪行为猖獗的社区提供更多社区资源。人们被孤立地监禁起来，并被各种经过联邦授权的方法处死，包括枪决、注射死刑、电击、毒气室死刑、氮气死刑和绞刑。这些惩罚并非哪个不够开明的时代的遗物。2020 年圣诞前夕，美国司法部（Department of Justice）还悄悄扩大了其执行范围。[7]

在这种报复性而非恢复性的文化中，惩罚是第一道防线，你将惩罚内化为对自己身上你不喜欢的特质的第一道防线，有一定合理性。但是，进一步将惩罚作为实现积极变化的手段并不合理。

仔细观察一下惩罚，你会看到其中蕴含的绝望。当我们感到绝望，无法感受到我们的力量时，我们就会离不开惩罚，需要借助它来营造一种自己还能掌控事态的感觉。然而，感觉自己还能掌控事态，和赋予自己力量不能比。

自我惩罚的表现

要解构我们自我惩罚的动机，我们需要先理解自我惩罚是什么样子的。我们往往认为惩罚是一种可见的、有形的存在，比如入狱、特权被剥夺等。但是，自我惩罚通常既不可见又无形，甚至是无意识做出的。惩罚自己的方式很多，有周一早上人们喝的咖啡那么多，不过完美主义者一般会坚持采用自己"预设"的自我惩罚方式。

● 拖延型完美主义者：反刍

他常将自己与他人和理想化的自己进行比较，并得出负面的结论，看轻自己取得的任何成就，把精力花在反复琢磨自己做得还不够的地方上，这样其实没有什么益处。

想象一下：他坐在地铁上，茫然凝视着某处，轻轻发着抖。他沉浸在对自己没做到的事的悔恨中，乃至到站了却没有下车。

- **古典型完美主义者：解离**

他按部就班地完成待办事项，不过他空有忙碌，却并未真正投入。

想象一下：他在与爱人亲近的同时擦拭着床头板。

- **巴黎型完美主义者：无休止地取悦他人**

他执着于证明自己，并为此而努力着，即使没有人要求他这样做。他把他人的快乐和舒适放在自己的快乐和舒适前头。他扮演着那个他认为容易和任何人搞好关系的自己，却失去了与每个人建立真正联结的机会。

想象一下：他穿着自己通宵制作的闪亮的衣服，满怀激情地跳了好几小时的踢踏舞，在一个空盘子前挥洒汗水。

- **激烈型完美主义者：人际关系混乱**

在他最需要爱与支持的时候，他却因为社交退缩和出格行为而将每个人推得更远。

想象一下：他径直走向他生命中最爱他的人，却没有说"我们能谈谈吗"，而是拔掉了手榴弹的引线，然后离开。

- **混乱型完美主义者：发展停滞**

他不允许自己的想法（或他自己）发展、成熟。最终，他只能被迫看着自己的梦想归于沉寂。

想象一下：漆黑的夜里，他满怀爱意地给一千行幼苗浇水。

更一般意义上的惩罚的表现

- 批判和消极的自我对话。例如，允许这样的想法在你的脑海中盘旋："我怎么这么蠢？！我总是把一切都搞砸。我还不如别再尝试了。我糟透了。"

- 破坏自己生活中的好事。例如，你得到机会参加你梦寐以求的工作的面试，然而前一天晚上你却熬夜喝酒。你醒来时余醉未醒，面试表现很差，最终没能得到这份工作。

- 对自己生活的某个方面施加限制，直到你的表现符合一定的要求。例如："我减肥成功之后就会开始旅行。"

- 拒绝给自己一定的空间和时间去体验简单的快乐。例如，不允许自己暂停工作，去休息一下，散一会儿步，或者和朋友坐下来漫无目的地聊天。

- 允许自己享受快乐，但总是因此责怪自己。例如，你想放松一下，于是坐下来看电视节目，但下面这些话在你脑海中不断浮现："你不应该看这个，你还有很多别的事要做。不要偷懒。"

既然已经坐下来放松了，那么一味地责备自己又有什么意义呢？意义在于惩罚自己。在这里，我想再说一次，在生活中处处惩罚自己，这种行为往往是无意识进行的，但你会有意识地感到自己像是"被困住了"（stuck）。

来访者常用"被困住了"这个词来形容自己的状态，就像治疗师经常说"边界"一词一样。有时，我们之所以觉得自己被困住了，是因为我们确实对发生了什么事和该如何处理这些事感到困惑，但这种情况比较少见。十有八九，我们是清楚该如何改善生活的，只不过实践起来比较费劲。而费劲的原因在于，我们深陷自我惩罚的循环。

当你持续将自我惩罚视作积极改变的策略时，你就将自己放置在了心灵的炼狱中——每次你都注定重复同样的错误，你对自己深感厌恶。你知道自己陷入了困境，希望能得到不同的结果，事实上，这份希望极其迫切，可你却只是反复做出同样的消极选择。可见，自我惩罚的恶性循环是一个痛苦的螺旋。让我举个例子来解释一下我的观点吧。

阿娃

我曾在布鲁克林的一家康复中心负责一个团体治疗项目。这个晚间团体每周四会面，主要关注戒酒的早期阶段，活动会持续到晚上 9 点。一次，8 点 58 分时，活动正要按以往的方式落下帷幕。我们围成一个圈，轮流简短地复述活动期间别人说到的对自己有用的话。轮到阿娃（Ava）时，她没做这个练习，而是颇具斯多葛主义风范地分享道：会面之前，她一直在喝酒，整个活动中也醉醺醺的，而且之后她打算继续喝。

在治疗领域，她这种做法被称为"最后一刻投下的炸弹"（last-minute bomb，LMB）。有时，在会谈的最后一刻，而且恰恰是在会谈的最后一刻，来访者会告诉你一个重要、紧急或者极具戏剧性的信息。换句话说，他们就像投下了一颗炸弹。最后一刻的炸弹是积极的，因为它表明来访者"有备而来"：他们已经准备得足够好了，所以能说够出一些他们原本紧张得无法大声说出来的话；但是，他们也没完全准备好，所以还不能在我们真正有时间讨论该信息时将其说出来。还有没有更贴切的例子呢？

和其他经验丰富的治疗师一样，我可以写一整本书来讲述我会谈室的沙发上发生过的 LMB。出于对会谈边界的尊重，尽管这些"炸弹"极具诱惑，但我不会深入讨论。我通常会回应说："你听过'最后一刻的炸弹'这个说法吗？它指的是……你刚才就投下了一颗。我能理解对你来说这件事很难说出口，我也很高兴你说了出来。你说的事情很重要，值得我们用更大块的会谈时间来讨论，而不是现在我们剩下的时间。我期待下周和你一起讨论这个问题。这会儿，我们得结束会谈了。"

通常情况下，来访者会松一口气，随后立即离开，他们知道，下周会由我主动开启那个难以启齿的话题。他们的任务完成了，便离开了。不过，我没这么对阿娃说，因为我担心她的安全。我请其他团体成员离开，并要求阿娃留一下。当其他人站起身准备走时，她和我仍然坐着。最后一个人出去后关上了门。

"回到这里一定很难受吧。"我说。阿娃身上那带有斯多葛主义味道的平静碎裂了，她闭上眼睛，点了点头，屏住了呼吸，同时大哭起来。

过了一会儿，我问阿娃，如果这次团体活动前她没有喝酒，那她会做什么。她马上用急切的声音回答我："我会洗个澡。一整天我都觉得好冷。我只想回家洗个热水澡。"

喜欢洗澡的人通常有自己的洗澡仪式。我问阿娃她有什么洗澡仪式。她说她没有。我又问："你有那种可以放在浴缸上的托盘吗？"

她也没有。她告诉我，她会在浴缸的一个角落点燃一支蜡烛。她说，从她小时候起，她就喜欢把耳朵沉入水面以下，听水下的回声。她说，她不会在浴缸里读书、听音乐，也不会带手机进去泡澡，她只是把耳朵沉入水中，然后起身。有时候，她能听到与她一墙之隔的邻居在那边走动的声音、低声说话的声音，还有盘子碰撞的声音。"我不介意，这种噪声让我感觉很放松。"阿娃说。她已经不哭了。

"我在想，如果你回家洗个澡，今晚你是不是也能听到他们的声音呢。"

我们沉默良久。我让她想象一下，如果她已经戒酒5年了，那么晚上她会做什么。她讽刺地哼了一声，勾起一个假笑，好像这个场景永远不可能发生在她身上。阿娃的回答仍然和之前一样："我会洗个澡。我只想洗个热水澡。"这里，阿娃陷入了一个自我惩罚的循环。她知道应该怎么做（回家洗个热水澡，让自己恢复精神），但她不仅没有这么做，还计划对自己进行惩罚（喝更多酒，并且不给自己恢复精神的机会）。

"我为什么要那样做？"阿娃懊悔了起来。"真搞不懂我在做些什么。为什么我要那样做？"

我站起身去拿纸巾盒，再坐下时，把椅子挪到了她的旁边。阿娃蜷缩在椅子上，把脸埋在她连帽衫的领口里。她开始哭泣。我们身边的空椅子一个挨一个，围成了一个圈，我在她旁边，身体微微向她倾斜，任由她哭泣。

拓展 – 建构理论

那一刻，我有很多话想对阿娃说，但那并不是说话的时候。在适当的时候，更轻松的时候，我会给阿娃讲讲芭芭拉·L. 弗雷德里克森（Barbara L. Fredrickson）博士的观点。弗雷德里克森博士堪称心理学研究领域的詹妮弗·安妮斯顿（Jennifer Aniston）[⊖]，大家都很喜欢她，因为每年她的研究都让人深感愉悦。作为积极心理学的先驱和该领域中被引用次数最多的学者之一，弗雷德里克森以其"拓展 – 建构"（broaden-and-build）理论闻名。[8]

拓展 – 建构理论认为，如果你能让自己处于积极的心态，你的"思考 – 行动范围"就会得到扩展。当你处于积极状态时，你

⊖ 美国知名演员、制片人、导演，是著名情景喜剧《老友记》的主演之一。——译者注

会想到更多可采取的行动，你会意识到自己可以做很多不同的事，并做出特定的选择，使你未来的状态更加积极。

例如，如果你心情不错，你更有可能约朋友下周日早上一起徒步。由于你十分享受这次徒步，你晚上回家后也更可能开开心心。良好的心情使你能量充沛，于是你决定一边做饭一边听音乐。你做了一些相对健康的食物吃，然后早早上床睡觉——这些决定让你第二天活力满满。

充满活力和愉悦心情的你，上班时心态也很积极。当然，你也遇到了一些问题，但因为你没有被消极情绪压垮，所以从解决问题的角度出发，你处理起这些事容易多了。正因为工作没有压垮你，所以原本你需要强迫自己熬过去，但实际上你过得轻松快乐。迎接一天工作中的挑战，也让你精力充沛。你主动发短信给你正在约会的人，邀请对方稍后见面，这次见面同样让你十分愉快。你的积极性就这样不断累积，你也变得越来越积极。

正如弗雷德里克森指出的那样，积极情绪不只是那个"终极状态"，表明人们的功能运转已达到最佳，它也会促使人们进入最佳功能状态。用弗雷德里克森的话来说，"积极情绪有助于新事物的发现，能够促进创造性的行动、想法和社会联系，进而帮助人们建立起个人资源，包括身体和智力资源、社会和心理资源。重要的是，这些资源储备起来，日后可以提升成功处理问题和生存的概率"。[9]

与处于负面情绪状态时相比，当你处于积极情绪状态时，你的思考－行动范围更广。若你的思考－行动范围变窄，全面理解问题会变得更加困难。

比如，你的表现遭到了负面评价，所以你不太开心，这么一来，晚上你可能也会无精打采。没准你会想："唉，除了回家点外卖吃，结束这一天，我什么也干不了。"吃完一堆让你撑得慌还恶心的垃圾食品后，你又看了 3 小时的电视，现在已经是凌晨 1 点了。这令你愤恨不已，因为你本打算早点儿睡觉的。你的消极情绪不断累积。

因为担心心情变糟，你反倒焦虑起来，无法入睡。第二天早上，由于整夜未眠，你疲惫不堪。这一刻，你不会考虑怎么充分利用这一天，只会考虑如何熬过这一天。

当你的思维 – 行动范围变窄时，你看问题的视野也会受到限制，你只能看到眼前的 10 分钟或 20 分钟。如何扩展你的思维 - 行动范围？通过自我关怀（self-compassion）。

自我关怀可以扩展你的思维 – 行动范围，因为它能帮你摆脱基于恐惧的消极情绪，使你得到宽慰，提升你的安全感和积极性。

研究证明，自我关怀与更强的自我价值感、更高的个人主动性[10]、面对压力时更强的抗逆力、对自身优劣势更为现实的评估、较低的抑郁和焦虑水平、程度较轻的倦怠、纠正过去错误的强大动力等具有积极关联。[11]自我关怀能够拓宽你的思维 - 行动范围，惩罚则会缩小该范围。

让我们回过头来再看阿娃的情况。尽管研究能帮我们更好地理解自我关怀、建设性决策和生活质量提高之间的强相关关系，但我们不需要经验研究来告诉我们阿娃接下来应该怎么做。在我们看来，显然，阿娃应该回家休息，恢复能量，而不是继续喝酒。她比以往任何时候都更需要慷慨地向自己投入丰沛的情感。她需要对自己怀有同情心。

这一点不仅对你我而言显而易见，对当时的阿娃来说也是如此。阿娃的大脑中没有哪一部分觉得继续去外面喝酒是更明智的选择。那么为什么她不回家洗个澡呢？如果自我关怀对我们有益，惩罚对我们有害，为什么我们还要继续惩罚自己呢？

我们选择自我惩罚而不是自我关怀的 3 个主要原因

1. 我们将自己的价值建立在自己的表现之上

每个完美主义者都能理解阿娃的感觉：由于在团体会面之前喝了 3 杯酒，她觉得自己把一切都毁了。在过去的 4 个月里，阿娃每天都坚持不喝酒，但这天不好的表现对她来说比之前 120 多天的积极表现要紧得多。

除了戒酒外，在这 4 个月里，阿娃开始重新与家人建立有意义的联结；加入布鲁克林展望公园田径俱乐部（Prospect Park Track Club），结识了新朋友；改善了饮食习惯；学会了一些应对问题的积极技巧，舍弃了过去采用的消极方法；与我建立了稳固的关系……她做了很多正确的事情。对阿娃来说，4 个月的努力在她犯下那一个错误的瞬间变得毫无意义。

即使在醉酒的状态下，阿娃仍然可以参加团体活动，立即坦白自己的所作所为，并寻求帮助。然而，对阿娃来说，即便她很快就尝试修正错误了，也毫无意义。阿娃只关心自己喝了酒，所以现在她彻底失败了。

让我们回想一下上一章中的内容：处于适应性状态的完美主义者将自我价值建立在存在感上，处于非适应性状态的完美主义者则将自我价值建立在表现上。阿娃处于非适应性状态。只要自己表现得好（即不醉酒），她就觉得自己很不错、有价值，不应该受到惩罚。然而，阿娃喝酒了，那她"自然"成了不好的、没有价值的人，应该受到惩罚。

换一种说法，"你有价值"就是"你相信自己理应得到美好的事物"，"你没有价值"就是"你认为自己不配得到美好的事物"。阿娃认为她不配得到任何同情、安慰或安全感。这就是为什么在那个晚上，即使只是简单地洗个热水澡，她也完全做不到。

我们为自我价值设置的条件，和未达到条件时我们自我惩罚的方式，都是无意识的。忙于日常事务的时候，我们丝毫意识不到，我们已把自我价值置于危险之中。阿娃并没有意识到："我正在将我的价值置于特定的条件之下，所以我要惩罚自己，我要重复进行那些我明知道对我有害的行为，却不去碰那些我知道对我有好处的事。"没有人会在脑子里这么跟自己说话。

阿娃能意识到的想法是单一的："我觉得糟透了，我就是活该。"由此，思维 – 行动范围进一步收窄，她会产生另一个想法："索性就在外面继续喝酒吧。"

2. 我们从未真正领会自我关怀才是"王道"

我们都会痛苦，但是大多数人不知道应该怎么应对痛苦。我们采取的主要策略是"打地鼠"（whack-a-mole），这是一种"净化"（sanitized）的策略，由于我们认为痛苦本来就不健康，所以什么痛苦出现，我们就与什么痛苦对抗。我们接受"健康的人自然能避开痛苦"的情绪健康观（也被称为"毒性正能量"），因为我们将分析智力置于情绪智力之上。学校并不重视学生情绪素养的培养，因此，当我们横冲直撞地进入成年阶段后，会发现自己在这方面简直是个"文盲"，这并不稀奇。

自尊和自我价值有什么区别？责任心和惩罚有什么区别？关怀和怜悯有什么区别？尊严和尊重又有什么区别？什么是边界？如何健康地应对内疚感？我们并不是天生就知道这些问题的答案，就像我们不是天生就知道钝角和锐角的区别。

不过，我们连基本的情绪词汇能力也不怎么样，这一点还挺让人惊讶的。最令人惊掉下巴的是，我们会发现，实际上我们必须通过学习，才能构建起感受自己情绪（也被称为情绪调节）的能力。

作为一种情绪调节策略，自我关怀就是"王道"。不幸的是，我们从来没有学过如何进行自我关怀。坦白讲，我们甚至不知道自我关怀是什么（下一章将深入探讨）。由于对它知之甚少，我们也低估了它的作用。

我们以为自我关怀只是一件可以边在腿上抹润肤乳边做的愉悦的事，而非力量的主要来源。我们以为有没有自我关怀都行，但是实际上我们没有它不行。没有自我关怀，你就无法获得疗愈，也无法成长。没有自我关怀，你最多只能做到不恶化，但也无法继续前行。

一些人认为自我关怀是一种放纵——在情感上宠溺自己，同时逃避个人责任。我们没有意识到，自我关怀其实能引导我们去承担个人责任。

3. 我们误以为自我惩罚就是个人责任

我们已经介绍了惩罚和个人责任之间的基本区别，不过，让我们再深入一步。区分个人责任和其他类型的责任也很重要。旁人或许能将外部责任强加给你（例如，有人可以对你进行法律追究或财务追究），但除了你自己，没有人能"逼迫你"承担个人责任。个人责任是个人的选择。

听起来很简单，可是如果你不知道如何承担个人责任，你就做不到。我们也许不知道如何承担个人责任，但是我们不开心，总想做点什么。于是，我们会按文化的默认设置走，这个设置后来也成了个体的默认设置——自我惩罚。

你认为，惩罚自己，就能向自己证明：你是认真的，你对自身有约束，这次你态度很端正，你已经准备好吃苦了。

首先，制造痛苦、毁掉自己的好心情并不难，所以你证明不了任何事。你知道摧毁整个生活有多容易吗？花9分钟就能搞定：闭上眼睛，关闭 Wi-Fi。

其次，虽然痛苦可以激发人们承担责任的动力，但痛苦并非承担责任的必要条件。并不是只有成为一个痛苦、悲惨的人，你才会变得值得信赖，一开始就能正确行事，一意识到错误，立刻进行调整。事实上，惩罚自己只会让你更难以承担责任。

正如哈丽特·勒纳博士所说，要对自己负责，"人需要自我价值这个坚实的基础，才能站得稳当。从这个更高的视角，人们可以审视自己的错误，并将这些错误看作更大、更复杂且不断变化的人类形象的一部分"。

勇于在犯错时承担个人责任的前提是，你得认可，尽管你犯了一个（或多个）错误，你依旧是一个能干、坚强、善良的人，你有学习、成长、发展的能力。

以规矩的名义惩罚自己，以责任的名义阻止自己关怀自己——这些做法是错误的。

请容我向你做个保证，好吗？

我想向你保证：我们经历的痛苦已经够多了。我们不需要通过自我惩罚来制造更多的痛苦。当阿娃抽泣着把头藏进连帽衫里时，我想对她说的正是这个："难道你看不到你已经经历了足够多的痛苦吗？你不需要更多痛苦了，你需要更多关怀。"

自我惩罚的帮凶：麻木和责备

由于我们缺乏情绪素养，不知道如何有意识地以健康的方式应对痛苦，我们会无意识地通过麻木和责备等不健康的习惯来应对痛苦。

麻木表现为参与某些活动，让这些活动帮助你忽略你不想感受的情绪。麻木不是为了休息，使精神得到恢复，而是一种转移你注意力的手段，旨在压抑你的情绪。你可以回想一下本章开头的例子：过度进食、过度消费、过度工作、过分戏剧化、物质滥用、毫无目的地看电视或浏览社交媒体等。

我们都需要定期休息，偶尔逃避一下现实。那你怎么知道自己是在恢复能量，还是已然麻木呢？恢复性的活动可以帮你调节情绪，从新的视角看问题，比如通过散步来"让头脑清醒一点儿"。能量恢复对调节情绪有益，麻木则会压抑情绪。恢复后，你会觉得自己重新振作起来了，浑身充满能量。恢复会让你愉悦。

麻木的感觉并不好，它会让我们倍感空虚。当麻木逐渐消退时，我们仍要面对痛苦。麻木是我们在尝试埋葬痛苦，而责备则代表我们试图像扔垃圾一样将痛苦丢掉。

布琳·布朗博士的研究表明："责备是在尝试排解痛苦。"[12]我们会这样想："如果某事是你的错，而不是我的错，我就不需要处理，需要处理这件事的人是你。"然而，责备并不起作用。

责备别人对于减轻你的痛苦毫无帮助。对完美主义者而言，责备的效果尤其差。猜猜完美主义者这种执着于负责任的人（即使我们不明白这意味着什么）首先会责备谁？

当你处于适应性状态时，你会专注于个人责任，而不会过度责备自己。但当你处于非适应状态，或者你不知道什么叫承担个人责任时，你就会觉得似乎应该责备你自己。

混乱型完美主义者会责备自己没有坚持下去，也会怪世界过于官僚主义。激烈型完美主义者会责备自己没能迫使别人达到足够高的标准，还会怪别人平庸。巴黎型完美主义者会责备自己操心得太多，怪别人"太没自觉"。古典型完美主义者会责备自己不够有条理，不能很好地应对功能失调或不确定的情况，还会怪别人不动脑子，无法按计划行事。拖延型完美主义者会责备自己准备得不够充分，也会怪别人冒冒失失，还没准备好、还没取得相应的资格或做得还不够完美，竟然就敢开干。

麻木和责备会拖慢你进步的脚步，因为它们会使你不能及时关怀自己。消极的自我对话也会阻碍你的自我关怀。

最常见的自我惩罚方式：消极的自我对话

自我对话是你与自己谈论自己的方式。消极的自我对话指你对自己说消极的话："我真是个白痴；我简直不敢相信我做了那种事，难怪没人愿意跟我玩"，等等。

消极的自我对话是一种自我惩罚，而且是非常隐秘的一种。如果你习惯责骂自己，你会长期沉浸在内疚中，这份内疚会逐渐演变为羞耻感。

除非你用一定程度的自我关怀来打破自我惩罚，否则最终你会认为自己就是个虚伪、可耻的人，没能力、有缺陷、懒洋洋、惹人厌、一团糟——你可能会用任何充满恶意的形容词来描述自己。正如其他所有类型的惩罚，消极的自我对话会让你比现在更加痛苦。

随着痛苦的加深，某一刻，你的主要目标会从成长转向避免痛苦。你再也没有动力去培养那些有助于实现目标的习惯了，反倒更想养成那些能帮你麻木自己的习惯。

举个例子，假设你在工作中做了一次糟糕的演讲。如果演讲后你进行了自我关怀，你会意识到自己需要改进，同时也能够善待自己。你会承认这次演讲你表现得有点儿差，但你不会将对这次糟糕演讲的评价视作对你本人的评价。

下面是自我关怀式回应的示例：

　　"对，确实不太顺利。之前我没想到我会这么紧张。紧张是正常的，因为这事对我很重要。并不是只有我演讲时会出问题。这种情况很常见。想起这件事，我还是很难为情，但这并不是我的全部感受。我尝试了自己从未做过的事，为此我感到骄傲。而现在，我对怎么成为优秀的演讲者产生了兴趣。"

　　好心情能给你带来能量，坏心情则会消耗你的能量。通过关怀自己，你能高兴起来，只有这样，你才有能量考虑谁能帮你提高演讲技巧。你会请教你眼中好的演讲者，问他们有什么秘诀，而他们可能会告诉你他们在视频网站上看了很多该领域的视频。下次演讲之前，你也会把这些视频都看了。

　　你还会记得要去看关于演讲的 TED 演讲视频，一定有这样的视频，因为 TED 演讲几乎涵盖地球上的每一个主题。你还看了一个关于肢体语言的视频，觉得很有帮助。在你即将进行另一次演讲的那个早上，你根据新学到的技巧，确保自己没有摄入过多的咖啡因，并做了一些深呼吸练习。演讲之前，你在办公室里点了一支蜡烛，这可能有点儿奇怪，但你还是这么做了，因为有一个视频说这么做可能有助于你放松自己。无论蜡烛能不能起作用，这种感觉都不赖。你再次尝试演讲。

　　这次演讲……还可以。你的演讲仍然需要改进，对此你很诚实。不过，与上一次演讲相比，你的进步也是有意义的，对于这一点，你也很诚实。

　　相反，如果演讲表现差，你就用消极的自我对话来惩罚自己，那么在你承认自己需要提升的同时，羞愧感也随之来："讲得稀烂。我拖累了整个团队。我一直知道自己不适合这家公司，这回其他人也知道了。"

　　一旦陷入羞愧，你就会认定自己很糟糕。内疚是"我为我做的错事道歉"。羞愧则是"我为我是这种人而道歉"。深陷羞愧，就很难开始锤炼自身的技能，然而从羞愧滑向麻木却很容易。

由于你把自己的心情搞得更差，而不是更好了，因此，你的能量也会流失。你没有精力看 TED 演讲视频，不如说这件事让你很烦躁。你看到蜡烛，翻了个白眼，想："点蜡烛有什么用，简直蠢死了。"之后，消极的自我对话会继续下去，而你甚至可能意识不到这一点。

最终，消极的自我对话让你不堪承受，于是你四处寻找"麻醉剂"。尽管你并不饿，但你还是吃了三碗麦片；尽管你已食之无味，但你还是又喝了一杯葡萄酒。

偶尔，你会平静下来，回顾你犯的其他令你痛苦的错误，那些更严重的错误。你没能用自我关怀打破自我惩罚，所以你的思绪被困在了一个频道上——"我犯过的每个令我痛苦的错误"频道。

此时，你已毫不怀疑自己就是个糟糕、愚笨、没有希望的废物。你会继续做出消极的选择，因为糟糕的人不配快乐。糟糕的人就应该受到惩罚，对不对？

后来，麦片和葡萄酒已经不能满足你了，于是你开始过度工作。由于日程太满、负担太重，你没有足够的精力准备下一次演讲，你只是强行尽快推进这项任务，你很讨厌它，强烈的不安全感使你饱尝痛苦。但这并不重要，因为你感受不到痛苦。

疯狂的工作让你筋疲力尽，你不再为演讲焦虑。实际上，除了"一直很累"之外，你再也体会不到其他任何感觉了。你是一直很累，还是麻木了？

你的痛苦越是深重，你就越需要同情和关怀。就是这么回事。

如果一个人相信自己理应得到美好的事物，他就不会容忍恶劣的对待；反之，如果他不相信自己值得拥有美好的事物，他就不会接受好的对待。

在你能给予自己关怀之前，你只会拒斥生活中美好的事物。

无论它是多么微不足道，你都会真诚地认为自己不配拥有。

现在你能否理解，为什么对阿娃来说，洗个热水澡如此困难？那是因为她为自己感到羞耻，她觉得自己不配。她觉得她这个人糟糕透顶，不配得到快乐，洗澡这件事不符合她的情况。洗澡是那个戒酒 5 年的人故事里的情节，而不该属于那个醉醺醺地去参加团体治疗的人。缺乏自我关怀，我们会觉得选择更健康的选项是错误的。

恢复

来访者给予我最棒的礼物之一（它说明了很多东西），是在他们的康复过程中展现出来的。我清楚地认识到，能真正吸取教训且有所恢复的人，并不是那些给自己制定了最明智的惩罚措施的人。"明智的惩罚"这个说法本身就是矛盾的。真正有所恢复的人是那些用自我关怀应对自己犯下的错误的人。

我们都需要疗愈。我们都有低落的时候，需要从中恢复过来。无论要从何种状态下恢复过来，都与我们放弃自我惩罚的意愿直接相关。

一些研究探讨了适应性和非适应性完美主义者的差别，发现对我们的心理健康有害的并不是完美主义的追求，但用自我批评来折磨自己会危及我们的整体健康。[13]

请注意，那些自称"正在康复的完美主义者"的人，并没有降低标准、减少要求，或者停止追求理想，而是决心让自我关怀成为他们遭遇痛苦时默认的情绪反应。在你脑中抽动的那根刺不是完美主义，而是自我惩罚。

漏洞

"好吧，那连环杀人犯呢？"凯莎（Keisha）抱着双臂，问道。她期待地看着我，试图将我逼入死角，让我认可并不是每个人都应该得到同情，尤其是她。

我：你真的要拿自己和连环杀人犯比吗？

凯莎：我只是想说，如果有一个幸福的家庭正在野餐，你劫持了他们，然后把他们带到了一个隐秘的房间，这间屋子的地面铺着工业塑料。你一边听着自己最喜欢的歌，一边用链锯把他们杀害。第二天早上，当你醒来时，你值得自我关怀吗？

我向凯莎解释说，暴力反社会分子不需要自我关怀，因为他们一开始就没有悔恨、罪恶感或自我憎恨的情绪。犯下令人发指的罪行后的第二天早上，他们根本不必努力对自己保持善意，只会考虑早餐是吃炒鸡蛋还是糖霜小麦片。

如果你决心要找到一个漏洞，证明自己不值得关怀，你总能找到的。你会觉得自己选择的理由非常合理，无可辩驳，它就是你不值得关怀、耐心、温暖、联结等任何美好事物的"铁证"。比如，阿娃就有她认为无懈可击的理由，她觉得这个理由充分说明了自己为什么不配获得幸福。

如果你坚持要惩罚自己，那是你的选择。别人可能会赞同或反对你的决定，然而无论如何，他们的反对都无法改变你的想法。除了你自己，没有人有能力改变你的想法。

同样，如果你认定爱自己是理所当然的，别人也可能会反对，他们会或迂回或直白地说你不配，或者会限制你快乐和自由的程度。然而，这些反对意见都无法改变你的想法，除非你允许它们改变你。清楚地知道你可以在任何时候选择给予自己关怀，清楚地知道只有你自己能引领自己的思想去往任何方向——这正是拥有力量的表现。意识到你要选择什么、为什么选择、你还可以选择其他什么，你就能召唤自己的力量。

人们最常用重复来压抑对自己的关怀。

你知道怎么做更好，但你就是不这么做

玛雅·安吉洛（Maya Angelou）博士是一个杰出、睿智的人，几乎没有缺点，她有一句有名的话，暗含自我关怀的意味："当你知道得更多时，你会做得更好。"这句话邀请我们学习友善与理解。安吉洛的意思是，你犯了一个错，但没关系，因为你当时并不知道怎么做更好。而现在你知道了。

既然你学到了重要的东西，那么这个错甚至不算一个错，它转化成了宝贵的教训。不必再为此担心，下次做得更好，你就会好起来。当你知道得更多时，你会做得更好。

我喜欢这句话，但同时，我总是会为它加上一条注脚。

现实情况是，我们会重复做很多消极的选择。尤其是当我们（对某个人、某种食物、酒精、工作等）"成瘾"时，其实我们已经知道得更多了，但我们依旧会做出消极的选择。另一个现实是，我们也知道自己知道得更多了。

当你对某人说"你应该知道怎么做比现在这样更好"时，实际上你并没有向他传达什么新信息。这样的说法只是一种"耻辱陷阱"，会让对方为羞耻感所困，除非接下来你出于真正的好奇，抛出下面的问题："你应该知道怎么做比现在这样更好，发生了什么（导致你做不到）？""你应该知道怎么做比现在这样更好，有什么东西是你需要，却无法得到的吗？"

如果不加以控制的话，"你应该知道怎么做比现在这样更好"会演变为"你当时在想什么？！你怎么这么蠢？你对你的生活做了什么？！"你饱尝耻辱，所以你很难想到可以去寻找能帮助和治愈你的东西，因为你会觉得自己不配拥有。在你最需要关怀的时刻，你却会迅速将所有关怀都拒之门外，就像将松饼屑从桌子上一扫而下。

如果重复犯错后，你不关怀自己，那么其他一切都可能变成一种惩罚。拒绝关怀不仅会伤害到你自己，也会伤害你身边的每个人。

你拒绝来自自己的关怀，他人也将看不到你的天赋和独特的存在感。试图展现完整的自我，同时又对自己进行惩罚，就像尝试给正在慢跑的人按摩一样。任何惩罚方式都不会起作用的。当你惩罚自己时，你就无法像以前那样有耐心、有创造力、有爱心、坚强或可靠——你无法做回真正的你。

拒绝关怀自己是人们承担责任和表达歉意的一种错误的尝试。不必感到羞耻，最好的道歉就是改变自己的行为。

成长看起来就是往前走两步，又不时往后退五步。疗愈不是线性的，也不是迭代的。疗愈是一个过程，而不是一个事件，在疗愈和学习的过程中，重复很重要。同样的教训会以不同的形式反复出现，每次出现，你都会更完整地理解它。这就是我们学习的方式。

学习需要大量的重复，这很让人沮丧。我们都讨厌重复。我们往往认为，需要重复就意味着我们不行。但重复也表明我们在学习。如果我们不用重复就能学会，那只能说明我们是机器人。

范式的转变

人类擅长制定规则，更擅长打破规则，最擅长的则是惩罚。

几乎所有完美主义者都对如何惩罚自己了如指掌，某种程度上，这是人类发展的里程碑，是"学会自己用勺子吃饭"在心理领域的版本。

然而，我们如何掌握爱自己的方法？似乎我们得花很多年接受治疗、上瑜伽课、使用精心打造的美容产品，才有机会做到这一点。没准我们不需要爱自己呢？毕竟爱不爱是我们自己的选择。

可如果全世界的完美主义者决心好好爱自己，而不是惩罚自己，又会怎样呢？如果我们彻底颠覆这个该死的范式会怎样呢？

这种范式转变，意味着你要把自己的身份认同建立在你的可能性，而不是局限性上。你会记得，我们不仅都会犯错，而且有时会重复犯错，甚至可能连续好几年不断地犯错。最重要的是，这种范式转变将始于更多的自我关怀，也终于更多的自我关怀。下一章将教你如何实现这一转变。

第 6 章

你会喜欢这个解决方案的，不过那感觉和得 A- 差不多

别太纠结，失败了继续前行，并且无论如何都要对自己怀有同情心

也许你的生活会好起来的。一开始很可能不会，不过那会给你带来诗意。

——伊尔萨·戴利 - 沃德（Yrsa Daley-Ward）

周二下午 5:30。

当我和玛雅（Maya）的目光接触时，我感觉她似乎和之前不太一样。她从等候室走进来，走向沙发，路过了我办公室墙上挂着的一幅大型艺术品。我坐在椅子上，看着她用指尖轻轻触摸那幅艺术品凹凸状金色框架的底部。

我：你好吗？

玛雅：我……挺好的。

我：多跟我说说呗。

　　玛雅：来这里之前，我去接了诺亚（Noa，她的女儿），去得有点迟了。不过我经常会这样。我也没有去得太晚，她也挺好的。实际上我们开开心心地走回了家。

　　玛雅和我分享了她女儿讲的一些趣事，还告诉我，尽管她们只走了几个街区的路，但和女儿同行让她感觉她们特别亲近。

　　我：上次你接诺亚去晚了，你的内心承受了很大的折磨。在这件事上，你对自己确实有些严苛。

　　玛雅：是的。

　　我：但今天你没有这么难受。

　　玛雅：对。

　　我们沉默了一会儿。有些不对劲。她是不是吸毒了，躁狂了，喝醉了？难道她在来我办公室的 4 号地铁上顿悟了？

　　我：我无法感受到你今天的情绪。

　　玛雅：你懂的，我只是，我很好。

　　就在玛雅注视着我，寻找合适的词来表达的时候，她开始用手抚摸沙发，几乎像是在抚摸一只想象中的猫。她低头看着自己的手，突然警觉地坐直了身体，把我吓了一跳。

　　玛雅：这个沙发是深绿色的。等等，这是天鹅绒吗？！

　　我：玛雅，我需要你告诉我你怎么了。

　　玛雅：过去这一年里，我多次坐在一个深绿色天鹅绒沙发上，但我现在才注意到。

　　这个发现让玛雅既沮丧，又充满希望。几个月来，她一直在努力练习用自我关怀取代自我惩罚，但并不觉得自己发生了任何变化。其实不久前我就注意到了她的变化，还告诉了她我观察到了什么，但她并不相信我："你必须这么说，因为你是我的治疗师。"

如今，改变开始直接显现在我们眼前。玛雅的内心越适应自我关怀，她的生活就离她越近。生活从黑白转变为彩色——此刻，是深绿色。

自我惩罚会大大损耗你的能量。一旦你停止惩罚自己，你会惊讶地发现，你的大脑、心灵和灵魂中腾出了多少自由的空间。在你重获能量以后，随之而来的开放状态可能会使你迷失。你开始注意到以前从未注意过的东西，开始以不同的眼光看待他人。

不再自我惩罚后，你还会发现新的问题，发现一个更大的问题（欢迎来到个人成长的世界）。你的问题从来不在于你是个完美主义者，也不再是自我惩罚。你的问题是，你没有完全做自己。

我不知道你要做什么才能成为真正的自己。只有你自己知道。但我可以告诉你的是，要成为真实的自己，你必须停止做你不是的那个人。你得放下那些不再对你有益的东西，而当你发现对你有意义的东西时，要勇敢地面对失败，并且无论如何都要对自己怀有同情心。实现这三重境界，需要专注于疗愈，而不是改变。从各个方面来看，前者都会更难。

在生活中机械地做出改变，并不能改善功能失调的情况，只是换汤不换药罢了。你没能收获酒保妮科尔（Nicole）的芳心，于是不再和她约会，可是现在你又开始和分析师阿里安娜（Arianna）约会了，却同样收获不了她的芳心。你成功控制了用食物麻木自己的倾向，但这未必就是好事，因为现在你又开始用过度消费来麻木自己了。机械的改变很可能是白费力气。你不必强迫自己改变，改变是疗愈的副产品。

你可以在未曾疗愈的情况下做出改变，但得到疗愈之后，你不可能毫无改变。在改变的策略中，没有什么策略能超越疗愈，因为疗愈自然会带来改变。

完美主义者不喜欢把重心放在疗愈上，因为疗愈不是一项有着既定步骤的任务。我们更希望自己身上存在一个大问题（也可以是一系列中等或比较小的问题），这样我们就可以一次性系统地消除所有不足之处，以完美的状态继续前进。

疗愈不是消除我们最憎恨的部分，也不是通过成功后的狂欢获得的。疗愈指认识到此时此刻的你就是完整（完美）的。这一刻，你值得拥有和任何人一样多的爱、喜悦、自由、尊严和联结。你所需要的全部疗愈，就是彻底接受你的价值不可动摇这一事实。对完美主义者来说，这可能挺让人沮丧的。完美主义者喜欢的是任务。

完美主义者希望得到指导，希望有确定的时间表。我们想要方便的缩写词、"6个简单原则"或"30天计划"之类的东西。简单明晰的改变方法能暂时使我们振奋起来，让我们认为解决问题很容易，只要自律就好了。一些既不是你本人又不了解你的人，提出了很多关于完美生活的具体建议，你只需要按他们说的做。你得完美地遵循这些建议，即使失败了（因为这样的计划不可能实现），也一定要责怪自己，而不是责怪方法。你总是责怪自己，就好像你真能控制局面似的，毕竟如果一切都是你的错，那么等你最终振作起来，变得完美时，就可以使一切回到正轨。

电视广告式的疗愈非常诱人，要是它真起作用就好了。

真正起作用的是投入那看不见的枯燥过程——不要再扮演另一个人，而是朝真正的自己靠拢。这个过程没有什么吸引人的地方，你不会得到任何赞誉，也没有人指导你，甚至没有终点，因为它永远不会结束。好好享受吧。

放手

除非你有意识地下定决心要实现疗愈，不然，你总会选择熟悉和便利，而不是意外和努力，因为这是人类的天性。熟悉和便利使我们可以施加控制，而控制又确保了可预测性。如果我们能够预测环境，我们生存的机会就会增多。

生存并不要求你实现疗愈或成长，生存只要求你不死。如果你的目标只是生存，那么封闭自己，回避任何风险就很重要。如果你的目标是将你的生存技能升级为成长技能，那么重要的就是学会承担风险。

风险本身并不一定危险，它只是具有不确定性。要冒险，你就必须放弃可预测性。放弃可预测性这个任务可谓雄心勃勃，原因有二。第一，它会使你感到失控（因为你确实不可能控制一切，而且失控没准是件好事）。第二，放弃熟悉的东西，去尝试新事物，需要你持续付出努力。至少一开始，你不得不处理比平常多得多的信息："我喜欢这个吗？这是我想要的吗？我是这样的人吗？这对我有用吗？我现在更快乐了吗？我应该哭吗？这对我的人际关系有什么影响？这对我的工作有什么影响？我应该对此感到不舒服吗？这里有零食吗？到底发生了什么？"

在这种心理演算的背后，是回归熟悉事物的进化本能。你会投入熟悉的互动状态，诱因在于这么做，你就无须处理任何新信息。这就好像打优步，下车时不必自己支付一样，这种体验非常诱人，因为它很清楚、很简单。

你的大脑喜欢清楚、简单的东西，因此，即使你知道熟悉的事物会伤害你，你还是会被它吸引。对你的大脑来说，"熟悉的魔鬼"比不确定性更有吸引力。

熟悉的东西给你带来的便利十分诱人，在你的疗愈过程中，它会一直默默存在。你并不想回到过去，但当你进入新的、陌生的领域时，熟悉感会让你觉得像回家一样。你可以认为熟悉感和家一样，但前提是它不能伤害你。

你不需要为了获得疗愈而放弃一切能使你得到安慰的东西。然而，你需要区分"积极的熟悉感"和"消极的熟悉感"。这两者都能给你带来极大的安慰，所以它们都会吸引你。

你压力越大，越难区分积极的熟悉感和消极的熟悉感，你只会觉得很舒服。当你的应激反应被激活时，任何熟悉的东西都会让你感觉："就是它，这正是我现在需要的东西，谢天谢地。"

完美主义者很容易为了尽情享受不健康的熟悉感所带来的即时满足而找借口，因为这看起来并不像偷懒，而像在更加努力地工作。

巴黎型完美主义者会更加努力地为他人做更多事，忽视自己的需求。激烈型完美主义者会强硬地迫使自己工作——延长工作时间，减少休息时间，无视边际效用递减的法则和陷入工作倦怠的风险。拖延型完美主义者会计划去制定一个学习如何制定最佳计划的计划。混乱型完美主义者对待他们的目标，就好像在玩"抽积木游戏"一样，他们会不断调整最优先的事项，结果注定是乱作一团。古典型完美主义者会把事情挤进自己的每一个空隙里，包括那些本应留出来透气的地方。

放下消极的熟悉感所带来的即时满足，只是一个开始。你还需要放下对努力的结果的渴求。

出于恐惧的努力

有两种恐惧始终萦绕在我们的生命中：

我永远得不到我想要的东西。

我会失去我拥有的东西。

这两种恐惧的共同点在于，它们都基于未来的结果。对于一件事，有太多的因素在起作用，有些因素是你无法预见的，因此你永远无法成功地操控每一个结果，使其对你有利。换句话说，你无法控制未来。如果你放不下对结果的执着，你的一生都只是在不断从一种恐惧走向另一种恐惧。

长期处在恐惧的状态下，再怎么行动也没有什么意义。建立在恐惧基础上的生活总是仓促又艰难，就像一个令人迷失的循环，一个火圈。要脱离这个循环，你必须进入当下。你可以尝试放下对未来结果的执念，专注于你现在正在做的事，从而进入当下，也就是去参与过程。

刚开始学着放下对输赢的执念，转而专注"过程"时，这种对结果的"漠不关心"可能会让大多数完美主义者不太舒服。不关心结果，我们不知道还有什么别的选项：所以我们应该别再关心实现目标的事了，对吗？那我们具体该做些什么呢？用精油代替除臭剂，与大自然融为一体吗？我们会想："不，谢谢，我还是选火圈吧。"

放下对结果的执念不意味着你不再关心目标的实现，你当然还是在意的。设定目标并没有问题。问题在于你将喜悦寄托在未来的结果上：只有达成这个目标，我才会快乐；或者只有保持这个状态，我才会快乐。

你永远无法体验未来，你永远只能处于当下。如果你必须等到未来才能感受到喜悦，你将永远无法感受到喜悦。

我们之所以抗拒放下对结果的执念，有一个重要的原因，那就是我们不想失败。我们不想失败，因为我们不想成为失败者，但是承认"我失败了"和承认"我是一个失败者"是不同的。前者说的是一件事,而后者指的是一个身份。你无法控制努力的结果,但你能选择赋予失败怎样的意义。

面对失败,继续前行

如果你将挫折、拒绝、拖延或任何你认为失败的事视作对你这个人的评价,你会很难向前迈进,因为你不再信任自己了。你将自己锁在了成长型思维的门外。当你处于非适应性状态时,你就将自身的可能性交给了失败来"判决"。

如果你不让拒绝、拖延或失败成为对你这个人的评价,要继续前进就很容易,因为你依然相信自己。你会像跨过一条趴着睡觉的狗一样跨越失败,大步向前。当你处于适应性状态时,你不会赋予失败任何力量。失败不只没有最终解释权,它根本就没有发言权。

面对失败,继续前行,意味着你允许自己从失败中成长,并在这种有所成长的新状态下再次尝试。你参与这个过程是为了享受乐趣、学习经验,而不是为了未来胜利的荣光。

但是怎么做到这一点呢?

如何将焦点从结果转移到过程上呢?

要专注于过程,必须从尊重过程开始。尊重过程可以分为两个部分:承认过程和为过程而庆祝。

通过承认过程来尊重过程

有人试图用许多方式教导我们,旅程就是目的地。但我们听不进去。完美主义者渴望胜利。我们专注于达成想要的结果，因为我们认为达成结果会让我们快乐。对此，有一个坏消息和一个更坏的消息，你想先听哪个呢？

坏消息是，达成特定的结果（获奖、晋升、与某人建立关系等）并不能让你快乐。只有构建意义才能带来快乐，漫无目的的追求则不能。更坏的消息是，草率地开启某个过程会让你更不开心，因为你将实现目标视为快乐的唯一来源，但是实现目标永远无法弥补你在追求目标的过程中没有真正参与进去、没有感受到任何喜悦或联结的缺憾。

当你专注于过程时，你关注的是此时此刻的胜利和现在就可以享受的事物。认可过程能给予你力量，因为它能开阔你的视野，培养你的积极性，帮助你拓展并建构自己。要认可你目前所处的过程，你可能需要知道：

想成为真实的自己和采取行动做自己是两回事。阅读本书，就证明你已来到"想"和"积极投入"的交汇点，这是一个里程碑。有数百万人想进入这个境界，却不得其法。这可是件大事。你的所有重大进步，都需要通过你正在做的事情来实现并维持下去，后者本身也是在向前迈进。

为了进入这一状态，你付出了不少努力。你诚实面对了那些不适合你的东西，尽管这有点儿难。你再也不愿意忍受排队做无意义的事。你要克服许多困难，才能成为正在阅读这本书的你。曾令你焦头烂额的事，如今已成为你烂熟于心的经验教训，你甚至忘记了当初的那份焦灼。承认过程，要求你根据自己所做的事给予自己应有的赞赏，因为正是它们使你成为今天的样子。

想想 5 年前的你，想想自那以来，你成长了多少。如果可以回到过去，将你的大脑和你学到的一切移植到 5 年前的你身上，那时的你会非常震惊。过去的"天花板"，现在只是你的"地板"。

你曾在水中奋力挣扎，而今，却能从容漂离这片水域。

你能意识到自己已经前进了多少吗？你获得了多少宝贵的经验？你是否清楚自己曾经忍受过多少不安，内省过多少次？

你明白面对你曾面对过的那些事，要坚持下来，直到成为你现在的样子，需要多少力量和勇气吗？有没有一种可能，其实你已经站在了你一直试图跃过的那堵墙的另一边？

还需要做什么别的吗？是的。对雄心勃勃的人而言，无论他们已经做了什么，他们总会认为前面还有更多事等着自己做——这正是他们雄心勃勃的原因。

完美主义者不可能没有雄心壮志。你心底深藏的那种感觉——你还有很多事要做；你永远不会停下来；你一直在努力提升自己；已经很长时间了，但你似乎从未降低过对自己的期待……代表着你有雄心壮志，并不代表你失败了。

我们总被教导要低调，要时刻质疑自己，在这样的世界中，你能想办法去实现成长，而不是毁了自己，已经非常了不起了。此刻，你主动选择关注可能性，所以你在读这本书，而没有去推进其他数千万件你能做的事。进入这种有意识的状态，本身就是一种胜利，这不是别人给你的，也没有人能够夺走它。请你走出自我厌恶，敢于赞叹此刻的自己。

接下来，为过程而庆祝，你便完成了尊重过程的循环。

通过为过程而庆祝来尊重过程

人们很容易认为，庆祝活动是可有可无或者放纵的行为，但如果不庆祝，我们会失去一些重要的东西。小小的庆祝仪式（接受邀请、打扮停当、碰杯、拍照等）就像沉稳的锚，将我们与生活中的喜悦和动力相连。不抛锚，我们会随波漂流。

　　没有庆祝活动，陪伴我们走过一年四季的轻松感就会减弱。我们独自和共同应对变化的能力会受到干扰。关于这一点，新冠疫情给我们敲响了警钟。我们聚在一起很不安全，但我们会本能地争取进行一些庆祝活动，因为在内心深处，我们明白这有多重要。我会永远记得那些草坪上的标牌："为我们的高中毕业生鸣笛！——2020 年毕业班"。

　　除了帮我们在情感上应对生活的变化，庆祝还能使我们深深体会到感恩之情，因为庆祝时，我们承认当前发生的事给我们带来了喜悦。每个人都知道，感恩之情更加丰沛，我们也能体会到更多的快乐，庆祝同样能增加我们的幸福感，因为它给了我们机会，让我们可以感谢一路上帮过我们且仍在帮助我们的所有人。支持和联系的加强是庆祝活动中有意义但常常被忽视的组成部分。

　　毕业典礼、周年纪念、乔迁聚会、婚礼——它们为的都是宣告生活中的里程碑事件（过程的开始或结束）对我们的意义。那过程中的节点呢？中间阶段，我们最需要的往往是联结、认可、支持和鼓励。

　　你或许为你的个人目标投入了大量精力，可商店里却没有专门庆祝人们实现个人目标的贺卡。如果你想过由你自己定义的生活，你必须是那个将标杆插进地面，说"这很重要，这是件大事"的人。

　　过程的中间阶段看不见、听不着。如果你不通过庆祝活动为它增添一些声响，让它被看见，这个过程就会被忽视，不只是别人，你自己也可能忽视它。打个比方，没人会来到你的办公桌前，对你说："嘿！过去一年里，你成功还掉了信用卡上 12% 的债务！我们应该去喝一杯，庆祝你一点一点坚定地向财务自由努力着。"

　　你必须主动为过程的中间节点进行庆祝。这就是适应性完美主义者的生活方式：在过程中，就让喜悦、联结、支持和感恩进入自己的生活，而不只是在取得成功后才这么做。

在写这本书的过程中，当它还只是一个未完成的 Word 文档时，我带着我的女儿阿比盖尔（Abigail）去了一家派对用品店。接种疫苗后，世界重新对我们开放了。去任何地方都让我们兴奋不已，更不用说是去派对用品店了。我告诉她，"我、你和爸爸"要一起办一个大派对。

阿比盖尔想表达最大数量的任何东西时，会说"所有数字和字母"。3 岁的她确信这个世界上有很多数字和字母。她问我，这个派对是不是得给我们带来"所有数字和字母那么多的乐趣"。"噢，当然是了。"我告诉她。她开始跳来跳去，抱住我的腿。我们开始为派对做准备。

我说，我们需要特别的标牌、彩色纸屑、气球——所有最好玩的东西。几分钟后，在我们试戴塑料高顶礼帽时，阿比盖尔问："妈妈，今天是我的生日吗？"

"不是哦，宝贝，今天不是你的生日。"我说。"那是你或爸爸的生日吗？"她问。我蹲下来，与她对视，在口罩后面露出一个大大的笑容："你知道为什么我们要办派对吗？因为妈妈正在努力做一件事！我们要举办一个'努力派对'！"属于 3 岁孩子的纯真的喜悦浮现在她的脸上。然后，她选择了粉色的彩带。

努力做某件事是庆祝的好理由，尽管庆祝并不需要理由。一天下午，我和一个古典型完美主义的来访者会谈，她给我分享了一个类似的练习，我恰好也会做——我们都会把自己喜欢的事物列成清单，并且留着它不时看上一眼。当然，作为一个古典型完美主义者，她觉得她的"喜欢清单"很完美。

在我的"喜欢清单"上，介于"摇晃的树木"和"人们与狗狗尽情交谈，就好像它们是人一样"之间的，是"写着'只是因为'的气球"。在那些你真的感到困惑的时刻，在你不知道自己要开始某事还是结束某事，会赢还是输，甚至想不清楚"过程"这个词的意义时，无论如何，请你积极邀请喜悦进入你的生活。"只是因为"就是理由。

庆祝意味着特地用感恩和认可填满当下，唤醒你生活中的喜悦。任何事物都可能具有唤醒喜悦的力量。庆祝不一定要办派对，不是必须花钱才行，甚至不需要其他人的参与。

你可以为自己做一顿营养丰富的饭菜，享受宁静的私人时光。你可以和朋友一起散步作为庆祝。你可以在后院热热闹闹地烧烤，去海边游泳，涂口红，去线下的电影院看电影，或使用你一直收藏着的精致物品。有句话说得好："不要为特殊的场合收藏任何东西，活着本身就是特殊的场合。"

过由自己定义的生活，你可以决定对你而言什么是成功，也可以决定如何和何时为成功而庆祝。

有些人不喜欢在过程中庆祝，他们担心这会引发不好的结果，他们不想因为"过早"享受当下而破坏实现目标的机会。

我们最容易忘记的事，可能就是"我们无法预测生活中的任何事"。如果我们只为我们可以确定的事、我们确信不会失去的东西而庆祝，恐怕我们就没有理由庆祝了。没有什么真正属于我们。

我们往往会选择不"过早"庆祝，因为我们预测这么做可能会导致未来陷入悲伤，我们想避免这样的悲伤。你试图控制此刻感受到的喜悦，以便能控制之后遭受的失落。

我从未听过哪个服务对象这么说："我没能得到自己深切渴望的重要之物，不过幸运的是，我并没有因此而过分激动，可见现在我已经对痛苦免疫了。我不确定今天我们该谈些什么。"事实上，痛苦总会来的。

你无法通过减少生活中的喜悦来控制悲伤。你无法控制悲伤，毋庸置疑。

在拥有丰沛能量的前提下获得喜悦，意味着你要认识到，感受喜悦，并不需要先通过外部标志来确认什么值得喜悦。你现在生活中那些积极的时刻都是真实的。无论它们能持续下去，还是会慢慢消失，都不会变得不真实。此外，这些积极时刻不一定只与成就相关，它们可以很简单，就只是早晨你喝下了第一口热饮。你"喜欢清单"上的任何一条都算。

不要认为实现成长的唯一方式是承受痛苦。你同样可以通过喜悦而获得深刻的成长。我们"努力"可不只是为了学会认识和表达我们的悲伤、愤怒和焦虑。同样（甚至更）重要的是学会认识、表达和庆祝我们的喜悦。后者更具挑战性，对完美主义者来说尤其如此。

庆祝很重要，你很重要，你所做的事也很重要。你正在做的事和你的人际关系之所以重要，并不是因为它们会带来理想的结果，而是因为你认为它们值得自己付出宝贵的时间和精力。这就是由自己定义生活的含义——你认识到，你选择看重的东西就是有价值的，你决定关心的事物就是值得关心的。

试想一下，如果你在过程中就能体验胜利的感觉，外界认可的成就只是一种情感上的象征，而你的思维中不存在失败这个概念，那么你的生活会是什么样子呢？

不可预见的挫折

要实现某个愿景，可能需要花费数月、数年甚至数十年的时间，一步一步来。在任何一个过程中，都总会遇到一些东西崩溃，需要修复的情况。

如果你认为总有一些东西崩溃，需要修复，是你的缘故，我想满怀关爱地告诉你——你需要克服你的自我。世界并不是围着你转的。毫无例外，每个人都会遇到或大或小的、无法预见的挫折。

如果你想对此释怀，从而面对失败，继续前行，去直面那些无法预见的事物，发挥出你的力量，你需要磨砺自己的直觉，并清楚地认识到自己的意图。

倾听你的直觉

谈到过由自己定义的生活，你的直觉能给你最好的引导。我们经常混淆情感和直觉，但它们并不是一回事，决策时也不应给予它们同等的权重。情感和直觉都应该有一票，但直觉具备否决权。

情感是短暂的，很容易被最基本的外部环境所影响——下雨、饥饿、炎热、得到免费样品等。直觉则很少动摇。它不会因你周围的环境、你的心情或能量水平而改变。

比如，你知道你不能再做这份对你有害的工作了，你的工作环境给了你太大的压力，你陷入了功能失调的状态，有点儿应付不来[⊖]。后来，公司举办了"员工感恩日"活动。在一家新餐厅享用过美味午餐后，你们还一同远足，玩得很开心。这时，你的情感可能会说："嘿，这份工作也没有那么糟糕嘛。也许我能再坚持一段时间，这样也挺不错的。"然而，你的直觉是不会动摇的。

直觉从不对你撒谎。注意那些不变的信息，那就是你的直觉。

⊖　并不是说，只有某份工作、某个人或某种情况达到有害或令你痛苦的地步时，你才能远离。只要你意识到它不适合你，就足够了。

如果我们认为本能只会给我们"是"或"否"这种明确的答案，那是我们把本能想得太厉害了。有时，你的本能会让你等待、观望，徐徐图之，向前迈出一小步，这样你可以在角落里窥探周围的情况。当你的本能告诉你多给自己点时间，之后再做决定时，你可能会觉得自己在生活中处于被动的境地。但耐心并不意味着被动。

知道你需要做些什么和知道你确实需要做什么是两回事，只有在极其幸运的情况下，我们才可能同时获得这两种知识。若本能告诉你，此刻的你还不适合做决定，这一信息与明确的"是"或"否"一样有效且重要。

不是列上 20 次利弊清单，你就能迫使未来变得清晰可见。灰色的时刻虽然模糊，但它也在邀请你信任自己。如果你经常与自己对话，当你真正该做的事变得清晰时，你会意识到的。正如诗人 W. H. 奥登（W. H. Auden）写道："真理，就像爱和睡眠，会拒绝过于急迫的追求。"

有时候，你的本能会让你远离某些东西，但似乎并没有给出任何后续信息，告诉你应该去向何方。没有明确的前进方向确实令人沮丧，但即使在这些时刻，你的本能仍然有用。你可能其实知道些什么，只是无法准确地描述。

例如，也许你记不得上个月你去过的那家意大利餐厅叫什么了，但是，只要你听到它的名字，你就能想起来。当朋友问你："是叫塞莱斯特（Celeste）吗？"你会说："不对，是另一家……""或许是叫伊尔·布里甘特（Il Brigante）？"你的朋友又说。"不……也不是这个。"你说。正确答案已经到你嘴边了，尽管你还不能彻底记起来，但它仍然有用，因为它使你能立刻辨别出错误的答案。

当你不知道正确答案是什么时，就利用你的本能来识别错误答案，并远离它们吧。远离那些让你不舒服的人。别用对你而言毫无意义的方式打发时间。远离那些你付出精力却得不到回报的事。

关注内心里你认为应该远离的事物，可能会让你觉得自己处于消极状态，但是，不要将诚实误认为消极。你离错误的道路越远，就越有可能偶然发现正确的道路。

如果你偶然找到了适合自己的东西，那很不错，很多人都是通过这种方式找到适合自己的东西的。如果你认为其他人寻找适合自己的生活时，都好像在神圣的夜空中，始终与月亮相伴，优雅地飞翔，那你就错了。在这个过程中，每个人都笨手笨脚的。

有些人知道自己是什么样的人，于是他们朝着那个方向前进，就能找到自我。还有一些人知道自己不是什么样的人，于是他们远离那个方向，继而在其他地方找到自我。我们中的许多人一生都在综合使用这两种方式寻求自我。

当本能悄悄和你谈论小事时，倾听它们的声音很重要，和发生大事后倾听它们的高声呐喊一样重要。你的本能没有等级之分。你越尊重你的本能，就越能深入疗愈自己。

只有你会尊重你的本能，因为只有你能听到它们的声音。若你能倾听本能，你就能成为最了解你真正自我的最合格的专家。没有人知道你知道的这些，只有你自己知道。

放弃控制，与你的力量相连，意味着不再问"我应该做什么"，而是问"我的本能对此有何看法"。

清楚地认识你的意图

意图决定了你生活的风格。目标是对可量化成就的明确界定，意图则更加复杂。意图不体现在你做的事上，而体现在你如何做上；不在于你是否做某事，而在于你为什么要做。你的意图是你努力的能量来源和目的，而你的目标是你努力追求的东西。

意图可以与目标相关，也可以不相关，反之亦然。例如，"成为一名有酬劳的演员"是目标，"用表演唤起他人的共情"则是意图。没有意图，你也可以成为一名演员，并以此为生，这种情况下，只要能从表演中获得报酬，你几乎会接受任何角色，你可以在你的整个职业生涯中拍上一连串牙膏广告。你也可以在通过表演换取酬劳的同时，抱有唤起他人共情的意图，这种情况下，你会专注于扮演角色，将角色带入现实，让观众感受到角色的感受。

即便不达成目标，甚至没有目标，你也可以让你的日常生活体现出你的意图，从而践行你的意图。例如，作为一名演员，你可能永远无法大获成功，但你仍能获得快乐，因为你找到了践行你意图的方式，最初就是这一意图促使你追求演艺事业的。

践行意图的另一个方式，是不断将你的价值观转化为具体的行动。如果善良是你的价值观，那么不仅有人在场的时候，你要善良，而且你要一直保持善良。你的善良不是为了得到认可，你也不需要外界认证你是否善良，你心里清楚。

如果每年只有一个人能获得"独家善良奖"，而有一年那个人是你，那真是好极了，但对你来说，得不得奖并不重要。当你出于意图行动时，主要的回报源于践行意图，而不是得到认可。

有了意图，你就给自己找到了一条在过程中感受成功、满足和享受的路，而不是只能享受目标达成的光辉。

适应性完美主义者和非适应性完美主义者的一个关键区别（一些理论家认为这是关键区别）是，适应性完美主义者能找到享受奋斗过程的方法，非适应性完美主义者则无法享受过程。这可能是因为适应性完美主义者既拥有意图，又拥有目标，而非适应性完美主义者只设定了目标。

如果你只设定目标，那么只有在实现目标的那一天，你才算获胜了。但如果你设定的是意图，从第一天起，你就会开始获胜，因为你总有机会践行你的意图。

那些没有意图的人会为了实现目标而做出一些残酷的事，然后美其名曰自己的行为是出于"野心"。这不是因为他们本质上就是烂人，而是因为他们渴望被认可。追逐野心和逃避绝望不是一回事。

适应性完美主义者如果不能在践行意图的前提下实现目标，就不会想继续追求这个目标了，对他们来说，这样不值得。放弃一个目标，看起来或感觉上就像失败一样。但我们不妨再想想。

如果迟迟不放弃实现那个最终会给我们带来伤害的目标，我们很可能会不再倾听直觉的声音，放弃将意图融入生活。这一切是为了什么？只是为了不让别人认为我们是失败者或轻言放弃的人吗？

除了以你自己的方式去做，没有其他办法能发挥出你的潜力。放弃与你价值观不一致的目标并不是退出式的放弃（quitting-quitting），而是基于能量的放弃（power-quitting）。就好比你最好朋友的男朋友糟糕透顶，曾"劈腿"她的室友，还偷走了她的家具，而她终于和这个人分手了。她并不是失败者，而是赢家。在群里得知这个消息，你们就像一群欢快的鸽子，向着晴空振翅飞翔。是的，她离开了一段她无法维系的关系，但她并没有失败。

基于能量的放弃是很重要的。如果你从未这样放弃过任何事物，那你可以探索一下。

对适应性完美主义者来说，成功并不由你赢了还是输了、留下还是离开、坚持还是放弃来定义。成功是对内在状态的体验。在确定做到什么程度自己就算成功时，非适应性完美主义者关心的是"我是否达成了我的目标"，而适应性完美主义者关心的是"我是否实现了我的意图"。

你行动背后的意图越具体，你就越有可能收获你的意图背后的意义。请注意以下句子中总体和具体意图之间的区别：

A）"我一般下午 6 点回家，与家人共度一段时光。"

B）"我一般下午 6 点回家，与孩子们共同创造美好的回忆。"

我们无法自动收获意义，只有明白什么对我们来说是重要的之后，意义才会显现。你可以围绕对你重要的事物来构建你的成功观，也可以关心其他人看重的东西，只是，他们的思想、心灵和生活与你并不相同。那份使你能够对给予你意义的事物报以尊重的力量，就把握在你的手上。

无论如何都要关怀自己

每个人都需要关怀。你不能控制别人是否关怀你，但你有能力关怀自己。自我关怀是你最强大的力量之一，它将改变你的生活。当你学会无论如何都怀着同理心关怀自己后，无论走到哪里，你都会有安全感。

完美主义者总觉得强调自我关怀是多余的："嗯，对自己好一些，我明白了。"我们渴望所谓的真正的解决方案。由于我们未曾意识到自己的错误信念，还认为通过惩罚和苦难，我们可以学到比关怀和喜悦能教给我们的更多的东西，因此我们不明白，自我关怀恰恰是最根本的解决方案。

自我关怀并不是在情况不好也不坏的时候告诉自己："没关系，一切都好。"我将这种泛泛的安慰称为"情感抚摸"。情感抚摸并不真正令人开怀，因为我们知道那不是真相。自我关怀是诚实的。它能带来货真价实的安慰。

克里斯汀・内夫（Kristin Neff）博士在自我关怀领域的地位，与布琳・布朗博士在脆弱性领域的地位类似。作为该领域的先驱者，内夫撰写了关于自我关怀的书（有好几本），并且是第一个从实证角度出发研究自我关怀的人。内夫以这样一句话开始，为自我关怀下了一个定义："自我关怀意味着在我们经受苦难、惨遭失败或感到不满足的时候，给自己温暖和理解，而不是忽视自己的痛苦或自我批判。"[1] 按照内夫的说法，自我关怀有 3 个关键组成部分：自我友善（self-kindness）、共同的人性和正念。

自我友善

内夫表示，为了实践自我友善，你首先需要认识到此刻你感觉痛苦，而不是粗暴地去评判、指责或可怜自己。不要把你犯的错，而要将你的痛苦视为首要问题。正如内夫所说的那样："我们不可能一边忽视自己的痛苦，一边又对此施以关怀。"[2]

治疗师最基本的任务之一就是告诉人们，他们可以做很多事情：

你可以对此感到愤怒。

你可以继续想念他们。

你可以不再在乎。

自我关怀始于允许自己面对内心的感受。一旦你承认自己正在承受痛苦，你就需要用善意而不是批评来回应自己的痛苦。

是的，你的选择或许在一定程度上引发了你目前的痛苦——也许是因为你确信你会面临困难，完全是你自己的错。然而，究竟是谁的错并不重要。指责可能只是转移了你的注意力罢了。

你可以回顾一下上一章讲到的内容，你之所以不停地指责，是因为你正在与某种你很难直面的东西抗争，你试图摆脱痛苦。矛盾的是，允许自己感受痛苦才能减轻痛苦。

同情的本意是"与他人一同承受痛苦"，这个单词由拉丁语词根"com"（与）和"pati"（承受）构成。我们会对某人的困境产生同情，关怀对方，是因为我们在某种程度上与他们有"联系"。我们允许自己与他们经历的痛苦相联结，将他们视为在许多方面与我们相似的完整的人。正是这种联结——"我们与他们一样，都在承受痛苦"，赋予我们动力，促使我们向他们伸出援手，帮助他们也是在帮助我们自己。

仅仅为他人感到难过，没有努力理解他们或与他们联结，这是怜悯，而非同情。同情是主动的，怜悯是被动的。若你看到别人的困境，然后心想"我永远不会落到如此境地"，那么你是在怜悯他们。怜悯是评判礼貌的那一面。没有人想被怜悯或被当作"施舍对象"，因为没有人愿意被他人看低。

自我关怀和自怜的运作机制，与我们对他人的关怀和怜悯相同。自我关怀能使你感到自己得到了理解，也更加坚强了，自怜则会让你感到无力、悲伤。

自我关怀离不开友善。友善意味着你为人慷慨、宽厚，但你不是出于特定的目的才这样的。友善不是"我决定对你好，所以今晚你的情绪最好给我好起来"。它只是"我决定对你好"。

友善的基础是力量。何以见得？因为它能解除你的防御机制，帮你拓宽甚至开辟前进的道路。不妨回想一下上次你受到他人友善对待的经历——不只是礼貌，而是真正的友善。回想一下那种友善是如何融化你内心的。现在的你也值得品味那种感受。

情感成熟的人能意识到，他们可以选择如何对待自己，并会为自己的选择负责。如果你不选择善待自己，那么你选择的又是什么呢？

共同的人性

内夫提出的自我关怀的第二个组成部分是共同的人性，即"认识到痛苦和个人不足是人类共同经历的一部分，可能落到我们每个人头上，而不只是发生在'我'身上的事"。[3]正如作家安妮·拉莫特（Anne Lamott）所说："每个人都可能搞砸事情，都有颓丧、依赖、害怕的时候，即使那些看上去几乎完美无缺的人也一样。他们比你想象的更像你。"[4]

我们很容易误以为有些人根本就没有"包袱"，或者说即使有，他们背负的东西也是适配、惹人喜爱，而且十分轻省的，大小适合随身携带。其实，每个人都以意义非凡的方式努力着。然而当我们害怕，想依赖他人，而且仿佛每眨一次眼睛都在犯新的错误时，我们会感到孤独。那些时刻，我们不会觉得痛苦是大家共有的经历，而会觉得自己是特殊的。

社交媒体加剧了我们对事物的错误认知，这种错误认知已经达到了危险的程度。我们认为，每个人都快乐又迷人，她们怀上了宝宝，还事业有成，他们正在环游世界，被许多朋友所包围。你看不到任何人脸上的粉刺；看不到他们的姐妹双相情感障碍发作，相当可怕，但还没去看医生；也看不到人们以逃离婚姻中的孤独感为借口而出轨。在 Instagram 上，我们找不到家庭暴力的踪迹，也看不到被性侵的经历、自杀念头、不孕不育、育儿上的矛盾心态、债务、慢性病、照顾者不被重视的倦怠、各种成瘾、离婚后约会的尴尬、对工作的厌恶——我们经历的大部分事情都不会出现在 Instagram 上。

接受共同的人性，就是认识到我们都会痛苦，都会迷失，所有人的家庭都会有些许戏剧性——在屏幕背后，所有人身上都会发生很多事。你越觉得自己的问题很特殊、不正常，和其他人没有共同点，你就越容易自怜，而不是关怀自己。

正念

内夫提出的自我关怀的第三个组成部分是正念——感受你的感受，同时认识到你的本质不局限于你所感受到的东西。正如内夫所说："正念要求我们不要过度认同想法和感受，不然，我们会被消极的反应困住，甚至摧毁。"[5]

内夫向我们传达了治疗师版本的"去生活、去笑、去爱"，即"感受并不等于事实"。不过，不认同自己的情绪同样有问题，以正念的名义压抑自己的感受并不是自我关怀式回应的表现。

以失望为例，对完美主义者来说，这种感受并不陌生。有时，似乎每个事物、每个人都没有我们想象的那么好。那是因为每个事物、每个人的确没有我们想象的好。

无论你对治疗、你的人际关系、一句名言、你的孩子、你的工作、你开的车、你出生或你建立的家庭、你的假期，甚至只是你的护发产品能给你带来什么抱有怎样的期待——无论你希望生活中大大小小的事物能给你带来什么，它们迟早会令你失望。这是不可避免的。你会失望，你会觉得不满意，你会希望你的生活变得与现在不同。

你会感到失望，不是因为你做错了什么，失望是每个人都会遇到的问题。自我关怀式的回应是允许自己在感到失望的同时，承认失望并不是你唯一的感受。

完美主义者把太多的精力浪费在了将失望转化成其他情绪的尝试上。我们一直在问"我怎样才能摆脱失望"。然而更好的问题是"除了失望，我还感受到什么"。

如果你无法忍受自己，那你如何实践自我关怀

我们都需要联结。失去联结是痛苦的。当有人感到痛苦的时候，人们大多会充满同情地回应："你并不孤单。我在这里。"注意，这种回应与面对问题时所进行的现实考虑无关。关怀式回应不提供解决方案，也不强调如何控制局面。关怀式回应提供的是联结。

我们还要注意，关怀式的回应不一定要宣称喜欢或爱某人。这是自我关怀和自爱的一个关键区别。

向他人表达同情并不等于向他宣告："我爱你，我喜欢你，我觉得你很有趣，我觉得你很迷人，你发型很好看，我和你有同感。"你只是在传达最后一部分："我和你有同感。"关怀式的回应表达的是"我与你同在"。

自我关怀并不意味着强迫自己喜欢或爱自己。自我关怀是一种提升抗逆力的技能，它包括承认痛苦、保持洞察，并抱着善意行事。即使你烦透自己了，即使你无法忍受自己，你仍然可以做到这 3 点。

此外，你并不需要彻头彻尾地改变你的个性，才能使自我关怀产生效果。你给了自己多少关怀，与你获得疗愈的程度并不相当。给予自己一点点同理心，就像在黑暗的房间里点燃一支蜡烛——那微小的闪光能照亮整个空间。自我关怀可以只是多宽容自己一点点，哪怕这份宽容轻如鸿毛，哪怕只花了 5 秒钟，你甚至不需要站起来就能做到。

基于创伤的同情

对一些来访者而言，完美主义是应对童年创伤的机制，他们

将获得两重新认识。他们首先会认识到，儿童时期给予其虚假权力感的控制策略（取得超预期的成果、取悦他人等）都是虚幻的。儿童时期的他们实际上没有权力，他们唯一的资源是丰富的想象力。

一个孩子会假装自己是全能、无敌的，乍一看完美无缺，因为假装如此是孩子所能做的一切。[6] 在力量弱小的情况下，退缩到自己的想象中或解离，是一种适应性的做法。同样的反应在儿童时期是适应性的，然而之后，当你拥有力量时，就成了非适应性的策略。

来访者要认识到的第二件事是，他们渴望的从来不是成为完美的人，只是被爱而已。现在已成为成年人的那些孩子，只是希望被看到、被接受、被无条件拥抱罢了——而不是想变得完美。如果在成长过程中，你没有获得情绪安全感，那它就会成为你最渴望的东西。你日思夜想、梦寐以求的东西就是爱——比任何玩具、糖果、大房子或漂亮衣服都更重要。

你能接受这个现实，而不是责怪包括你父母和你自己在内的任何人吗？我们不必再将痛苦视作烫手山芋，记住了吗？责怪与主动性无关。在实践自我关怀，对此刻的生活负起责任的过程中，你将看到你的力量之所在。

你的经历使你更擅长断开联系而非建立联系，如今，你和他人建立联系时偶尔会遇到困难。这是可以理解的，这并不意味着你很糟糕。每个人都可能在某个方面遇到问题。重要的不是发生了什么，而是你会如何应对。

从断开联系的模式转向建立联系的模式，好比学习一门新语言。如果你坚持学习一门新语言，它会成为你的一部分，甚至改变你和你对世界的体验。学习一门新语言需要时间。

一开始，你会感觉进展令人难以置信地慢，直到某一刻，情况从此大不相同。在漫长得让你觉得恐怕会一直这样下去的一段时间里，你都是从外部体验这门新语言的。如果你坚持下去，最终你将能从内部体验这门语言。某天晚上，你会用新语言做梦；不久之后，你就能用这门语言讲笑话了。

通过实践自我关怀，并与那些能流利使用联结这门语言的人为伴，你会一直坚持学习联结。

要是了解了这一切，还是不能实践自我关怀，该怎么办

让我们再度将目光投向阿娃。某次团体会谈中，她抛出了"最后一刻投下的炸弹"，会谈结束后，我和她进行了大约 15 分钟的谈话。我们一起联系了 4 个人，希望有人可以来康复中心接她，陪她过夜，或者在她走回家的路上和她通电话。但是没有人接电话。

我给了她一个热线电话号码，我们还讨论了一些她立刻就能加入的在线戒酒社群。我决定第二天早上打电话给她，确认她的情况。我尽我所能，诚恳地同她分享了我对她的积极看法，希望她能借我的观点度过这一夜。她说她会回家，但我不是很信。我想说，不确定她会没事，我就不愿打开办公室的门——我真的不愿意打开那扇门。

其他 5 个团体成员坐在走廊的地板上等她。他们一句话也没说，但是他们的行动表达出了"我们与你同在"。这一刻，这种可见的同情给了我力量，我立马就好多了。阿娃也感受到了强大的力量，但她的心情立刻变得更差了。

由于难以摆脱的羞愧，阿娃无法开放自己的心，接受任何程

度的同情。无论这份同情是来自她自己，来自我，还是来自任何其他人。她觉得自己是个无可救药的人。而此刻，她认为这个团体又在把时间浪费在她身上了，她本就感觉自己是大家的负担，这下这种感觉加剧了。疲惫不堪的阿娃看到他们5人在走廊里时，非常痛苦和愤怒。她觉得自己现在欠了他们一些她给不了的东西。

那天晚上，阿娃回家时心情没有转好，她依然认为自己毫无价值。她没有泡热水澡，但也没有多喝酒。那天夜里和之后的一段时间，阿娃都没能与自己保持联结。自我关怀像一种无法触碰的奢侈，阿娃没有尝试。不过她有继续与他人保持联系。

阿娃选择了继续参加团体会谈，在会谈中透露她的饮酒情况，并在会谈结束后和我待在一起，也就是说，她选择与他人保持联系。阿娃还让一个团体成员陪她回家，尽管这让她有些烦躁，于是她一路上都没说话。这也是她选择与他人保持联系的一个表现。

第二天早上，阿娃再次选择与他人联系（尽管用时很短），她接听了我的电话，说："我还是感觉糟透了。"然后挂断了电话。当我回拨给她时，她又接了电话，这次她没有挂。

这种联系并没有立即让阿娃好起来，事实上，它似乎是浮于表面的，没什么用。当你与自己"断联"时，与他人联系可能看上去毫无意义。但事实并非如此。

阿娃允许自己与他人联系，但是并不要求这种联系立即给她带来改变或使她进入平静状态。这帮助她度过了复发期。尽管当时阿娃不喜欢这样做，然而，现在回忆起她在走廊里看到团体成员的那一刻，她觉得那是她一生中经历过的最充满爱与联结的时刻之一。你可能会在一段时间以后，才意识到此前和他人的联系起到了怎样的作用。那些当下让你觉得平平无奇的有益选择，可能正是之后令你产生安全感，变得坚强、快乐，并且满怀感恩的选择。

　　关怀自己不是一个按钮，只要把它按下去就能实现。我知道自我关怀可能很难，有时我们甚至会觉得不可能做到。你不能控制自己什么时候会这么想，这种想法又会持续多久，但就像阿娃一样，你可以选择与他人保持联系——你始终有权选择联结。即使现在的联结达不到你预期的效果，也不意味着它的作用不会在未来显现。

　　与他人联系不一定是一件十分戏剧性的事，可以只是简单地说一句："你愿意和我通着电话，一起看同一部剧，但只是看，并不说话吗？""你能给我带点吃的吗？""你今天能发些傻气的梗给我吗？我想调整一下情绪。"当然，想与他人联系，也可以直接说："我心情很差，能和我聊聊吗？""我真的需要帮助。""我觉得现在我不能一个人待着。"

　　你也可以匿名或间接与他人联络，比如加入一个应用程序上的社区，或玩在线论坛。准社会关系（parasocial relationship）指你与一个你不认识，但能让你产生联结感、感到被支持和安慰的角色或公众人物之间的那种状似亲近的关系。例如，早间新闻和脱口秀节目就需要主持人易于与观众建立联系，这种联系正是准社会性质的。

　　准社会关系不能替代真实的人际关系，然而它们依然是有意义的联系。你会发现，当你感觉自己与他人疏远时，你可能会看一些节目重播来打发时间。例如，这种时候，《新鲜王子妙事多》（The Fresh Prince of Bel-Air）是我必看的电视剧，不过，也许你喜欢的是《老友记》（Friends）、《实习医生格蕾》（Grey's Anatomy）或者《周六夜现场》（SNL）？有研究表明，情绪低落时，我们会本能地去看重播，因为这样做可以提升我们的集体归属感，减轻孤独感，这种准社会性的联系能给予我们安慰。《实验社会心理学杂志》（Journal of Experimental Social Psychology）上的一项研究显示，观看你最喜欢的节目的重播能"缓解自尊和情绪水平的下降，缓解常由亲密关系威胁引发的被拒绝感的加剧"。[7]要建立准社会性联系，还可以重读你最喜欢的书、听你崇拜的播主的播客，或浏览那些给了你启发的公众人物的 Instagram 主页。这种联系是有意义的。你身边到处都是建立联系的机会。

如果你绝对无法与他人联系，无法回应他人同你建立联系的邀请，无法用匿名或间接的方式建立联系，也无法依赖准社会关系，那就"静止不动"。

我所说的"静止不动"有两层含义。首先，让身体静止一会儿。我会这么向我的来访者解释："有时，你只需要停下你正在做的事，躺在地板上。"也可以将双手掌心贴在桌子、墙壁或任何平坦的表面上，又或者简单地挺直身体。深呼吸，安静不动。

其次，意识到你处在一个影响力巨大的阈限空间（liminal space）中。

阈限空间

"阈限"（limen）源自拉丁语中的"门槛"一词（我真应该学拉丁语）。当你身处阈限空间时，你处在一种转变的状态中。你已经离开一种状态，并且即将进入下一种状态，但你尚未完全到达。

从建筑的角度看，走廊就是一个阈限空间。而从人类学的角度看，阈限被定义为"在过渡仪式的中间阶段出现的模糊或迷失感，此时参与仪式的人不再保持其前仪式状态，但尚未开始转向仪式完成后的状态"。[8]

在心理学上，阈限空间就像同时处在两种状态中，但又好像哪种也不是。大多数情况下是后者。如果你不知道阈限空间的存在，身处其中会让你感觉自己无处可归，感觉自己是个失败者。虽然看起来并非如此，但其实此时你就站在一个更加稳固、强大的自我的边缘。

处于心理学意义上的阈限空间所要面对的主要挑战，是允许自己感到空虚。在阈限空间里，你感受到的空虚等同于你的潜力。不允许空虚存在，会阻碍自身潜力的发展。老子有一句名言揭示了这一真理，我第一篇博客的标题——《一口锅的用处在于它没用》，就化用了那句话○。显然，我那时还不懂搜索引擎优化。

要进入阈限空间，你必须已多次体验过悲伤。悲伤往往是重大转变的入场费。你必须放下那些通过成长，你已经失去的部分，因此，你才会感到空虚。

可是，我们渴望感到满足，而不是空虚。

比方说，"舒适食品"（comfort food）并不是那种能让你充满活力，感到轻盈、洁净的食物，只是让你感到饱足罢了。空虚的感觉并不舒服。空虚感可能会让人的心情急转直下，感到乏味，不想说话。在我们被亚马逊（Amazon）流媒体服务占据的忙碌生活中，我们忙不迭地从一个屏幕转向另一个屏幕，难免很讨厌空虚的感觉，为此，我们不惜一切代价也要"填满"自己，哪怕我们知道这样做会使我们受到伤害。

处于阈限空间，就像身处一个没有手机信号、没有其他事可做，只能翻阅去年杂志的候诊室里。你最多只能放松 4 分钟，就会忍不住扭来扭去了。平静的感觉反而让你不安。你需要一些戏剧性的刺激来"填充"你的注意力，希望能发生什么事来"填充"你的时间。无聊是你处于阈限空间的显著标志。

○　作者在这里提到的老子的名言应该是"有之以为利，无之以为用"。——编者注

阈限空间对个人成长而言是必要的。当你处于阈限空间时，你必须允许自己游离在二分法非黑即白的两极的中间地带，不给自己施加选择其中一方的压力。

而对那些正在失去控制，同时又在获得力量的完美主义者来说，这意味着允许自己处在过渡阶段——不再认为自己的价值取决于外部认可，但也并非完全自信，觉得自己值得拥有世界所能提供的所有爱、喜悦、自由、尊严和联结。

为了在阈限空间中获得力量，你要记住，你并不是毫无理由地被动感到糟糕、空虚或无聊的。是你主动选择靠近那个更加真实的无限的你，坚定地站在这个你的边界上。不要当阈限空间的逃兵。俗话说得好："奇迹即将发生，不要在最后 5 分钟放弃。"

简而言之，只是无法给自己洗个热水澡，并不意味着你只能走向自毁的结局。去和他人建立联系。或者静止不动。正如诗人和哲学家马克·内波（Mark Nepo）那美妙的文字所说的：

> 渡过你的忧愁，
> 你的灵魂将从狂热中苏醒，
> 你将渴望他人同汤一样的温柔。

实践自我关怀是你一生中随时能够抓住的机会。不好意思，我改动了上面的话，好让它押上韵，不过我想说的是，自我关怀的机会永远属于你，因为做选择的永远是你自己。选择关怀而非惩罚自己，并不是一锤子买卖。一生中，你得一次又一次地做这个选择。

有时，自我关怀非常容易，就像极度疲惫的一天后，自然会上床休息。有时，它又会很难，就好像度过极度疲惫的一夜后，艰难地从床上爬起来。但是无论何时，无论困难还是轻松，自我关怀都很有价值。

第 7 章

帮你停止过度思考的新思维

转变 10 个关键视角，助你在日常生活中实现你想要的成功

参与本身就是奖赏。

——鲁保罗（RuPaul）

你的思维方式是建立在认知习惯之上的。和行为习惯一样，认知习惯可能是有益的、中性的，也可能是不健康的。比如，专注于解决问题是一种有益的认知习惯。

养成解决问题的习惯后，面对挑战，你往往会聚焦于有用的问题，如："问题具体出在哪里？""谁能帮我弄明白我面临的选择？""我的目标是什么？"

过度思考则是一种不健康的认知习惯，会让人痛苦不堪。养成过度思考的习惯后，面对挑战时，你往往会将注意力集中在那些复杂却无用的想法上。比如："太糟糕了，我简直不敢相信自己做了这么糟糕的事。真希望一切从来没有发生过。"

过度思考是缺乏力量的表现：要么是纠结于已经发生但无法

改变的事（即反刍），要么是担忧尚未发生，但在最坏情况下理论上可能发生的事（即灾难化思维）。

当你反刍时，你误将重演当成了反思；而当你陷入灾难化思维时，你则误将忧虑当成了做准备。

试图对自己的想法逐个加以改变，这是在施加控制。由于你必须监控和管理每一个进入你脑海的想法，所以控制自己的想法会耗费大量能量。拓宽视角则是在行使你的力量。转变视角后，你自然会以一种你无法忽略的新方式来看待事物。视角的转变会一下子改变你的很多想法。

拓宽视角并不会使旧的思维方式消失，也没有必要如此。旧的思维方式可以与新的思维方式并存。我们不是要让一种思维方式主导另一种，而是要保持足够的开放，从而理解视角只是一种选择。

你所能进行的最大的视角转变，就是理解自己已经完整而完美。虽然有时你可能需要用药物、咖啡、音乐、治疗等改善手段来使自己充满活力，但是这并不意味着你有缺陷，只能说明你是生活在这个世界上的一个人类。

你即将在下文中读到 10 个视角。向这些视角转变，对完美主义者的影响是最大的，完美主义者应予以关注。阅读本章时，你的任务就是对这些视角保持开放，除此之外，没有后续任务。你要做的一切只是保持开放。

1. 反事实思维是一种认知反射

反事实思维（counterfactual thinking）是指你的大脑会构想已经发生的事件的替代性情景。例如，假设你正驾车穿过一个十字路口，另一个司机闯红灯，径直朝你撞了过来。你的车被撞偏，此时另一辆车撞上了你。10秒钟过去，车祸尘埃落定。

你吓坏了，不过没怎么受伤，只有轻微的擦伤，于是自行离开了。事实就是你遭遇了车祸，但伤得不严重。而反事实想法（即与事实相反的想法）可能是"我差点儿死了"。

如果你构想的替代性情景更令人愉悦，那么这种反事实想法就是向上的——"要是我早点儿下班，就不会发生那场事故了"。如果你构想的替代性情景还不如真实情况，那么这种反事实想法就是向下的——"我差点儿在那场事故中死去"。每个人都可能陷入反事实思维，它是一种认知反射。

研究表明，我们启动反事实思维，为的是为未来做准备，调节我们的情绪和行为。[1] 比如，思考情况也许会如何恶化，能让我们更感激眼前的一切。经历负面事件后（"我差点儿就死了，不过谢天谢地，我还活着"），对当前情况的感激会发挥重要的"情绪修复功能"。[2] 我们之所以能在遭遇令人痛苦的事后，让自己好受一点儿，正是因为我们的大脑具备处理替代性情景的认知能力。这种能力就是反事实思维。

在某些情况下，向上的反事实想法也可以改善我们的情绪，帮我们调节自己的行为，尤其是涉及我们的表现时。[3] 例如，假设你在网球比赛中将球击入网中，输掉了比赛。然后你产生了向上的反事实想法："要是我刚才能延长击球的轨迹，而不是为了迅速获胜而采用过于激进的打法的话，我就能赢了。"这个想法会提升你再次尝试的动力，因为你知道自己错在哪里（为了迅速获胜而过于冒险地击球），并且清楚应该如何纠正这个错误（延长击球的轨迹）。尽管比赛输了，但你仍能充满激情地回到球场，打球也会更讲策略。

你需要借向上的反事实想法来推动你进步，因为如果你想象不到更理想的结果，你就不会试图改进。只有当向上的反事实想法聚焦于你有能力实现（即个人能动性）的特定变化（即特定性），且需要改变的事物最初出现于一个有可能再现的动态情境时，这些反事实想法才是有益的。[4]

与动力提升密切相关的，是特定性和个人能动性，而不是向上的反事实想法本身。[5]

比方说，下面这些向上的反事实想法就没有什么益处。

"我比赛本来能赢的。"这种向上的反事实想法没有益处，因为它没有聚焦于特定的变化——缺乏特定性。

"要是我早点儿下班，就不会遇到车祸了。"这种向上的反事实想法同样无益，因为无论你什么时候下班，你都控制不了（即个人能动性）开车时会不会有另一辆车撞上你。虽然如果你当天早点儿下班，确实可能避开车祸，但你把因果关系迁移到你的个人能动性上，这样想是错误的。并不是你因为准时下班而导致了车祸，而你也无法通过提前下班来阻止未来的车祸发生。你只是在假装自己能够控制过去，这样你就可以假装自己同样能够控制未来了。车祸是一个不太可能重复发生的随机事件，因此，在这种情况下，向上的反事实思维更容易造成伤害，而不是带来好处。

向上的反事实想法还有助于你做好准备。[6]比如，你去远足，一路上，你的脚都冻得要命。你一直在想："要是我穿了更暖和的袜子就好了。"猜猜下次谁会带上更暖和的袜子。

反事实想法既可以是基于问题的，也可以是基于角色的。

基于问题的反事实想法："要是我有更多调整措施，可以用来应对生产成本的提高，我就能维持利润率。"

基于角色的反事实想法："要是我不这么白痴，我就能维持利润率。"

另外，反事实想法可以是加法型的（你想向特定情景添加一些东西，从而改进它），也可以是减法型的（你想从特定情景中去除一些东西，从而改进它）。[7]

减法型反事实想法只有一个解决方案，即去除 X。加法型反事实想法则要通过创造性的问题解决方式来实现，这样更好，因为可以产生更多可能的解决方案（同时提升个人能动性和动机）。[8]

请注意下面画线部分的减法型反事实想法。也请留意反事实思维是如何自然而然地引发惩罚性的自我对话的：

> "要是开会时我没有冲动评论的话，我可能会被任命为负责人。我不能再在会上发言了。我总是说错话。我什么时候才能学会开会就闭上嘴呢？"

下面画线的部分则是加法型反事实想法的例子，说话的人给了自己关怀式的回应：

> "要是开会时我没有冲动评论，我可能会被任命为负责人。从现在开始，我可以在会前想好会上要谈论什么具体问题、做什么评论，或者会后再给团队成员发电子邮件，表达我的看法——我会在自己有空思考这样评论是否有用时来做这件事。我并不总能在恰当的时间说恰当的话，但每个人都会遇到这个问题。唉，我觉得好尴尬，这感觉真不好受。我能为自己做些什么，才能熬过去？哦，我给丽萨发条信息说说这件事吧，她总能把我逗笑。也许下班后我可以顺便去趟杂货店，今晚给自己做我最喜欢吃的菜。到家后，再把音乐打开，很不错！明天又是新的一天。一切都会好起来的。"

研究表明，你越容易开始想象反事实的情景，反事实想法对你情绪反应的影响就越大（无论这一影响是消极的还是积极的）。[9]
如果在一次重大车祸中，你的车翻转了 3 圈，这时，你会为自己
仍活着而充满感恩；相比之下，如果车祸并不严重，你就不会这
样了，因为在前一种情况下，你能轻松想象到你差点儿就没命了，
后者则不然。同样，假如你错过了公交车，就差 20 秒就能赶上肯
定比晚了 15 分钟更让人郁闷。两种情况下，结果都是一样的（你
得等下一班公交车），但你的情绪状态并不取决于结果，而是取决
于你反事实想法的强度。[10]

　　了解对比效应（contrast effect）的心理原理，有助于理解反
事实想法对满意度水平的影响。[11] 对比效应的心理原理指的是你
的感知或体验随当前最显眼的信息变化的方式。举个例子，如果
除了一条售价 30 美元的围巾外，商店里其他所有商品的价格都超
过 100 美元，那么这条 30 美元的围巾看起来就很实惠。而在一元
店里，一条 30 美元的围巾则显得很贵。如果你习惯了抱 3 岁的孩
子，6 个月大的婴儿就会显得很轻。如果连续 3 次约会，你遇到的
都是粗鲁无礼的男人，那么下一位只要吃饭时能闭着嘴咀嚼，就
会像白马王子一样迷人。

　　在 20 世纪 90 年代的一个著名研究中，研究人员对 1992 年奥
运会的银牌和铜牌获得者进行了反事实思维和对比效应方面的研
究。他们发现，银牌获得者往往比铜牌获得者心情更糟，因为获
得银牌后，最强烈的反事实想法恐怕就是"我本可以获得金牌的"；
而获得铜牌后，最强烈的反事实想法多半是"我本可能什么奖都
拿不到的"。正如研究人员所说："对可能结果的想象给那些表现
更好的人带来的体验，比没有他们表现好的人还糟。"[12]

　　在与高成就完美主义者接触的过程中，我经常提到这个有关
奥运会的研究，鼓励他们允许自己因为曾经如此接近自己想要的
东西却没能得到而感到难过（而且随后要展开自我关怀）。无论是

字面意义上还是抽象意义上第二名的获得者，都常常因为坦率表达了自己的沮丧而遭到无意识的责备。"你应该高兴呀！你疯了吗？能走到这一步已经很了不起了！"这样的评论在这种情况下并没有益处。

正如我所说，银牌带来的刺痛是真实的——它会让人痛苦。你必须承认这种痛苦，这样你才能给自己关怀，然后继续前进。否则，你会陷入惩罚的循环（"我知道我表现得很好。很多人要是拿到这个成绩，肯定激动极了，我不应该失望。如果我现在开心不起来，那我永远都不会开心了。为什么我会这样？我讨厌这样。我讨厌自己"）。

心理治疗师时常提示来访者，好让他们意识到自己的反事实想法，因为反事实想法揭示了我们的一切：我们的决策、满意度水平、对个人能动性的体验、再次尝试的动力，以及失落、感激、后悔、愤怒之情，等等。反事实想法影响着我们生活的方方面面。

意识不到自己的反事实想法，完美主义者就好像开车行驶在错误的车道上。由于完美主义者往往更容易注意到理想与现实之间的差距，所以他们大部分时间都沉浸在反事实思维中。

沉浸在反事实思维中并不是一件坏事。研究表明，对适应性完美主义者来说，向上的反事实思维能提升他们的动力，而且他们比非适应性完美主义者更常启动反事实思维。[13] 然而如果你不承认反事实思维是一种认知反射，并且不理解你其实有能力使其为你所用，那么这时的反事实思维就是不健康的。

不承认反事实思维是一种反射，完美主义者就会把精力浪费在强迫自己停止思考可能发生的事上。就好像看到一个单词，你的大脑很难不去读它一样，大脑也很难不陷入反事实思维。你不会一一查看单词里的每个字母，然后决定自己要不要读，看到单词的同时，你就会读它。

负面事件和反事实想法息息相关。事实上，比起事情毫无意外地顺利进展，你遭遇失败或挫折之后，更有可能陷入反事实思维。[14]

虽然你无法控制自己不陷入反事实思维，但你有能力利用反事实想法来提升自己的满意度，激发更多动力。

反事实想法是从"自动"到"详尽"反事实想法的一个连续统。[15] 自动的反事实想法是对事件的反射性反应，而详尽的反事实想法是基于你决定如何应对当前情况，有意识地展开的。

例如，如果你因为拿了银牌而本能地感到痛苦，你可以选择仔细思考你差点儿就得到了什么，你也可以选择仔细思考你已经取得了多大的成就，你获得的技能，你在过程中体会到的激情，你与他人建立的关系，你在追求目标的过程中展现的勇气，等等。

反事实思维是你的大脑初步组织信息的一种方式。你如何构建关于这些信息的意义，取决于你自己。

事实是，除非你是一条大鱼，生活在小池塘中（无聊），否则你不可能在所有事上都表现得最好。当你勇敢到敢于冒失败的风险的时候，你会去和一些顶尖人物展开竞争，你会失败。失败恰恰说明你不允许自己被可能出现的未知结果吓倒，你勇于尝试，你允许自己失败后再次前进。没错，你的反射还是会起作用，反射就是这样的。你无法控制无意识反应，但你有能力选择如何有意识地反应。

下面这些问题能帮助你认识自己反事实想法的模式：
你的反事实想法

- 是向上的还是向下的？
- 是总体性的还是具体的？
- 是源自不太可能再次发生的随机事件，还是你有能力对其施加影响的重复性事件？

- 是加法型的还是减法型的？
- 是基于问题的还是基于角色的？
- 是自动的还是详尽的？
- 是容易想象还是难以想象？
- 会引发同情的自我对话还是惩罚性的自我对话？

通过有意识地考虑另一种想法，你能打破反事实想法的模式。你并不需要彻底消除与更不正常的反事实想法有关的所有负面情绪和想法。你可以有多层次的体验。你可以既失望又骄傲。你可以既对可能发生的事感到好奇，又对真实发生的事心怀感激。

正如任何基于对立的想法和感受的心理构建过程那样，无论你的想法是自动的还是详尽的，你都可以选择同时处在两种状态下。

2. 支持可以是任意一种颜色的

艾丽西亚（Alicia）又开始在会谈时打瞌睡了。如果你在接受心理治疗时打瞌睡，这可能不是我的问题，是你的问题。我和艾丽西亚谈过她的情况，她坦率地告诉我她身体非常疲惫。她刚生了第三个孩子，而且过去一个月里她返回了工作岗位，一直在工作。

当时，她几乎只说 5 个词以内的句子："这里没有婴儿。没有人需要我。你有茶。"她闭上眼睛，把头靠在身后的靠背上："我喜欢这个沙发。我想要这个沙发。"我笑了，但她没有笑。她任由脑袋斜靠在后面，闭上了眼睛，然后，我注意到了她的手。她的手就放在身体两侧，静静地摊开。这让我很想给她盖上一条毯子。

在会谈还剩 20 分钟时，我说："听起来你真的需要好好休息一下。我把窗帘拉上，去等候室待着，30分钟后再回来，让你好好休息一下，你看怎么样？我每两个会谈之间隔15分钟，你在这儿休息的时候，我可以在外面写笔记，这样你就可以多休息一会儿了。我会确保没有人进来的。"

艾丽西亚脸上的表情难以形容。

"什么？好、好。"她说。我站起来，拉上窗帘，当我转过身时，她已经躺下，闭上了眼睛。一时间，我心里纠结要不要小声请她把鞋从我的沙发上移开，但我深吸了一口气，由她去了。我悄悄溜出去，30分钟后轻轻敲了一下我办公室的门。

在之后的那次会谈中，艾丽西亚催促我赶紧跟进她的情况："我很好。一切都好。非常感谢你。我可以睡一会儿吗？"接下来的两次会谈，艾丽西亚进门后，也是快速结束了问询环节，而且回答得更快了，然后便开始小睡。

尽管对于鼓励艾丽西亚利用接受心理治疗的时间来睡觉是否有效，在伦理上又是否合适，我心态十分复杂，但最终我认定，短期内，这是我能为她提供的最有力的支持。当然，我们也讨论过，除了在我办公室里睡，她在其他地方也得抽时间睡觉。然而，那个月，在那段她快要撑不下去的时间里，她返回了工作岗位，同时还要哺乳，还在流血，还得照顾另外两个孩子，而且不得不应对产后激素的剧烈波动——这个女人需要休息。

那些后来被我们亲切地称为"睡眠会谈"的时光，让我想起了我曾从事过的危机干预工作，那时候，大部分咨询会谈中，我和来访者都在确保住房状况、在"食品银行"⊖上注册、准备简历，等等。对心理健康的全面支持必然是动态的、多方位的，并且高度个性化。

⊖　接济穷人、发放食品的慈善组织。——译者注

处理你的想法和感受显然非常重要，同时，有时候最有助于心理健康的做法并不是你想象的那样。

我花了很多时间和别人进行职业探索会谈，帮刚经历分手之痛的人设置约会信息，检查申请书，家访，帮那些意外需要照顾年迈家庭成员的人收拾突然变得乱七八糟的房间。每个人的生活中都会发生很多事情，每一个人都是如此。接受心理治疗确实是一种获取心理健康方面支持的方式，但不是唯一的方式。

关注自己的心理健康，就像吃饭一样——你每天都得做这件事。正如你不可能只在周日吃一顿大餐，就期望它能满足你未来一周的食欲，你也不可能指望每周只去做一次心理治疗，这45分钟的会谈就能满足你对心理健康的需求。

以下6种方法能给你和其他人的心理健康提供更有弹性的支持。

具体的支持　当你处于抑郁状态时，你会感觉做任何事都很难。回复短信很难。入睡很难。醒来也很难。能刷牙就算一次胜利，而洗脸，那简直太值得炫耀了。

在深陷低谷，感觉做任何事都很艰难的那些时刻，我们往往会避免与他人联系，因为我们会想："他们对我说些什么，能让我心里舒服一些呢？什么都不行。"也许，这一刻就是这样的，没有人能告诉你，无论发生什么（或者无论不会发生什么），一切都不会变，你的感受也不会被改变。但是，人们给不了你情感上的支持，不代表他们不能过来打扫你的厨房。

具体的支持指实际的帮助。比如每周找两个晚上过来遛狗；每周四送来健康的晚餐；每周六的同一时间段（3小时）帮忙照看孩子；找一个水管工，安排他过来处理楼上浴室的漏水问题。这些都是别人可以为你提供的具体支持。

别人是想帮你的，所以，当有人说"如果有什么我可以做的，请告诉我"时，就告诉他吧。具体的支持，特别是连续且有计划的帮助，对你的心理健康帮助很大。

当你成为一个共同体的一员后，具体的支持自然而然就会出现，但在我们复杂的现代社会中，共同体就像难以获得的奢侈品。

如果在你现在的生活中，并没有一群会主动接近你，问你是否需要帮助的人，也并不意味着你是孤单的。主动寻求支持可能不是那么好受，但或许一生中大把时间都孤立无援、深陷困境的感觉更不舒服？

你可以依靠他人的慷慨帮助，也可以为获得支持而支付报酬。尽可能多投入金钱来获取稳定的具体支持。比如雇人每周上门清洁房屋，看看附近的孩子是否愿意帮忙照顾宠物，或者把衣服送去洗衣店，让工作人员洗好、叠好。

并不是所有事都时刻与感受相连。有时，我甚至不会想起自己的感受，更别说感受我的感受了。这种时候，一顿健康的晚饭和干净的床单会起到很大的作用。

情感支持　接受谈话疗法的治疗，使用治疗类应用程序，与信任的朋友坦诚交谈，拨打热线电话……情感支持包括任何使你能安全表达感受，并收获认可、正向鼓励和（理想情况下）明智观点的渠道。如果你认为接受治疗花费太高，或你太忙了，没有时间接受治疗，要记住，助人领域的专业人士很乐意帮助他人。大多数治疗师都采用滑动收费标准，工作时间也很灵活。你完全可以询问你想找的治疗师是否采用滑动收费标准，或者知不知道有哪些优秀治疗师或治疗中心采用此标准。

身体支持　我想告诉你的是，我的治疗师曾告诉过我："运动会改变你的神经系统。"我追问道："什么样的运动？比如太极吗？我不确定你具体推荐的是什么。"她回答："任何运动。"你知道吗，最好的治疗师总是这样说出这4个字，然后不再出声，让你觉得他们在不到 5 秒钟的时间里揭示了生活所有秘密的关键。

事实上，就连简单的伸展运动也会使身体释放内啡肽，更别说走路这种神奇的"药物"了⊖。[16] 身体工作（body work）、呼吸工作（breath work）、散步俱乐部、运动社团、瑜伽、骑行——普通的身体活动对你的心理健康就很有帮助。还有一些经过专门设计的身体活动，有助于你的心理健康，比如内夫博士的"支持性触碰"技术。

正如内夫所解释的："当你心情不好时，有一个照料和安慰自己的好方法，那就是给自己一些支持性触碰。触碰能够激活关怀系统和副交感神经系统，帮助我们冷静下来，使我们感到安全。起初，这么做可能会有点儿傻气或尴尬，但你的身体并不知道这一点……我们的皮肤是非常敏感的器官。研究表明，身体触碰有助于释放催产素，给我们安全感，缓解我们痛苦的情绪，并减轻心血管应激的程度。为什么不试试呢？"[17]

内夫的网站上发布了好几种支持性触碰技巧，让我们来看看其中两种。

手贴近心脏的技巧：将手掌放在胸前（如果可以，直接接触皮肤，不要隔着衣物）。深呼吸。继续深呼吸。如果可能的话，感受自己的心跳。

手贴近手臂的技巧：将手放在另一只手臂上肩膀和肘部之间的位置。用手来回轻抚，给予自己一些身体上的抚慰。

财务支持 出于种种原因，这个话题很微妙。有时，为了渡

⊖ 如果你有生理障碍，无法行走，或者是目前行动受限，要知道，任何能使你心率加快的活动都有益于你的心理健康。美国国家健康、身体活动和残疾中心（NCHPAD）制作了一系列居家锻炼视频，这套视频既适用于儿童，又适用于成年人，收录了适应各种能力水平的锻炼方式，不仅有助于你的健康，还能令你愉悦。

过危机，回到稳定状态，我们需要钱。如果羞耻感是阻碍你寻求帮助的护城河，那么在寻求财务上的帮助时，这个护城河更会急剧拓宽。

从另一个角度看，以提供金钱作为支持他人的手段，会让我们觉得自己是在图省事。我们可能会认为自己没有提供"真正的帮助"，甚至可能会助长功能失调性的行为，把情况变得更糟。

如果你不断给予某人财务上的援助，而他的表现始终表明，这些钱使他更容易陷入困境了，那么这时财务援助并不是一种支持。每个人的情况都不一样，但是在生活中，总有一些时候，向别人寻求并允许自己接受财务支持是我们所能做的最健康、最坚强的事情之一。同样，我向你保证，给别人钱并不是在逃避"真正的帮助"，而是一种慷慨的做法，能快速为别人提供支持。

除了那些基本的需求，我们都需要偶尔买件新衣服，用一个色彩斑斓的花盆点亮我们的家，或者和朋友出去玩一晚。这些是最低限度的必需品吗？不是。我这是在建议大家通过增加消费来提升心理健康吗？也不是。

我想说的是，那些能给拥有经济特权的人带来喘息空间的"小额额外开销"，其实所有人都需要。有的小额额外开销非常重要。

财务压力和心理健康密不可分。如今"正常化"这个说法很招人烦，但让我们通过向他人寻求和提供金钱（当然要有限制）来给自己和他人心理支持，实现"正常化"吧，这个方法还是很不错的。我们不仅可以为了满足基本生存需要，如支付汽车账单和购买卫生棉条而这么做，还可以借此来获取"个人发展的必需品"。

教科书上没写这些，但事实上，某些时候（比如，你的整个生活都崩溃了），美甲和修脚的效果可能远远超过传统的支持措施。

有一种方法能让他人更愿意在金钱上支持我们，那就是具体说明这笔钱能如何帮我们管理自己的压力。记住，你有权询问他人，他人也有权拒绝。

团体支持　归属感是心理健康的基本特征。我们需要团体。毋庸置疑。团体并不需要多么高端，不需要正式的名称，也不需要公开的使命宣言或其他类似的东西。

团体始于一个人和一个建立联系的邀请。团体可以是任何空间，在这个空间里，你能够经常以对你有意义的方式给予和接受。它可以是一个 3 人群聊，你参与编写的某机构的简报，狗狗公园的常客们，或一个促使大家相互联系的社交平台页面。

教会和新妈妈俱乐部这样更正式的团体有什么优势吗？当然。不过，参与高度灵活、态度模糊、匿名或其他非传统团体也有好处。存在多种选择并不意味着你必须在它们之间做出选择——参与你想参与的群体就好。

团体会为你打开整个世界——即使一年里你"只"与一个人建立了真正的联系，这也是一件大事！那个人属于另一个团体，而那个团体充满新的人、新的信息、新的可供探索的空间，能为你推荐新的关于美食和改变人生的书，向你展现对特定情况的新看法。但最重要的还是联结。参与团体支持行动，相互依赖，是维护心理健康的最佳方式之一。

信息支持　信息支持可以包括与那些已经经历过你即将经历的事，或那些能为你提供有关特定情况的清晰信息的人建立联系。你也可以通过独立学习来获得信息支持，比如阅读某个主题的书籍或参加在线课程。如果你将人作为信息来源，其实你不怎么关注从这些人身上获取情感上的支持。下面举几个例子。

- 你正在考虑冻卵，并想了解其详细过程，所以你预约了一位生育专家面谈。你还请一个朋友把你介绍给她两个工作上的朋友，她们去年冻了卵。

- 你正在考虑离婚，便会见了一位离婚律师或调解员，向对方了解分居的各种选择及其影响。
- 你对从事教职感兴趣，所以你给你认识的人发了一封邮件，希望能与某个从业者取得联系。
- 你想拥有果敢自信表达的技巧，于是你买了一本教授相关技巧的练习手册。

如果你在接受治疗，你当然可以和你的治疗师讨论试管婴儿、离婚或转行从事教职，不过，你的治疗师对这些事情的具体过程可能并没有直接的了解，即使他们了解，他们所说的也只是一家之言。

如果你在与你的心理健康问题抗争，不要假定出现心理健康问题是因为你自己哪里有毛病，而要假定是你没有得到所需的支持所致。去接受治疗永远不可能满足你所有的需求。无论你做什么，只做某一件事都不可能满足你的所有需求。

记住，支持可以是任意一种颜色的。确认你需要什么样的支持，然后尽力把它用到点子上。

你并不总能得到你所需的支持，甚至或许只能得到一半，但这并不意味着你不应该尝试寻求支持。支持不是累加起来的，而是会相互增强。去获取你能得到的任何一点儿支持，并从那里开始向上搭建。

不要因为觉得自己现在本该已经解决好遇到的麻烦了，就抗拒寻求他人的支持。你可能非常擅长做某件事，在这方面表现得很出色，也十分热衷于此事，知道自己应该做什么，然而即便如此，这件事上也可能有会难住你的地方。

人一生中都离不开支持和联结，就算生活顺顺利利，就算我们已经知道该怎么做了，也是这样。在你本身便已表现出色的时候寻求支持，有助于你持续进步。先将进步和成长放到一边，实际上，寻求支持并不需要什么理由，就像坐着时轻轻拿脚点地，也并不需要什么理由。

有人说，灵活性是心理健康的基石，可见，我们多该在寻求和提供心理健康方面的支持时，适当展现一下灵活性。

3. 维持就是胜利

大多数人的做法背后都存在一种不健康的假设：改变是一个一步到位的过程，只要停止做某事或开始做某事，就能做出改变。例如，如果你想定期锻炼，你只要这么做就行。如果你想戒烟，你去戒就完了。

将改变简化为一个一步到位的过程，使它成了一件看起来很容易做成的事，这在短期内对我们是有帮助的（设想未来的成功会激励我们去尝试），但从长期看，我们的成长会受到阻碍（我们难以理解，为什么做这些看起来轻而易举的事会如此困难）。

20 世纪 70 年代，詹姆斯·普罗查斯卡（James Prochaska）博士和卡洛·迪克莱门特（Carlo DiClemente）博士在研究了为什么一些人能成功戒烟而另一些人很难做到后，构建了行为改变的五阶段模型。[18] 养成新习惯和戒掉旧习惯是改变的第四个阶段，而不是唯一的阶段⊖。[19]

⊖　后来，该模型又增加了第六个阶段——"终止期"。在这个阶段，人再也不想做出任何消极行为，也不再需要为保持改变后的样子而付出任何努力。这个阶段引起了一些争议，特别是在成瘾治疗模型中，因此有时会被忽略。

普罗查斯卡和迪克莱门特的五阶段模型揭示了心理健康领域曾藏得最深的秘密之一：哪怕仅仅是思考你想做出什么改变，而不采取任何行动，也是改变的一个阶段。[20]

"仅仅是思考你想做出什么改变，就是改变过程中的一个正当且重要的阶段"，事后看来，这个观点是如此明智，这个道理又是如此显而易见（在着手改变之前，你当然得考虑你想改变什么，以及如何改变）。然而，当我们尝试评估自己的进展时，许多人会觉得：

"我所做的一切就只是考虑和谈论我要改变 X 而已，我从未付诸实际行动。"

你应该也意识到了，这种想法可不是在欢迎自我关怀式回应在你的思维里扎根。

对于任何一个自责自己怎么还没有开始改变最想改变之事的人（尤其是拖延型完美主义者）而言，这个观点都能带来启发：你不仅已经迈出了第一步，而且很可能即将步入第三阶段。

下面简要介绍一下普罗查斯卡和迪克莱门特关于改变的五阶段模型。

（1）无意向期：你没想过要做出什么改变。你只是生活着，并积累了一些经验。

（2）意向期：你积累的那些经验开始使你产生某些想法和感受。有些事物对你十分有益，其他事物则不然。你开始思考自己想不想改变，想如何改变，何时改变，为什么你想改变，等等。

（3）准备期：在这个阶段，你已经决定做出改变，并准备付诸行动。你可能会向周围的人了解他人是如何成功实现类似的改变的。也许，你会开始买相关的图书，或者参加研讨会。你会买一些能促使你改变的物品（比如哑铃）。你还可能向他人宣告你要做出这样的改变。

（4）**行动期**：行动期的标志是行为上的改变。大多数人眼中的改变，指的正是这一阶段，因为这一阶段人们的表现最为显著。如果你成功进入了行动期，那么想必你已付出了大量的心力、时间、努力，你曾进行过多次反思，亦承担了极高的情绪风险。无论接下来会发生什么，你都应该为自己而骄傲。

（5）**维持期**：这是一个至关重要的阶段，却经常被忽视。下定决心做出改变可能需要花费很长的时间。下定决心之后，你就要为改变做准备。做好准备后，你必须付诸行动。当你真正开始做你说过要做的事时，你很可能会认为，艰难的时光已经结束，现在可以开启"巡航模式"了。讽刺的是，维持期恰恰最需要他人的支持。倒退本就是成长中的一环。你会倒退，而且当你倒退时，你需要周围有人支持你，提醒你倒退和失败并不是一码事。倒退之后，却得不到他人的支持，你恐怕会觉得重回正轨就像从零开始一样难（尽管事实并不是这样）。暂时改变很容易，维持改变才是真正的挑战。

除无意向期以外，在改变的每个阶段，我们都需要做很多事，投入大量的注意力、时间和精力。思考也包含其中。

有的想法与你想要的东西是矛盾的，在权衡这些想法与你的价值观和目标时，这些想法会给你带来不小的挑战。我们的身份、责任、角色和欲望都是流动的，需要不断校准（即思考）。这种校准需要耗费一定的时间。

我经常问来访者："当你听到有人说'做这些事需要时间'时，你会怎么想？"我得到的回答大多围绕着"改变并不是一个一蹴而就的过程"展开："我知道，罗马不是一天建成的。""改变不是在一夜之间发生的。"然后我会追问："是的，不过，'不是在一夜之间'这句话对你来说意味着什么？"

我想知道我的来访者是以天、周、月，还是以季节或年为单位来考虑事情的。对纽约市的完美主义者来说，"不是在一夜之间"往往指"下个工作日之前"，或者，如果他们这段时间恰好比较"宽宏大量"，也可以指"3个工作日内"。

如果你认同改变不会在一夜之间发生，你会默认以哪个时间单位为参照，来合理衡量你的进展？要知道，无论你设下了怎样的期限，如果过了这个期限，你还是没有走完上述的5个阶段，你会觉得自己失败了，即使你做得都对。

实际上，你可以把大把时间花在改变的任何一个阶段上。有意识地投入你所处阶段的时间有多长，并不是衡量低效与否的标准，为自己在特定阶段花费了多长时间而自责才是低效的。

假如一个人在第一个阶段花了8年时间，那么接下来的几个月里，他可能会为这样一个无益的想法而困扰："我无法相信我居然花了8年的时间才意识到我并不喜欢自己的工作。"我们都希望自己能快点儿觉醒。

作为一个完美主义者，也许你时常遇到这样一个问题，它会以不同的形式反复出现："我做得足够多吗？"除了将这个问题视为警铃，用它来提醒自己你的价值与你的成就并不挂钩之外，请你试着记住，你的价值并不总与你能实现的新目标有关，它也涉及你实现过的旧目标，也就是你能将过去的成就维持多久——你与他人的良好关系、你擅长的工作领域，以及你坚持的健康生活方式。

无论成功对你来说意味着什么，获得成功和维持成功是完全不同的两码事。我会用自己的一句座右铭来回答"我做得足够多吗"这个问题，这句话正源于变化的五阶段模型："维持就是一种胜利。"

4. 关注"不同"，而不是"好坏"

　　每年夏天，我们家都会去北卡罗来纳州海岸一个叫作卡罗来纳海滩的小海滩待上一段时间。大多数日子，女儿和我会在早晨手握冰咖啡和苹果汁的包装盒，一起沿沙滩上的木板路散步，直到木板太热，不能赤脚行走为止。那里有一家很早就会开门的冲浪店，我们喜欢进去逛逛。

　　每当我们走进店里，收银台后面的那个家伙——克林特（Clint）都会冲那只巨大的海浪形状的蓝碗点点头。碗里装满了盐水太妃糖。"吃吧，要不把它放在那儿干吗？"他说。太妃糖多次融化，又恢复到室温，甚至没法完全将包装纸剥离。但我们还是会把糖吃了。

　　我们会在冲浪店前待上 10 分钟，摇晃里面安有光着膀子、穿着人字拖的圣诞老人的雪球，试戴棒球帽，总之就是随便玩玩。而克林特在冲浪店后面养了一些寄居蟹。

　　显然，寄居蟹是需要精细照顾的生物。有些人误认为寄居蟹是很好养的宠物，克林特会从他们手中救下寄居蟹。他还会用木头给寄居蟹制作小家具（比如迷你沙发、小脚凳）。

　　在其中一个鱼缸的玻璃上，有一个写着"寄居蟹地产公司"的标牌，用的是手写体，试图写得优雅美观。克林特每次都会开同样的玩笑，比如，寄居蟹的住房市场不景气，但他不知道为什么会这样。他会为自己的玩笑话畅快大笑，我认为这是一个很好的品质，卡罗来纳海滩上满是拥有优秀品质的人。

　　木板路旁有一个嘉年华会场——规模不大，但很不错。我们午餐的特色菜是新鲜捕捞的鱼，由我丈夫烤制、调味，口味恰到好处。晚上，沙滩上没什么人，它几乎独属于你。只有一轮明亮的月亮倒映在墨黑的水面上，动人的波涛声不断回荡。

整周，我们身上都散发着椰子味防晒霜、篝火的烟雾和海水混合在一起的味道。世界上没有比北卡罗来纳州海岸更适合我度过夏季假期的地方了，它是完美的。

为什么我要告诉你这一切？

因为卡罗来纳海滩并不是世界上最好的旅游目的地，但对我来说，它就是。

很多人可能会忙不迭地告诉你，卡罗来纳海滩永远无法与巴黎等城市相比，他们说得没错。但他们忽略了一点，那就是，巴黎也永远无法与卡罗来纳海滩相比。

我们往往会快速进行比较，我们的思维会自动将种种事物归入一流、二流、更好、更差等等级中。现在，不妨抛开判断"好坏"的思维模式，转而去识别"不同"。

巴黎并不比卡罗来纳海滩更好，它们只是不同而已。反过来，卡罗来纳海滩也并不比巴黎更好，它们只是不同而已。

拿自己与他人比较，是一种非适应性的能量浪费。作为一个人，你本身就是一个完整的世界，这个世界由许多属于你的城市共同构成。你活力充沛，不轻易拿自己与他人相比，因为每次这样做都会对你造成损害。你不可能适合与所有人相处，但这并不意味着你需要改变自己。

我们总是纠结于我们缺少的东西，不停地与他人比较，然后越发觉得自己微不足道：

"我没她聪明，所以我永远做不成她能做的事。我不如他们迷人，所以我永远不能追求他们。我上台后没法表现得像其他人那样风趣，所以我永远不能登上舞台。"

给自己设定上限，会限制你能做什么、不能做什么，你能成为什么样的人、不能成为什么样的人。这是一种控制策略。你试图控制自己的脆弱性，希望自己不要受到伤害。

让自己的世界保持狭小是一种保护机制，你内心启动这一机制的那个部分并不理解，当你与内在的价值相连时，你便拥有了内置的保护系统。没错，你会跌倒；没错，你会感受到跌倒的痛苦。但因为你知道自己的价值，你不会任由跌倒这件事给你下定义。

无论你是否被选择，无论他人是否认为你就是"最好的"，甚至无论你在别人眼中是不是"好人"，都是很主观的。纠结这些很傻，毫无意义。

重要的是，你要按照自己的价值观来生活。拿自己与他人比较毫无意义，这一方面是因为你不知道别人自己的世界中正在发生什么，另一方面是因为没有人的价值观念会与你完全相同。

发挥你的力量，相当于饱含关怀地告诉想让你的世界保持狭小的那部分自己：比跌倒更痛苦的是无法成为完整的自己。

无论你想做什么，去做吧。你的做法必然和别人不同，而这正是价值所在。巴黎永远无法成为卡罗来纳海滩，这并不可惜。巴黎就是巴黎。卡罗来纳海滩也永远无法成为巴黎，这同样不可惜。卡罗来纳海滩就是卡罗来纳海滩。唯一可惜的是一个城市试图变得更像另一个城市，这样一来，它就必须变得更不像自己。

5. 快乐的体验分为 3 个阶段，压力也是

我不知道你早晨习惯做些什么。你会喝咖啡或茶吗？会按下闹钟延迟键吗？和我一样不吃早餐吗？不过我可以肯定的是，在你清醒过来后的某个时刻，你会展开一种心理活动，即情感预测（affective forecasting）。

情感预测指你扮演预言家，预测你未来的情绪，这是我们每

天都会做的事。[21] 例如，周六早上，你可能会预测自己一整天都将轻松愉快地度过。而在要进行大型演讲的当天，你可能会预测演讲结束后你会如释重负。

关于情感预测，重要的是我们要知道它的内容超出你这一天的经历，涉及你对未来事件的感知。

比如说，两个月后你要去度假，你可能会预测自己会度过一个愉快的假期。即使此刻你坐在办公桌前，并没有遇到任何让你特别愉快的事，但对未来状态的情绪预测会在此刻引发你快乐的感觉。研究发现，基于对未来事件积极结果的预测而产生的快乐，被称为"预期愉快"（anticipatory pleasure），有时也被称为"预期快乐"（anticipatory joy）。[22]

相反，如果你预测，在未来的某个事件（如即将进行的演讲）中，你会体验到负面的情绪，那即使你尚未开启一个令人倍感压力的任务，你的预测本身也会即刻诱发你的压力。基于对未来压力的预测而产生的巨大压力，被称为"预期焦虑"（anticipatory anxiety）。[23]

预期愉快和预期焦虑都非常强大。研究显示，你对未来情感走向的预测会影响你的记忆、动机、社交焦虑、计划及相应的情绪状态，也会影响大脑中神经机制的运作方式。研究人员西尔维娅·贝莱扎（Silvia Bellezza）博士和马内尔·鲍塞尔斯（Manel Baucells）博士简洁地描述了预测的力量："预测是快乐和痛苦的重要来源。"[24]

经过对预测的力量的研究，贝莱扎和鲍塞尔斯指出，不只是预测，事件本身（度假、演讲等）和对事件的回想相互作用，与之共同构成了一段经历的"总效用"。换句话说，快乐的体验分为3个阶段：预测（anticipation）、事件（event）和回想（recall）——这就是贝莱扎和鲍塞尔斯的"AER 模型"。

我们往往认为快乐主要存在于事件本身，但是我们同样能从预测和回想（回忆）事件中获取很多快乐。

预测是影响整体健康的关键因素，因为我们花费在预测生活中的事件上的时间要比真正经历事件的时间长得多。

你会用 5 天来预测约会的情况，然而约会本身只持续 3 小时。你会用几个月来预测假期会过得怎么样，然而假期本身只有一周。电影、美食、一个吻、奖金、和朋友们一起玩、周六的早晨——如果你失去了怀着愉悦的心情预测这些事件的能力，你的生活质量会变得如何呢？

行为经济学家和著名心理学家丹尼尔·卡尼曼（Daniel Kahneman）博士在 2010 年的 TED 演讲"体验与记忆之谜"中向观众提出了一个问题："如果你关于假期的记忆会被抹去，你会计划过一个怎样的假期呢？"

自由回想令你快乐的那些事的能力，也是你整体健康的一个重要方面。我们可以制作一些有助于唤起回忆的小东西（如相框照片、摆在外面的纪念品），与他人谈论那些愉快的时刻，或私下回味过去的事——即便这些事不再发生，你仍然可以从中获得愉悦。

AER 模型同样适合用来解释压力体验。我们经常过度关注 AER 模型中的事件方面，而轻视另外两个方面的影响，以此给自己同意做不想做的事找理由。

例如，为了让自己同意与某个其实我们并不想见的人一起去喝杯咖啡，我们会这么跟自己说："就半个小时而已，坐半个小时我就走。"然而可不只是这样。在那半个小时的前一周，你就会陷入预期焦虑；那半个小时里，你会如坐针毡；之后，你一回想起那天的事就会不高兴，你坐下来时感到很烦躁，可以说立刻就怨气满腹，你不想待下去了，你难以置信她居然会说那种话，尽管她老是这么说，而这恰恰是你不喜欢和她一起出去玩的原因。

当我们同意参与我们本不想沾边的事情时，所谓"小酌一杯""打电话简单说两句""开个短会"，根本没有说的那么简单。

对消极事件的预测会产生显著的影响，正如作家和心理学家拉玛尼·德瓦苏拉（Ramani Durvasula）博士所指出的，"受伤的威胁和真正的受伤，这两者的体验往往是一致的"。[25]什么都没有发生，但你却感到痛苦不堪。

通过有目的的计划和回忆，你就可以利用 AER 模型延长积极事件给你带来的愉悦。通过提升意识和设定界限，你也可以利用 AER 模型来减少甚至完全避免感受消极事件带来的痛苦。

6. 一根羽毛可能重于泰山

时不时会有来访者（我自己也曾是这么一个来访者）冲进咨询室，宣布自己身上发生了重大的改变，说自己感觉轻松了很多，心态转变原来这么容易，他们不敢相信他们就这样突然超越了过去的自己，完全戒掉了糖分，再也不会"允许自己"陷入抑郁了，等等。每当这时，我会理一理我的裙子，然后深呼吸。

可持续成长的策略是通过精细而非攻击性的方式实现的。渐进主义——持续推进小幅度的改变，进而逐步累积，实现重大进展的观念，推崇的就是这样一种精细而不易察觉的成长方式。

精细的变化是有力量的。

它越是精细得让人无法察觉，它的力量就越强大。同这种有效的精细变化类似，有效的疗愈也总是无声无息。疗愈往往并不轰轰烈烈，反而常悄然发生于细微之处。回头看，你会注意到那些进步的信号。但在实际过程中，疗愈的进展似乎太慢了，很难让我们认同这的确是一种成长。

疗愈是一系列微小的改进，它源自日复一日做出的一个个看似微不足道的选择。疗愈发生的时候，除了你自己之外，往往无人得见。在这些仿佛"无事发生"，也没有人会注意到的时刻，"魔法"起效了。

疗愈是在心里默默坦诚——"我感到孤独，我准备好了，我害怕"。疗愈是不再攥着手机入睡，而是放下它休息。疗愈是不想微笑时就允许自己不笑。疗愈是不再拒绝喝水，而是可以喝上半杯。疗愈是不再麻木地一连度过 3 天，而是能花 10 分钟感受自己的感受。疗愈是洗掉堆积在水槽里的碗碟。疗愈是看电影时让自己哭出来。疗愈是你以最真实的自己的名义所做的任何事。

疗愈需要付出大量的努力，但它并不要求你集中付出这么多的这些努力。动机、冲动控制、支持、脆弱性、自我关怀——这些东西不是一次性运送到你家门口草坪上的货物，送到了，你就能准备疗愈了。

持续进步，每次进步一点点，哪怕只进步一根羽毛的重量，而不是做到完美——这就是疗愈所需要的一切。对于疗愈，一根羽毛可能重于泰山。

渐进主义与当前正向健康领域渗透的激进趋势截然不同：激进的自爱、激进的宽恕、激进的自我照顾，激进的一切。激进的方法比较极端。虽然激进的疗愈方法对追求极致的完美主义者而言似乎很理想，但它们往往会产生相反的效果。

完美主义者往往期望激进疗愈立即帮他们达成"彻底的成果"，但激进疗愈的观念对他们来说有些危险。如果积极收获与投入并不相称（因为疗愈不是一个线性的过程），他们最终会觉得自己是一个彻头彻尾的失败者。

虽然激进的方法对许多人有帮助，但请记住，它们只代表无数疗愈方法中的其中一个。

任何激进的做法，听上去都大胆又性感——听起来就像那帮"酷人"会做的事。而渐进主义并不性感，它不刺激，也不时尚，没什么意思，无法激起人们的热烈讨论（"昨晚睡前我喝了半杯水"）——大部分时候，人们甚至很难注意到它。

渐进主义追求的是一点一点、一寸一寸，完全不起眼，缓慢但稳健的行动。渐进主义很难吸引人，但它非常有效。

有时候，疗愈是很乏味的，没有人告诉你这一点。在乏味中，我们会去寻找捷径，但我从未见过有人在现实生活中通过捷径成功实现疗愈。你见过吗？俗话说得好："行动就是捷径本身。"

7. 是挣扎还是挑战，区别在于联结

一个任务给我们带来的是挣扎还是挑战，不在于这个任务本身，而在于我们进行这个任务时获得了多少支持。如果我们不得不应对某件事，一筹莫展，但是感觉有人指引和理解我们，那这件事就是一个挑战。如果我们不得不应对某件事，一筹莫展，又感觉无人指引也无人理解，那做这件事就是一种挣扎。

挑战会令人充满活力，因为尽管我们做这件事并不容易，但我们和他人相连。联结能产生能量。挣扎则令人精疲力竭，因为我们处于孤立状态。孤立会耗尽能量。

孤立是很危险的。孤立与一个人待着不一样。后者可能是健康的，是智识、创造性、身体、精神或情感上的一种温养，能帮你恢复和获得能量。孤立则并不健康。

当你处于孤立状态时，无论你是否意识得到，你都是缺乏安全感的。对于这个说法，来访者往往会提出异议，他们大多会这样解释："不会啊，当我处于孤立状态的时候，我真的很有安全感。

当我独自一人时，没有人能伤害我。"

感觉"没那么危险"，并不等同于感到安全。

安全离不开联结。当你处于孤立状态时，你并不真正感到安全，你的每一个决定都是在防御的姿态下做出的。因此，你的决定（和你的生活）实际上反映了你的恐惧，而不是你真实、安全、完整、完美的自我。

让我们明确一点：挣扎的经历本身并不能产生美德。我一向对"那些杀不死你的，终将使你更强大"这个说法颇有微词。这句话说得不对。

那些杀不死你的东西可能会让你受伤，使你的记忆崩溃。它们可能会导致你成瘾。它们可能会让你产生自杀或自残的念头。它们可能会诱使你对孩子施加身体或情感上的虐待，因为面对你的挣扎给你带来的压倒性困境，你不知道该如何应对。

经历挣扎并不能保证你会拥有韧性。更准确的说法应该是，"那些杀不死你的，会迫使你在联结和孤立之间做出选择，而选择联结会使你更强大"（这句话也许不适合做口号，但说得很对）。

让你变得更强大的，不是发生在你身上的可怕的事，而是你为处理这些可怕的事而采取的能够增强韧性的技巧。那些杀不死你的，可能确实会让你更强大，但前提是你要感受自己的感受，处理自己的经历（即弄清楚这些经历对你而言意味着什么），并与你周围的保护性因素建立联系——主要是要获取联结的力量。

支持不仅包括信息的共享和实际的援助，还是一种联结中的交流。

我两手交握，脚趾交叠，一切都交缠着默默许愿——希望心理学领域继续研究我们是如何作为相互依存的共同体繁荣发展的，别再专注于被视为病态的独立个体承受的痛苦这类话题了。在这次"向阳"的集体转向中，心理学领域将不再询问"你有什么问题"，而是问"我们如何更好地与彼此建立联结"。这样问是因为，挣扎不必然使人们产生抗逆力，但事实证明联结可以。

奥普拉·温弗瑞（Oprah Winfrey）[⊖]和精神科医生布鲁斯·D. 佩里（Bruce D. Perry）博士合著的书《你经历了什么？：关于创伤、疗愈和复原力的对话》（*What Happened to You?: Conversations on Trauma, Resilience, and Healing*）内容丰富，鼓舞人心，令人惊叹。在书中，他们指出：联结，而非苦难，是培养抗逆力的关键。联结具有佩里博士所说的那种"缓冲能力"，可以缓解创伤和压力。

佩里最重要的发现之一是，比起你遭遇的逆境，你的"人际健康"对你心理健康的预测能力更强。佩里是这样定义人际健康的："本质上说，就是与家庭、社区和文化之间的联结程度——联结的性质、质量和数量。"[26]

佩里的意思是，决定你能否感到快乐、实现成长的，不是不堪的过去给你带来了多少痛苦，而是你在生命中建立起的联结的质量。

最终决定你心理健康状况的正是联结。当你断开与他人的联结后，你无法获得疗愈或成长，只会变得麻木，饱受煎熬。你并不必然能与他人建立联结，不如说，联结是你做出的选择。

在你的整个人生中，你总会遇到一些挑战，其中既有意外的挑战，又有你主动选择的挑战。作为一个以幸福为导向的完美主义者，除了主动迎战，你不可能选择其他做法。虽然挑战不可避免（而且很受欢迎），但你不是非得受苦。

另一个说法也让我颇为不满："命运不会给我们超出我们承受范围的东西。"如果这句陈词滥调也不对呢？在这里，命运、生活、宇宙、智慧的设计……你想怎么称呼它都可以，这并不重要。

⊖　美国著名电视节目主持人。——译者注

也许生活真的会给我们超出承受范围的困难，我们别无选择，只能向彼此伸出援手，建立联结。否则，我们可能只会在心情舒适的时候或感到快乐的瞬间与彼此建立联结。或许真实情况是，命运给我们的困难，不会超出我们能一起承受的范围。

8. 简单之事并不容易

人类有一种特殊的才能——将简单的事情复杂化。我们总是把简简单单的事搞得声势浩大，这正是我们的特点。比如，倾听是一种十分简单的行为。"listen"（倾听）这个词包含的字母和"silent"（沉默，即停止说话）完全相同，只是顺序不一样。但很多人做不到。

不饿的时候就别吃东西，这看上去很简单，对吧？你 10 个好友中得有 15 个都认为，当前任深夜或醉酒时随随便便发来一些惹人生气的短信时，不予理会非常容易做到。挑一部要看的电视剧也很简单，我们不可能把看电视这种休闲娱乐变成一件会给我们带来压力的事，对吧？哦，不好意思，我们真的会这样。

我们都知道怎么做会过得更好，这本身并不是一个谜：早点儿上床睡觉，每天吃 5 份水果和蔬菜，多和好人而不是糟糕的人相处，多爬爬楼梯。哪怕我们"只是"定期做一些简单的事，我们的生活也可能发生戏剧性的改变，这一点我们心里很清楚。然而，我们依旧不会这么做。

做正确的事是如此简单，却又如此困难，很多人应该都有过这样的经历。无论你正在努力做什么简单的事，却不知道该怎么做，都没有关系。每个人手上都有一堆做不来的简单的事。简单的事并不容易。

完美主义者往往定睛于那些难以实现的雄心壮志，不过同时，我们也都在努力实现一些非常简单的目标。简单的事并不总是那么容易干，如果你忘了甚至从未认识到这一点，你就无法理解为什么你会遇到困难。你希望能毫不费力地做好简单的事。

若你将简单与容易混为一谈，当你需要完成简单的任务时，你就无法用耐心或自我关怀为自己搭建起一条跑道，让自己起飞。这里所说的简单任务包括在你意识到该睡觉时关掉电视，不大声喊叫，深呼吸，和孩子一起玩的时候放下手机，还有我个人一直想做到的——喝水。

没有耐心或自我关怀，面对简单任务中困难的一面，你会用自我惩罚来应对："为什么我会这样？！难以置信，我居然做不到这么简单的事。我真是烂透了。我到底怎么了啊？"

由于你深陷自我惩罚的状态，你的"思考－行动范围"会变窄，消极情绪会增长。

由于你对现状很不满意，你会陷入功能失调性的反事实想法，纠结于那些本可以发生的事。

由于本可以发生的事更加诱人，你开始觉得自己是个失败者。

由于你觉得自己就是个失败者，你认为自己有理由去破坏之前你敞开心扉接纳的一切好事，在你看来，在你垃圾、失败、糟糕透顶的生活中，不可能有好事发生。

然而，这一切只存在于你的脑海中。

与此同时，如果你认为简单的事做起来就应该很容易，那么当你完成对你来说容易做的简单的事之后，你不会为此给予自己任何赞赏。而认可"简单之事并不容易"的观点，不仅能使你更加关怀自己，还能帮你看到你的优点。

我有一个好朋友，非常擅长哄幼儿吃健康的食物。很长一段时间里，她都没意识到她的这项技能有多么宝贵，因为这事对她而言简单又容易——调动孩子的感官和想象力，而不是逻辑思维，确保他们坐下来吃饭时已经饿了，让他们帮忙做饭，并且保持愉快的氛围。

直到她的邻居纷纷请她帮忙哄孩子吃健康的食物，她才意识到："喔，原来这件对我来说简单又容易的事，其他人这么发愁啊。"

完美主义者往往专注于尝试消除自己的弱点，而代价是无法充分挖掘自己的天赋。他们认为："一旦我把所有的弱点都转变为优势，我就是完美的 / 就能为某件事做好准备 / 就会变成更好的人 / 就没有人能阻挡我 / 我就是有价值的。"

然而，只要你是人类，你总会有弱点，总会受到一定限制。幸福不在于弄清楚如何消除自己的弱点，而是接受自己的弱点，好把精力用在最大程度地发挥自己的优势之上。

过去我们接受的训练是从病理和缺陷的视角看待心理健康："我出了什么问题，我该如何解决？"这种思维方式正逐渐退出舞台。30 年后，心理治疗的中心将是探索人们哪些方面状况很不错，以及为什么。不过，我们不必等到这个领域全面接受基于优势的理论模型后，再来考虑以下问题：

有哪些对你来说很容易做对、做好的事？

做对、做好这些事涉及哪些技能？

如果你将这些技能应用到生活的其他方面，会发生什么？

总会有那么一些事，你能做得很好。没有人能做到事事妥当，但更重要的是，也没有人一无是处。把注意力放在你的优势上吧。

"可这样要如何获得洞察力，提升自我意识呢？如果放弃消除弱点，我又怎么开发自己的潜力？"

想实现有益的自我提升，也得把边际效用递减法则考虑在内。

要了解自己的弱点，基本的洞察力已经足够。没必要深入探究究竟是什么细微的因素致使自己不擅长某件事，这么做也没有用。你又不是要写一本诗集来感叹你的弱点如何在一个湿漉漉的四月早晨诞生并且始终沉溺于冷草的气味。

在专注于最大程度地发挥你的优势的同时，可以通过设定界限和获取支持来管理你的弱点。

不过，如果你真的对某件自己不擅长的事充满热情，这并不意味着你有弱点，而只能说明你是一个初学者。当你试图在这件你热衷的事情上取得进步的时候，你的精力不会大量流失，因为这件事在拉着你前行，你并不是被推着走的。两者并不一样。

精进已有的优势。充分利用你的天赋才是激发你潜力的关键。忽视自己的天赋，集中火力消除自己的弱点，会使潜力的发展陷入停滞。

那些你做起来简单且毫不费力的事，就是你的天赋所在。我们往往会低估自身天赋的价值，因为我们轻易就拥有了它。每与来访者初次见面，我都会默默问自己一个问题："这个人擅长什么？他做什么事做得特别轻松，好像天生就会，所以他们甚至意识不到这是一种天赋？"我从未遇到过一个没有任何天赋的人。

有些简单的事，你做起来很困难，但你完全可以选择为此而对自己怀有同情之心。有些简单的事，你做起来很轻松，你也完全可以选择承认你的天赋就蕴于其中。

9. 精力管理比时间管理更重要

几年前我在《哈佛商业评论》（*Harvard Business Review*）上读到了一篇改变了我生活的文章，题为《管理你的精力，而非时间》，作者是凯瑟琳·麦卡锡（Catherine McCarthy）和托尼·施瓦茨（Tony Schwartz）。这篇文章讨论的是，我们往往将时间管理视为完成任务最关键的要点，却忽视了自己的健康和幸福，因此总会耗尽精力。麦卡锡和施瓦茨指出，个人发展的关键不是管理时间，而是管理精力。

我们最常抱怨的就是时间不够，都说自己需要更多的时间。如果我们有更多的时间，我们就可以多见见朋友和家人，定期锻炼身体，计划去哪儿旅行，写书，准备健康的饭菜，补觉，换工作，或者开始约会。

将特定的一段时间视为驱动决策的主要因素，是工业革命时期人们集体心态的回响。可是，请问，你是准备拉动蒸汽机上的操纵杆吗？不是。你身上围着黯淡的帆布色围裙吗？没有。你下周五晚上要吃羊肉、喝稀粥吗？不是。工业革命已经结束了。

你迫切需要的不是 15 分钟的空闲时间，毕竟昨晚你花了一小时看垃圾电视节目，又默默"刷"了一阵社交媒体平台，到处浏览信息。你迫切需要的不是做某件事的时间，而是精力。

正如经济学家塞德希尔·穆拉纳森（Sendhil Mullainathan）在与同为经济学家的同事凯蒂·米尔科曼（Katy Milkman）对谈时所讲的："那些觉得自己'时间不够'的人以为他们在做时间管理，然而实际上，他们管理的是'带宽'（bandwidth）。带宽的运作规则与时间不同。"[27]

穆拉纳森指出，不同的活动对心理投入程度的要求不同："带宽不像时间安排那样，可以随意变换。"因此，你需要像布置墙上的艺术品一样来规划你的时间。你得问自己："从理念上看，这幅作品和旁边那幅真的相配吗？"而不是"我能把它硬塞进去吗"。[28]

有多少次，我们原本有时间做某件事，但一想到要开始这个任务，我们就提不起劲，觉得自己就是办不到？你办不到是因为你的精力耗尽了，而不是因为你没时间。

当然，有时我们确实是没时间，但正如著名企业家塞斯·高汀（Seth Godin）所说："如果这不是每个与你处境相同的人共同的理由，那么它就是一个借口。"

心理学家早就知道，拖延不是时间管理上的问题，而是情绪调节上的问题。不关注精力管理，我们度过的每一天里就都没有任何边界，也不会有用于恢复的时段。晚上回家时，我们脑子里将是一团乱麻，一团团未处理的情绪和一个个小小的心理问题纠结在一起，根本无从解决。

我们会发现，自己能做的最多也就是期待获得一点儿"自己的时间"，这与麻木和逃避惊人地相似（因为这就是麻木和逃避）。麻木和逃避不会给任何人带来成就感，对完美主义者来说尤其如此。所以，简单来说，这很成问题。

完美主义者钟情于高效。即便我们发誓不再关心或强调高效，我们也依然如故。高效就是我们为今天的成败盖棺定论时依据的主要标尺。

我们如何改变这一点？我们不会改变。

"效率"很快（而且很不公平地）成了人们论及整体健康时最不受待见的一个词。讽刺的是，贬低效率也是在浪费时间和精力。做一个高效的人并没有错。如果你所做的事符合你的价值观，高效的感觉是很棒的。

当你为自己并不关心的目标而努力，或者做的事违背道德时，专注于高效只会让你陷入功能失调。若你以"时间"为横轴、以"任务完成情况"为纵轴，将这个坐标系视为你衡量自己效率的唯一指标，那么专注于高效也可能有问题。

任何能够维护、节省、恢复和提升你精力的活动都是高效的。高效的活动包括但不限于睡觉、听音乐、逛书店、洗澡、洗车、完成工作任务、同他人友好交谈、做饭、重新装饰房间、看电影、做美甲、打篮球、读书、散步和在淋浴时唱歌。

任何有助于你保持最佳状态的事都是高效的。有了高质量的精力，你就能充分发挥自己的能力，这是那个疲惫不堪的你无法匹敌的。在高质量精力的加持下奋战一小时，好过匆匆忙忙、满腹牢骚地做上 10 小时，边做边神游天外，结果还精疲力竭。马马虎虎地做事，哪怕花费两倍的时间，也不如一次就做好它。

保持高质量的精力，你就有耐力应对无止境的任务，从而充分发挥你的潜力。你很在意效率，这很好；而现在，你还会喜欢上以更灵活、动态的方式高效工作，而不是简单地将追求高效视为一场完成任务的竞赛。

你来到这个世上，不只是为了完成任务，然后离开。你不是一张产出柱状图。你是一个人。

你有深深的渴望、好奇心、才能、需求，当然也有需要完成的工作。你为这项工作而兴奋。你有很多可以给予和接受的东西。给予和接受就像呼吸一样，能够维持人的精力。

如果你只关注产出，不允许自己接受任何东西，你会耗尽自己的精力。这就好像只呼气，却说那叫呼吸。一个循环中有一半的环节都被你跳过了。很明显，你需要吸气。尤其是作为一个女性，你需要允许自己接受（这倒不是一句显而易见的废话，因为女性身上带有复杂的文化印记，但它很重要）。

做到了接受，你的任务就完成了一半。接受本身就是一件高效的事。

不要担心闲暇会令你迷失，害你无法回归工作状态。你是一个完美主义者，你内心的驱动力会迫使你不断追求卓越，所以你会情不自禁地再次开始工作。

建议你欣然接受这一事实：那些起初给完美主义者带来重重

困难的东西，之后会让他们感到"成为完美主义者真是棒极了"。
你天生就无法彻底放松下来，只做最低限度的事。这就好像你认
识的最善良的人正尝试变得刻薄又恶毒。不过他们做不到，他们
仍如过去一般体贴，对不对？

睡觉，创作艺术作品，工作，享受性爱，秋天在公园里散
步——任何能让你打起精神而不会伤害到你的事，都是高效的。
什么事能让你打起精神，而不会伤害到你？多做做这样的事，你
的生活会发生什么改变？

10. 了结只是一种幻想

"我只想要一个了结。"这话我已经听过很多次了。我总是用
同样的问题回答："对你来说，了结是什么样子的？"每个人的答
案都不同，但贯穿其中的是同一条线索：对了结的渴望最终不过
是一种幻想。

了结是一种幻想，你以为只要做个了结，你就可以用逻辑的
砖块将心中残留的混乱思绪尘封起来，那么一切好像就都说得通
了。了结是一种幻想，它仿佛能为所有痛苦找到合理的理由，让
所有苦难的存在都拥有正当的原因。了结是一种幻想，它使你觉
得自己可以选择将哪些情感与哪些记忆相连。了结是一种幻想，
就好像你可以将痛苦分门别类，按字母顺序排列，归置得井井有
条。了结是一种幻想，你幻想自己总能去除一段经历中那粗粝的
表面，揭示其令人欣慰的纯净而闪亮的内核。

了结还是这样一种幻想：你不会再被痛苦所伤害，你正式告
别了必须处理某些事情的阶段，就像你的治疗记录上已经盖上了
"康复"的红章一样。

当我们说自己想要一个了结的时候，实际上我们想要的是控制。可以理解，我们希望按自己的方式处理过去、人际关系、创伤、记忆，以及所有与之相关的情感。再深想一层，当我们说自己想要一个了结的时候，实际上我们表达的是"我们现在很悲伤"。

"悲伤"和"丧失"往往可以互换使用，不过悲伤并不仅仅与人的肉体死亡有关。每当你不得不对你尚未准备好放手的东西放手时，你都会感到悲伤。

想要了结是认知完美主义的一种表现。分析悲伤的一种方法是，试着把悲伤的理由列成一张完整的清单。但其实你无法用分析方法解释悲伤。你无法彻底理解悲伤。

在我开始执业之前，我相信每件事的发生都有原因。但如今我不再相信了。有时候，对于"为什么"，不仅没有完美的答案，甚至没有任何答案。

执着于寻求了结，是我们拖延和应对失去的一种方式。另一种应对失去的方式是撑过那个试图控制痛苦的阶段，从而进入发掘自身力量的阶段。

悲伤中蕴含的力量允许对立的状态并存。作为人，我们的欲望和经验常常自相矛盾。我们渴望自由，也渴望安全；渴望放纵，也渴望节制；渴望拥有自发性，也渴望遵循惯例。我们希望每个人都受到平等的对待，但同时也渴望获得地位。我们想与身边的人建立深刻的联结，也希望大家能让我们一个人待着，安静地看一会儿手机上的蠢东西。

我们与人交往的经历也可能会自相矛盾。父母可能既忽略我们，又爱我们。对于某个同事，我们可能既赞赏，又怀疑。结束一段关系时，我们可能既如释重负，又仍想念对方。这些经历并不冲突，应该说，它们构成了完整的经历。

我不喜欢"你的自由在恐惧的另一边"这样的话。没有什么

"另一边"。心理健康不是一扇可以打开然后走进去的门，也不是一段楼梯或一份清单——不是任何需要被完成的东西。

诸般经历在无界的空间中盘旋。当你用中点和终点来给疗愈的过程划分界限时，你就把疗愈变成了一场竞赛，变成了一件终将迎来终结的事。但疗愈不是这样的。空间是没有边界的。

渴望了结是因为我们想将整个经历简化为一个静态的切片，一个不会改变的故事，一个统领全篇的主题，一个贯穿全程的情绪。这是盘桓于我们共有的浅薄想法中的神话：疗愈意味着你将内心世界整理得井井有条，一切都变得清晰可解。

疗愈与找到解决方法没有太大关系，它更多地指的是能将自己的重心放在生活中那些尚未解决的东西上。是的，有时候，你可以将破碎的事物重新拼凑起来，组成比破碎之前更美丽的镶嵌画。如果你能做到这一点，我将由衷地为你感到高兴。你会感觉自己像生活在艺术中。

同时，并非所有事都有教育意义。

有些时刻极具破坏力，它们令人作呕、令人厌恶，而且极其可怕。正是这样。我们没必要把每一种不舒服的情绪都转化为某种闪闪发光、有用武之地的东西。

我们几乎快要接受这样的观念了：连续几个小时一直情绪不安，就意味着你不健康。这么一看，我们还没把哭泣视为一种障碍，还挺令人惊讶的。

一生中会发生那么多我们根本无法了结的事。不只是在那些极其痛苦的时刻，在日常生活中，让人们受伤也自有其重要之处。

除了外部事件，我们还会体验复杂的、不断变化的内在世界，这样的体验也很难有一个了结。内在世界里装有我们的身份、欲望、感知和激情，它们本该纠缠、扭转、翻腾着，做着谁也不知道怎么回事的事情，要持续多长时间，谁都说不准。

我们给自己施加了太大的压力，要求自己每时每刻都清楚地知道自己是谁，又想要些什么，但其实有些事模模糊糊的也未尝不可。那些认为自己有"很多问题"的人，通常只是在身为人类不断变化的体验中，没能立即将事情完美了结。

你认为自己有"问题"，是因为别人告诉你，悲伤只应在出现在生活中的特定场合。实际上，我们每个季节都会悲伤。沿着你潜力的方向进发，需要你不断放松自己紧握的手，不断地释怀。

我们每个人都总在为某些事而悲伤。

渴望完美的了结很正常，但很多时候往往无法了结，这也很正常。若你痴求了结，那是因为你受伤了。你认为，事情了了，它也会带走你受的伤害。然而，自我关怀才是治愈你的良药。允许自己受伤吧！

为你经受的困难，为你可能截然不同的经历留出空间，就要允许痛苦情绪存在，而不是试图把它们裁成心形或星星的形状。痛苦不应该是可爱的。

你的痛苦不需要变个样子，你得允许它依旧乱七八糟。应当允许那些令你难受的情绪像一块砖一样摆在那里。它们是你的感受，但不是你本身。

你可以在期望事情了结的同时选择力量。从对了结的渴望中生发的力量，会使你意识到你其实不需要让某件事结束，而是需要让某件事开始。你需要开始。

实现疗愈的人并不是那些知道怎么处理好所有事的"天选之子"，而是那些勇于开启新篇章的人。

你的好奇心知道你需要敞开自己，去吸纳哪些东西。好奇心是心理健康领域里的无名英雄。它很强大，能将你从任何困境中拯救出来。

当你无法使痛苦蜕变为美好的东西，只是痛苦不堪的时候，如果你记得艺术的目的不是美本身，而是唤起那些欣赏艺术的人内心的联结感，那么，你仍旧会感到自己"生活在艺术中"。

艺术要的是打动你。被艺术打动的感觉，就像静静站在原地，意识到自己的内心世界比遇到这件作品之前更有活力了。

艺术出现就是为了让人体验的。对艺术作品的任何描述都只是当下对它的简化。这正是它成为艺术的原因。悲伤也是如此。没有人能完全理解艺术或悲伤，因为它们都不会彻底结束。

艺术是一种无法结束的体验，我们就是喜欢它这一点。我们没办法准确说出是哪一个笔触、哪一个镜头、哪一小段旋律吸引了我们，可这一点恰恰令我们心折。不知为何，每次欣赏艺术作品，似乎都会有什么发生变化，尽管我们清楚，从物理上看，它并没有受到什么影响。

悲伤也是一种无法结束的体验，而我们痛恨这一点。我们无法准确说出是什么一直在诱使我们为它悲伤，这让我们十分不爽。每次审视悲伤，似乎都有什么会发生变化，可是我们却捕捉不到它变化的规律——有时，它是一段柔软的记忆；下一刻，它却成了一阵痛苦的抽搐。

正是无法结束这个特质，使艺术成为无价之宝。如果你认为接下来我会对你说"艺术和悲伤都是无价的体验，是生活的点缀"，那你可就想岔了。我不是那种心理治疗师，我们也没在进行心理治疗，这只是一本书。

我将艺术和悲伤联系在一起，是为了引出一条线索，为你打开接触新事物的入口，让无目的的探索成为可能。

探索的过程不以列出一张详尽的列表告终。思想和感受无须按行程表运作。你完全可以长时间攥着某样东西，观察它，翻个个儿，感受它，思考它，再翻个个儿，谈论它，把得出的结论写下来，然后抬头说："我没弄明白。"这个过程不结束，也是可以的。

我们会喜欢"好莱坞结局"的电影，部分原因就在于它们能够满足我们对完美结束的幻想，取悦了我们。正是这种由结束带来的即时的满足感，让那些令我们愉悦的电影令我们愉悦。这种满足感确实娱乐了我们，但只要看看去年奥斯卡最佳影片的提名名单就会发现，我们最重视的不是完美的结局，而是意义。我们喜欢娱乐，但是意义超越了娱乐，它是一种艺术，我们钟爱艺术。我们自己的生活经历也是如此。让我们满足的，不是完美的结局，而是意义的发掘。

一旦你在由你自己定义的联结和意义中找到自己的力量，并与这力量建立连接，你可能会惊讶地发现，你对结束并没有那么在意。或许你会变得完全不在乎结束，在你那里，对结束的渴望是肤浅的，靠看浪漫喜剧片就能完全满足。

无论其他人做或不做什么，无论发生或不发生什么，只有你有权决定下一步你要敞开自己去接受什么。

当人们与自己的力量充分联结时，就不会渴望让事情了结了。他们不需要在分手后"正式"和前任谈一次，把彼此间的龃龉说开；他们不再嫉妒那些过着自由生活的人；他们不再希望自己能停止想念已逝之人——他们已经放下了掌控过去的念头。当你明白了结只是一种幻想时，你自然会拥有你所需要的任何一种了结。

无论何时，请尽量记住：

反事实思维是一种认知反射。

支持可以是任意一种颜色的。

维持就是胜利。

关注"不同"，而不是"好坏"。

快乐的体验分为 3 个阶段，压力也是。

一根羽毛可能重于泰山。

是挣扎还是挑战，区别在于联结。

简单之事并不容易。

精力管理比时间管理更重要。

了结只是一种幻想。

第 8 章

帮你停止过度行动的新方法

8 个行为策略，帮每一种完美主义者
培养恢复性习惯，实现长期成长

我们怎么能指望人们放弃他们观察和理解世界的方式呢？他们正是借此在身体、认知或情感上维持自身的生存的。没有人能够在缺乏强大支持、没有替代策略的情况下舍弃自己的生存策略。

——布琳·布朗博士

我原本是期待与凯特（Kait）当面会谈的，但她给我打了个 FaceTime[⊖]电话："嗨！今天线上会谈可以吗？我真的特别忙。"凯特的脸好像被挤压并塞进了一个类似按摩椅面部支架的东西。"凯特，你在做按摩吗？"

凯特：嗯，我按免提了。[⊜]

⊖ 一个视频通话软件。——译者注
⊜ 作者以为凯特在做按摩（get a massage），但凯特将作者的问题听成了"听得到（get a message）吗"，所以回答"嗯，我按免提了"，闹了一个乌龙。——译者注

我：我没听明白你在说什么。

凯特：我在考虑你之前说的要优先进行恢复。我觉得这样效率更高。心理和身体的恢复一起推进。

我：我担心这不是最佳方案。

完美主义者不只是不擅长恢复，不如说，在这方面，他们做得一塌糊涂。对完美主义者来说，恢复是世界的第八大奇迹，一个迷人的悖论，与它有关的问题比答案多得多："我怎么才能知道自己是否需要恢复？我该如何进行恢复？我应该恢复到什么程度？什么时候就该着手恢复了？在恢复过程中，使用什么标准来评估我的恢复效果比较合适？恢复之后会发生什么？如果预期的事没有发生，接下来会发生什么？"

恢复给完美主义者带来了一系列特别的挑战。例如，在完美主义者看来，"无害"的休闲活动并不一定真的无害，就像风险可以藏在压力之中："好，午休时我要出去走走，这样回来后我就会放松很多。这么干最好有用。"我知道，作为一名咨询师，我这么说可能有点儿不客气，但是，事实是，你本不应该有那种感觉的。

完美主义者容易遇到恢复方面的困难，有两个原因。第一，在完美主义者看来，从一开始，只要需要恢复，就已然意味着失败。完美主义者会将疲劳的体验解读为是自己有什么地方做错了，需要纠正错误。

如果你想让一个完美主义者哑口无言，你可以对他说，美国疾病控制与预防中心建议人们每天花大约 1/3 的时间睡觉。对完美主义者而言，这仍然是一个令人震惊的事实：人竟然每天都需要充足的休息，才能正常生活——我们无法相信，也难以接受这一点。

第二，要恢复，就得减压。减压就是要减少压力，而不是堆积更多压力——这正是减压的含义。完美主义者不擅长减压，因为在压力下，他们才能高速成长。

你看电视时也没法放松的原因是，哪怕是看电视的时候，你也在暗自计算你在这项活动上花费的时间同你感觉自己恢复的程度之比。如果这个比例不够高，你就会觉得自己在浪费时间，自己效率太低，你会失落，比你开始"放松"之前更失落。

给所谓的休闲活动施加压力，它就不是休闲活动了。那么，如果要恢复就必须减压，可是你在压力下成长得更快的话，你该怎么进行恢复呢？

不妨将减压视为"被动放松"。减压的时候，你能得到宣泄、释放，清空自己。被动放松可以是看电视、"刷"社交媒体平台、小睡一会儿，等等。不过，若完美主义者不能把玩融入自己的生活，他们被动放松时就会躁动不安。

没错，就是玩。

玩是另一个难以定义，但是可以被描述的概念。在诸多对玩的描述中，我最喜欢游戏理论家布莱恩·萨顿－史密斯（Brian Sutton-Smith）博士的描述，他说，玩耍的对立面不是工作，而是抑郁。

如果你和我的大部分来访者一样，不怎么喜欢"玩"这个概念，那么我们不妨改用"主动放松"这个说法。

当你主动放松时，你会使自己充实起来，你在通过一种对你有意义的活动进行恢复。主动放松可以是划船、散步、烹饪、投身你的工作中你最喜欢的那部分、参加派对、绘画、跳舞、写作、整理播放列表、听讲座、搞园艺、打扮自己。

减压 = 被动放松 = 清空自己

玩耍 = 主动放松 = 充实自己

恢复 = 被动放松 + 主动放松

恢复这个过程分为两个阶段。你得先清空自己，再填满自己。这个过程并不是第一阶段结束，随后就进入第二阶段那么简单，但你不能跳过其中任何一个阶段。如果你不允许自己进行减压，在这个过程中清空自己，就没有空间容纳那些你想用来填满自己的东西——你的恢复过程也将宣告失败。

如果你只减压，最终你会变得懒懒散散，你会感到一种难以名状的不适，内心也十分空虚。如果你只是主动放松，最终你会觉得，你的确在努力进行恢复，但你的努力只会给你带来更大的压力。

对完美主义者来说，将减压和玩耍结合起来至关重要（其实对任何人来说都很重要，但其他人不像完美主义者那样容易在被动放松和失败之间画等号，所以对他们来说恢复并不是一件很复杂的事）。

各类完美主义者可能会进行的主动放松活动

激烈型完美主义者： 以健康的方式释放自己的攻击性，如参加体育运动或锻炼身体。

古典型完美主义者： 极其注重细节，如花一个小时布置书柜的其中一层。

巴黎型完美主义者： 做一些能让他们感觉同自己或他人紧密相连的事，比如制作爱心礼包[⊖]或边散步边沉思。

混乱型 + 拖延型完美主义者： 沉迷于那种可以一鼓作气做完的事，比如做一顿饭，或者一口气搞定写感谢信、填地址、将感谢信投进邮筒这三件事。

⊖ 装有食物、衣物或其他必需品的包裹，通常是给有需要的人准备的补给物资，也可能是给远离家乡的亲友的，用以表达对他们的关怀。——译者注

完美主义者抵触恢复，还有一个原因，那就是他们认为恢复仅仅是让身体得到休息（即睡觉或"无所事事"）的意思。完美主义者不喜欢"无所事事"。不管健康领域相关人士怎么说，他们都不打算知道如何通过享受无所事事的时光来保持健康。

如果对你来说无所事事很无聊，那也没关系。就像除了情感支持外还有其他形式的支持一样，除了让身体得到休息以外，还有其他形式的休息。

举个例子，有很长一段时间，我一直不明白自己为什么那么喜欢看俗气的动作电影。我是一个无可救药的浪漫主义者。而且，喜欢那些充满兄弟情谊和兄弟会氛围的没有艺术品位的动作电影，也不符我对故事丰富性的偏好。情节的细微之处，细微之处背后的故事，不知不觉中注意到的细节，故事讲述过程所体现的每一个特质——我都喜欢，都想看到。我可以听一整天故事。我意识到："哎呀，我已经整天都在听故事了。尽管我喜欢我的工作，但我还是得休息一下。"

动作电影将我从作为心理治疗师所投入的情感劳动中解放出来，使我可以得到情感上的休息。为了清空自己，给自己解压，我不需要再听更多故事了，我只需要看无生命的物体爆炸，不与任何人说话。来吧，让单薄的角色上演他们的经历。有没有对话都行。看一个半小时爆炸和车辆追逐的情节对我来说就像做水疗一样。

我们需要各种各样的休息，我们恢复的原因也多种多样，不仅仅是身体疲劳。不同类型的休息能帮我们恢复创造力、正直、同理心、清晰的思路、谦卑、灵性、动力、自信、幽默感，等等。

休息并不是什么坏事（古典型完美主义者，请你们先放一放你们嘴里常说的"从技术上讲"）。休息不是一个选择或偏好。就像水一样，休息是一种需要。

　　我们对心理疾病的分类模型使这样一个错误观念广为流传：
"健康"是一种可以赢得和展示的奖品，就像陈列在架子上的奖杯
一样。然而，健康不是空间中一个静止的坐标，你无法降落在这
个坐标上，在上面插上旗帜，从而征服它。持续有意识地生活（这
正是适应性完美主义者的生活方式）需要可持续的能量，拥有这种
能量就得不懈地追求健康。

　　恢复正是对有意识地生活的反复寻求。得不到恢复，你也能
取得进展，但是你很难坚持下去。若完美主义者认真进行恢复，
必会受益无穷。

　　**如果不同类型的完美主义者花时间进行恢复，他们会有怎样
的表现？**

　　得到恢复的巴黎型完美主义者会逐渐明白，他们所希望的并
不是每时每刻都能得到所有人的喜爱，而是可以敏锐地体会到联
结的力量。联结让我们感到被认可。

　　在流行心理学领域，需要他人的认可往往会被视为病态。事
实上，人类是需要被彼此看见、倾听和理解的。特别是，若你是
边缘群体的一员，或者你曾被孤立、被激烈否定过，那么，获得
认可会变得尤为重要。

　　需要认可并不是缺乏安全感的表现，而是联结的核心模式之
一。健康的人本来就需要认可。每个人都需要认可。需要认可再
正常不过，不正常的是将外部认可视作自我价值的主要来源。

　　没有得到恢复的巴黎型完美主义者会讨好他人，认为这是建
立联结的一条捷径。然而讨好他人并不能成为联结的桥梁，因为
这么做会切断你与自己的联结。讨好了他人，或许你能接触到对
方，但实际上你已经将真正的自我留在了桥的另一边。

　　"酷女孩"实际上是对那些压抑了自己愤怒情绪、愤怒表达

的女性的一种委婉说法，当你得到恢复以后，你会更容易意识到愤怒和沮丧的情绪其实也是健康的、自然的，隐含着有用的信息。你将更能接受冲突的存在。你会专注于那些你容易融入、能轻松与之建立联结的人、项目和社区，享受与之同行的时光。

健康的联结不需要你表现得多高尚，当你得到恢复后，你会明白这一点。需要你表演的联结，总有一天将不再能吸引你。

得到恢复之后，你仍然会寻求认可，不过方式是健康的：享受那些能体现你想成为怎样的人的经历。你也会努力用健康的方式来对他人表示认可。最重要的是，你能够给予自己认可。

在任何人给予你认同之前，你就已经具备归属感了。当你走进一扇门，但是不知道自己多有价值时，外部的认可会告诉你："你目前表现得还不错，可以在这里待一段时间。"而当你走进一扇门，并且知道自己有价值时，外部的认可实际上是在对你说："欢迎回家。"只要你不依赖外部的认可，就能走进这扇门，而且知道自己属于这里，那么享受这里热烈的欢迎又有什么错呢？

那时，你不会再努力劝自己不要在意别人的想法，你会认识到，在意别人的想法本身是一个美好的品质，你会把这个闪闪发光的品用在那些能回应你高质量联结的人、地方和项目上面。

你不会再为那些无法或不愿与你建立联结的人浪费精力。你不再追求成为一个受欢迎的人。你将专注于取悦自己。

得到恢复的混乱型完美主义者会明白，并不是他们太没有组织计划性，所以才坚持不下去的，也不是说他们要求事物发展的中间过程也完美无缺，就是在试图回避损失。

任何一个选择都会造成损失。你不能同时生活在所有城市，不能与所有人结婚，不能接受所有工作机会，不能让所有想法都成为现实。

接受选择背后的机会成本的确很痛苦。尚未恢复时，你会走"捷径"，假装自己可以避开这种痛苦，表现得好像你的活力能够消除事物的乏味，好像有了活力，不坚定地投身其中一件事情也可以似的。

得到恢复以后，你就有精力利用你的活力来争取你所需要的支持了。你将理解什么是界限，以及如何使界限发挥它的作用。你会好好盘点自己的价值观，决定要投身于什么事，又不投身于什么事。你明白，由于当前的损失会令你想起过去的损失，所以，对发挥潜力的追求，在情感上的分量比你一开始想象的要更重。

得到恢复以后，你就有能力对你放下的东西报以同情了。你不再假装自己可以同时身处 26 个地方，再过一段时间，你将不再假装自己可以同时身处 15 个地方，然后是 7 个，最终是两个。

只要你不再通过燃烧你内在的资源来抵抗损失，你就能将自身那充沛的能量重新引导到一条清晰的道路上。投身热爱的事物所能带来的全部好处，你都将收入囊中，其中最主要的就是看着你热爱的事物成形、扩展，并使你发生改变时，你能体会到的那种喜悦。

得到恢复的拖延型完美主义者会明白，他们渴望的并非完美地开始一件事，而是相信即使失败也没关系。与混乱型完美主义者一样，拖延型完美主义者也会有怅然若失的感觉，只不过这种感觉可能出现在过程的另一个阶段，出现的原因也会有所不同。

对拖延型完美主义者来说，丧失不是混乱型完美主义者眼中那令人痛惜的机会成本。对拖延型完美主义者而言，丧失是一种预期："如果我看重的事成不了会怎么样？我会成为什么样的人？我会拥有哪些东西？"

还没得到恢复时，你会走"捷径"——通过追求确定性的结果来抚平自己的恐惧。你会进入"稀缺模式"，并试图规避丧失感。

你会想："我得接受这份其实我并不想要的工作，这样至少我在 X 方面就有保障了。"

无论是应聘，还是求偶、备孕，甚至是重新装饰卧室或旅行等活动中会发生的较小的变化，在头脑中为其编织一个完美的愿景，可能都不是一件容易的事，因为将梦想引入现实世界似乎会让它陷入危险，就好比用棒球棒猛敲你喜爱的东西一样。

处于恢复的状态下，你会意识到，当你把梦想带进现实世界时，它并不会破灭，也不会因为看起来和你期望的不同就落空。你的愿景会发生变化，因为它在成长，而它之所以会成长，是因为你赋予了它生命。

得到恢复的拖延型完美主义者能学会采取行动，原因不是他们确信一切都会朝对自己有利的方向发展，而是他们明白做好准备和掌控局面是两回事。理解自己对周围的世界几乎或者的确没有控制权是一种解放，这会使你敞开心扉，融入自己的生活，而不是等到拥有更多控制权再去行动。

采取有意义的行动，并且无论接下来发生什么，都给予它充足的空间，让它自然而然地发生——这种做法具有变革性，特别是如果你原本并不习惯这样做的话。在不断努力实现自己愿望的同时，得到恢复的拖延型完美主义者会变得更像他们自己，感觉自己充满活力、激情洋溢，更能感知到生活中的美好。拖延型完美主义者仍须面对与过去一样的恐惧，但因为有了面对恐惧的能量，他们起码不会像原来那么胆怯。

得到恢复的古典型完美主义者会渐渐明白，他们并没有那么渴望实现完美的秩序，或者把所有事物都完美地整理好，不如说，他们是对功能和美感抱有敬意。隐藏在这份敬意之下的，是他们彻底摆脱功能失调的愿望。他们希望抹去这个世界上会威胁到美的一切事物。得到恢复以后，他们会对自己的完美主义有更深层次的理解，还会渴望使它更进一步。

尚未恢复时，你会走"捷径"，将任何看上去混乱不堪或功能失调的东西抽离出去，掩埋在你所打造的"完美结构"之下。

混乱并不等同于功能失调，后者是可以避免的，前者则不然。得到恢复后，你就会知道二者的区别何在。你会接受，甚至可能会欣然接纳"一定程度的混乱是正常且有益的"这一事实。

你会将自己从弥补外部世界功能失调的"责任"中解放出来，因为外部世界的功能失调是你无法控制的。这样一来，你就获得了面对内在世界的能量。你将允许自己体验悲伤等不愉快的感受，而在以前，你总是试图通过计划安排和优化改进的行动来掩盖这些感受。你会发现自己很有同情心。

你会关注内心那些需要你爱护的部分。你会为生活带来的混乱留出空间，也为自己内心的混乱留出空间。

你依然喜欢做计划，喜欢安排自己的事情，依然热衷于做好这些事——但你这么做是因为你愿意，而不是因为如果不这么做，你的一切都会崩塌。你的行动源自渴望之源，而不是绝望之渊。

从外部视角看，你的生活可能发生了一些变化，也可能没有；而反观内心，许多东西已经改变了。你不必努力去实现某种预先设计好的体验。你会让自己自由地接触你所想所感之物，让自己变得自由。

得到恢复的激烈型完美主义者会意识到，他们渴求的不是实现完美的结果，而是变得重要——对他人、对世界，对自己来说都重要。他们专注于成为一个人，而不是一种"附加价值"。

尚未得到恢复时，你会走"捷径"，通过实现目标来向世界、向孩子、向朋友、向工作证明，自己是一种"附加价值"："看看我做了什么。看我所做的一切。告诉我我很重要。"

不过，你会从你的字典中把"附加价值"这个表达去掉。

尚未恢复时，你取得的成就越多，你感受到的压力就越大，因为你担心自己的"附加价值"会消失。因为你无法快速取得足够的成就来填饱自己对外部认可那无法满足的渴求，所以，你会执着于效率，然而，这不仅反而可能使效率变低，还会让你孤立无援。

对取得成就的虚假需求变得分外迫切，你甚至会摒弃你真正的需求：与他人联结。你总是从未来的角度出发来安排自己的生活："完成 X 后，我就和孩子们联系。完成 X 后，我就开始约会。完成 X 后，我就开始关注自己的健康。"

得到恢复之后，你会变得足够强大，足以意识到此时此刻你本身就很重要，你生活在当下。在继续努力工作的同时，你会优先考虑有意义的联结——与他人联结当然重要，但与自己的联结更为重要。

你会允许自己寻求他人的支持。

你会让自己的心态更加灵活，因为若你能好好休息，你更能时常记起，你做事的方式并不是这世上唯一一种方式。你有足够的能量，能在自己尖叫、愤怒或充满攻击性的时刻，仍对自己抱有同情之心，因为你同情渴望被重视的那部分自己，同情不知道自己已经很重要的那部分自己。

在你得到恢复以后，你仍有可能会回到消极的模式中，但这种情况不常发生，而且一旦发生，你会比以往更快地察觉，也有能力迅速尝试进行有意义的修复。

使自己得到恢复，并不是说你从此就和犯错绝缘了。没有什么能使人免于犯错。过去的错误，新错误，甚至新旧错误某种极具创意的混合——无论我们的适应性变得多强，无论我们的心理状态变得多么健康，我们都将继续犯错。

每个完美主义者得到恢复以后，都会重获开发自身力量的精力，按自己的想法来定义成功——根据自己的时间安排，尊重自己的价值观，基于自己的成就标准。完美主义体现了人类自然、天生、健康的冲动，即实现完整的自我。得到恢复的完美主义者明白，他们渴望的不是某种外在的东西，或者让自己变得完美，他们渴望的是感到自己是一个完整的人，并帮助他人也感到完整。

优先考虑使自己得到恢复，对管理你的完美主义至关重要。正如前文讨论过的，每个完美主义者都既是非适应性，又是适应性完美主义者。你已经使用过无数次消极的应对技巧和那些会让你更疲惫的策略了，所以，你也得多用一用积极的应对技巧和恢复策略。

随着你的成长，你的需求会发生变化，你需要调整应对方案来适应这些变化。6个月前对你有效的方法，如今可能失灵，不过没关系。某个应对方案不再起作用并不要紧。随着我们的成长，过去的问题往往不再是问题；同理，过去的应对方案自然也不再是应对方案。

应对方案不再起作用，是因为你在改变，周围的环境也在改变，这是正常的。你没有做错或者搞砸任何事。改变再正常不过。一切事物每时每刻都在变化。总有人告诉我们，我们得对某些事物放手，因此，作为人，我们会经历悲伤，不过这悲伤就像电脑屏保，总归会在一段时间后结束。

要记得，重要的是，每个问题都有很多种解决方案。

本章旨在通过8种具体的工具，帮你把恢复这件事融入你的日常生活。如果你一次按下所有按钮，系统会卡住的。同样，对恢复进行"突击"，于你而言并没有什么帮助。

我会提供多种实现恢复的方法，因为疗愈不可能适合所有人，正如俗话所说，有用的东西也不会永远有用。关键是要选择那个最适合你、你用起来最舒服的工具，然后用它来开启你的恢复之旅。

　　阅读下面的策略时，请留意你的直觉。留意你会对什么产生好奇。如果某件事引起了你的注意，那就锁定它。

　　要知道，你也可以什么都不选，就直接进入改变的第二个阶段。毕竟我们不是在搞"30 天，成为更好的你"之类的活动。我们不会这么干的。

　　在一段时间内只考虑改变，却没有任何行动，其实也未尝不可，不如说这正是个人发展的开始。

　　认真处理你的内心体验，自然会有成效，就和那些一看就知道成效卓著的东西一样。你做事要做得更聪明，而不是更努力。你是完美主义者，你已经够努力的了。

　　最后，恢复是一个高度个性化的过程。只有你自己知道你需要什么、需要多少、何时需要。有可能你已经找到了适合你的恢复方式。如果你感到精力充沛，得到了恢复，不妨记录一下是什么使你进入了这种状态，考虑考虑要不要继续这么做，不做任何改变。

　　任何时候，你都有能力把以下 8 种恢复工具融入你的日常生活，融入多少也看你。第一个工具是重构。

1. 重构

　　我妈妈告诉我，我说的第一个词是"鸟"，但我坚信应该是"重构"，只不过我说的时候她不在场，没听到。重构是每个治疗师最好的朋友，我们很信赖这一工具，常常使用，就像来访者会在候诊室看手机一样。

　　临床上，重构被称为认知重评（cognitive reappraisal），指的是通过转变叙述特定观念或事件的语言，来获得对自己更有帮助的观点。

例如：

很多人（有意识或无意识地）认为，寻求帮助意味着他们无法独立完成某件事，而这令他们感到害怕，感觉自己很无能，这样一来，他们就更不可能寻求帮助了。

重构后的观点是，寻求帮助恰恰是拒绝放弃的表现。

将寻求帮助视为拒绝放弃的表现，能使我们更加坚强，我们坚定不移、力量充沛，也会更愿意寻求帮助。

重构具有强大的力量，因为改变人们思维方式的最佳方法之一就是改变说话的方式。例如用"精力"一词代替"时间"，有助于强化你对上一章中穆拉纳森的带宽管理的印象，进而重构自己安排时间表的方式。

不是：明天我计划做些什么？我有时间和她见面吗？

不妨尝试：明天我计划做些什么？我有足够的精力和她见面吗？

在讨论退伍军人心理健康问题的时候，哈里王子提到，他更倾向于使用"创伤后应激伤害"（post-traumatic stress injury）这个词，而不是"创伤后应激障碍"（post-traumatic stress disorder，PTSD）。[1]这位曾经的军队里的上尉解释说，在伤害的框架而不是障碍的框架中定义 PTSD，可以帮助我们理解：正如身体受伤后我们会采取措施来治愈身体一样，心理上受到伤害后，我们也可以采取措施来治愈我们的心灵。基于对心理健康流动性的认识来重构我们的理念，能推动这个领域朝正确的方向发展。

重构不仅可以帮你改变你对自己生活的看法，还能帮你改变你对其他人生活的看法。例如，许多人用"无子女的"（childless）来描述没有孩子的女性。这类单词中的"less"意味着"有所缺失"：欠考虑（thoughtless）、没有钱（penniless）、无家可归

(homeless)、没有方向（directionless）、毫无意义（meaningless）。

　　女性选择不要孩子，并不意味着她身处劣势。有些女性不只是不想要孩子，没有孩子的生活对她们来说本就是完整的、快乐的，令她感到满足。这些女性不是在逃避过充实的生活，她们没有"错过什么"，不会私下里黯然神伤，也不会遗憾自己没孩子。想想看，用"不生育的"（child-free）一词来描述不想要孩子的女性，其实体现了一种观念上的转变。

　　让我们看看其他与心理健康相关的重构的例子。

　　不是：寻求关注的行为。
　　不妨尝试：寻求联结的行为。

　　不是：防御机制（"嗬，他们防御性真强"）。
　　不妨尝试：保护机制（"哦，他们这是在保护自己，免得自己受到伤害"）。

　　不是：我不知道我想要什么。
　　不妨尝试：我要再想想我可以做些什么。

　　不是：我在学校表现得一直不怎么好。
　　不妨尝试：我不适合坐在教室里学习。

　　不是：在真正达成目标以前，我得假装我已经达成目标了。
　　不妨尝试：我允许自己优先发展我内在发展得很快的那部分。

　　不是：我焦虑。
　　不妨尝试：我过度焦虑了。

不是：我身上的包袱很重。
不妨尝试：我过去的经历非常丰富。

不是：我不得不……
不妨尝试：我有机会……

不是：我很难过，我要崩溃了。
不妨尝试：我很难过，我就要迎来突破了。

不是：障碍。
不妨尝试：反应、综合征。

不是：不好意思，我真是一团糟。
不妨尝试：谢谢你对我这么有耐心。

不是：症状管理。
不妨尝试：疗愈。

不是：我是"双相"。
不妨尝试：我正在治疗双相情感障碍（你不是你的心理障碍）。

不是：她是"双相"。
不妨尝试：她正在治疗双相情感障碍（别人也不是心理障碍）。

不是：患者。
不妨尝试：来访者。

不是：我需要建议。

不妨尝试：我想咨询。

不是：我需要什么？我的感受如何？

不妨尝试：（你的名字）需要什么？（你的名字）的感受如何？
［研究认为，尽管听起来有点儿傻，但用第三人称对自己说话能转变你的视角，使你能更好地调节自己的情绪，专注于自己的需求。以第三人视角反思自己处境的行为，临床上称为自我疏离（self-distancing），练习自我疏离能拉开你与你经历之间的距离，这会对你很有帮助。你知道的，你一贯很清楚你的闺蜜应该怎么处理她的问题，相比之下，你自己的问题却总让你感到复杂难解。正是你与你闺蜜经历之间的心理距离，让她的问题变得更简单了。[2]］

不是：我真是个完美主义者。这很招人烦，我知道。

不妨尝试：我对未来有着强烈而清晰的愿景。

不是：我是一个正在康复的完美主义者。

不妨尝试：我已经学会如何让自我关怀成为我下意识的情绪反应了。/我已经接触到我的内在力量。/我现在明白了，追求平衡的生活，就好像在原本就没有针的大海里捞针。

让我们聊聊怎么重构"我不知道该怎么做"吧。

来访者常常这样向我坚称，而我接受的训练是简单而真诚地回问："真的是这样吗？"

事实证明，大多数时候我们知道该怎么做，只是无法想象我们会这么做。当来访者说"我不知道该怎么做"时，他们确实是这个意思，不过我能听出来，他们愿意尝试新的策略。

承认自己需要新的策略很难。你得有足够的勇气，才能认识到有些事情就是行不通，而不是假装只要自己更努力，迫使它起作用，就会有收获，或者假装如果你放着不管，它就会以某种神奇的方式自行修复。

为了逃避启用新方法可能带来的困难，人们会坚持采取"等待和观望"的被动策略，直到功能失调不断累积，演变成危机，然后才着急忙慌地寻求急救[⊖]。³危机得到控制后，你仍然需要找到一个更好的策略。

意识到自己"不知道该怎么做"，表明你已经觉察到了一些东西，不过，这种想法通常会令人倍感无助。不妨重构这个想法，让它成为你拥有的最强大的想法之一。

"我不知道该怎么做"的想法会促使人们寻求支持，或展开其他有益的思考，比如："也许我应该从另一个角度考虑……我可以向谁寻求帮助……我想和曾经处于这种境地的人聊聊……我的直觉想告诉我什么？"

"我不知道该怎么做"的想法还体现出了一种开放、谦逊和灵活的态度。比如，越是自恋倾向强烈的人，你越不可能听到他们说出"我不知道该怎么做"这句话。⁴

不是：我不知道该怎么做。

不妨尝试：我已经准备好采取新的策略了。

重构赋予"注意你的用词"这一忠告以新的含义。你可以留意一下，重构你的语言，你的观念也会随之重构。

无论是什么事使你倍感艰难，重构都不是要否定或淡化你的

⊖　创伤也会使我们抗拒认面对功能失调的情况。

感受。重构认可你最初的观点，不过与此同时，重构的理念认为，你的观点只是其中一种观点，而世界上存在着很多种观点。

一项关于完美主义的研究比较了适应性完美主义者、非适应性完美主义者和非完美主义者，研究发现，适应性完美主义者在重构能力方面得分最高，而非适应性完美主义者在试图抑制和控制负面情绪方面得分最高。[5]

重构是一种技能，而技能是可以学习的。要开始练习重构技能，请问自己这个问题："还能用其他方式看待吗？"如果你自己想不出其他方式，就问问周围的人。

重构最经典的例子是"半空的杯子也是半满的杯子"。还有一个例子是，"如果你知道怎么打开水龙头，那么杯子有多满就不重要了"。世界上总会有很多个观点，也总会有很多种解决方案。

2. 解释和表达

心理治疗师接受的训练包括倾听那些没有被表达出来的信息，就像我们接受的训练是倾听被明确表达出来的信息。怎么才能听到别人没有说出来的东西呢？有很多方法，其中一种是区分解释和表达。

解释是告诉别人发生了什么，正在发生什么，或者你认为将会发生什么。

表达则是告诉别人你对已经发生、正在发生或你认为将会发生的事抱有怎样的感受。

例如："再过三周，我就会搬家"是解释；"我害怕"是表达；"再过三周，我就会搬家，所以我害怕"是解释和表达。

如果你过度解释，但不怎么表达，你就无法完整地与自己的经历建立联结。你过于理智化，只谈论问题本身，但实际上并没有真正"深入其中"。

单纯只是解释一件事，会使人们感觉他们与自我毫无关联。你可能知道发生了什么，但你不理解自己对这件事有怎样的感受，或者这件事对你有什么意义，这会使你很难想清楚接下来该怎么做。

交流的另一个侧面是，如果你过度表达，但是很少解释，你就无法将情绪转化为洞察力。你只是围着自己的感受打转，然而不将感受与对"谁、什么、何时、何地、为什么"的解释相结合，你的故事就无从讲起。

若你的情感体验没有逻辑可循，它会令你迷失。你可能知道你有什么感受，但不知道自己为什么会有这种感受。没有解释，你就找不出事情发生的模式或触发因素，想不到可持续的解决方案。你只是在情感之池巡游。

我们通过谈论发生的事情以及我们对此的感受来构建意义。当心理治疗师说"我们需要处理这个问题"时，他们指的就是解释和表达。

古典型和激烈型完美主义者往往容易过度解释，但不怎么表达，或只表达自己的其中一面（例如，激烈型完美主义者可能只表达愤怒，古典型完美主义者可能只表达其耐心）。

这种简略的交流模式会让他人感觉自己无法与这两种完美主义者建立联系。虽然他人或许可以理解古典型或激烈型完美主义者希望什么发生、不希望什么发生，然而，他们可能很难在一个不基于逻辑的层面上建立联系。

与一个不怎么表达自己的古典型或激烈型完美主义者建立任何类型的关系，都会让你感觉，你了解关于这个人的很多信息，但你对他们真正是怎样的人却一无所知。

相反，混乱型和巴黎型完美主义者往往会过度表达，但不怎么解释。他人也许可以理解这两种完美主义者的感受，也能强烈地体会到他们内心深处是一个怎样的人，但通常搞不清楚这两种完美主义者渴望什么、需要什么，又在思考什么。

我朋友皮帕（Pippa）给我讲了一个有趣的故事，是关于她上一任老板的。这个老板是个彻头彻尾的巴黎型完美主义者，她要解雇皮帕的同事李（Lee；显然，这里并不是笑点）。

李模模糊糊地感觉到自己即将被解雇，因此，当她被叫进老板的办公室时，她心想，好吧，这一刻终于还是来了。结果，和老板谈完之后，李……一头雾水。

在办公室里，这个巴黎型完美主义的老板光顾着表达自己对李真挚的喜爱了，她回忆起她们一起出差的经历，承认李有许多优点，甚至邀请李共进晚餐。可问题是，老板忘了向李解释：其实，你被解雇了。

李回到自己的工位后，皮帕焦急地问她发生了什么。李回答说："我想我刚才是被解雇了，但我不太确定。不过确定的是，下周五我要和老板一起吃晚餐。"

没有人总能平衡解释和表达，也没有必要时刻保持平衡。关键在于，对于自己的交流方式会带给他人怎样的体验，我们心里得更有数些。也许你的确想多了解了解他人对你的交流方式有怎样的体验，不过同时，你也要关注自己的体验。

在自我对话中，你是否一直在解释，没怎么表达？还是说，我说反了，你其实老是在表达，却不怎么解释？为了使交流变得更加清晰，不妨在自我对话和与他人的谈话中采用以下句式吧。

混乱型和巴黎型完美主义者：

- 我真希望之前（命名该事件）。
- 我需要你（命名该行为）。

- 我希望你停止（命名该行为）。
- 即将发生的情况是（命名该事件）。
- 在接下来的（界定时间范围）内，我在（命名该任务）方面需要帮助。

古典型和激烈型完美主义者：
- 近来，我越来越少感觉到（命名该感受）了。
- 我喜欢（命名你喜欢的情绪）的感觉，而当（命名该事件）的时候，（再说一次你喜欢的情绪）的感觉会变得更强烈。
- 我不喜欢（命名令你不悦的情绪）的感觉，当（命名该事件）时，（再说一次令你不悦的情绪）的感觉会变得更强烈 / 不那么强烈。
- 我很想念（命名该情绪）的感觉，我正在努力找回这种感觉。
- 希望我能更（命名该情绪），而少感觉（命名该情绪）。
- 这对我很重要，因为（分享此事的意义）。

拖延型完美主义者可能处在从解释到表达的连续谱上的任何位置（其他人也是）。如果你不确定你是需要多解释还是多表达，可以再读读上面的两个列表，辨别哪个列表中的项目对你来说更难实现。更难实现的列表，你才要多加练习，你会从中受益的。

当你注意到有人过度或缺乏解释 / 表达，而你想多了解他们的经历时，可以把以上陈述改成问题的形式，来询问他们。

3. 构建观点，而不要轻易评判

评判有可能催生惩罚。当你判断自己"很糟糕"时，你会认为自己理应遭遇坏事（即一种惩罚）。可是，如果你做了某件你知道最好别做的事，或者坦率地说，如果你做了某件明显不明智的事，你怎么才能不去评判自己呢？

避免评判的方法是构建并坚持自己的观点。

观点和评判的区别在于，观点反映了你的想法和视角，而评判不仅反映了你的想法和视角，还体现了你对与他人相比，自己有何价值的分析。举个例子。

观点：摄入高果糖玉米糖浆会引发炎症，扰乱新陈代谢，对情绪产生负面影响，而且这种糖浆也没什么营养。为了避免这些负面后果，我不吃高果糖玉米糖浆。不吃更有好处。

评判：摄入高果糖玉米糖浆会引发炎症，扰乱新陈代谢，对情绪产生负面影响，而且这种糖浆也没什么营养。为了避免这些负面后果，我不吃高果糖玉米糖浆。不吃更有好处，所以我比你做得好，你吃高果糖玉米糖浆，而我不吃。

我们通常认为，"轻易评判他人"代表着一种优越感，对他人比较傲慢，但更常见的情况是，"轻易评判他人"源自面对他人时不稳定的自卑感。

评判他人是双向的。

你可能会认为其他人比你更聪明、更有魅力、更有耐心、更有趣、更健康、更成功。将你的观点转化为对他人价值的评论后，无论有意还是无意，你都会得出结论：他是一个更好的人，因此，他比你更值得拥有幸福。当你这么做时，你就在评判他人。

比如，你认为同事比你更聪明、更有魅力，于是你觉得她拥有一段愉悦而充实的关系是很正常的。你想，"嗯，她当然能找到爱情"。这个想法的潜台词是，"她值得拥有爱情"。而这一潜台词的潜台词是，"我没有她那样值得拥有爱情"。

每当我们评判他人时，我们都在将自己和"他们"区别开。而每当我们评判自己时，我们都在将我们认为自己值得拥有美好的那部分与不值得的那部分区别开。

无论从哪个角度评判自己（认为自己比他人更好或者更差），我们都是在给自身价值安上前提条件，让自己更容易产生羞耻感。越以不评判的态度与他人相处，你就越能对自己采取同样的态度，反之亦然。

有效心理治疗的一大要素就是治疗师的非评判视角。好的治疗师可以进入你的内心，准确把握你的处境，而不受你深深混杂在你处境中的那些评判和自我价值评估影响。

一旦停止评判，你对自身处境，包括问题是什么、有哪些可行的解决方案、你值得怎样的生活的理解方式，就会得到改变。

看到以前来访者的名字出现在我的收件箱里，了解他们最新的情况，我总是很开心。常有人给我留言："在糟糕的日子里，我的脑海里会响起你的声音。"每当工作中，我察觉到来访者的共通性，我都会产生好奇。所以，有一段时间，我沉迷于探究他们的情感体验，问他们："我能问问是什么一直支持着你吗？"

有时候，答案可能只是我说过的一句话，但我发现这些来访者话中的真意都是，他们学会了在生活中和犯错后不做评判。他们脑海里响起的不是我对他们说过的任何话，而是他们自身非评判的新视角的声音——他们只是选择了让我来"配音"。

4. 铁冷了再打

值得尊敬的精神科医生、作家欧文·D. 亚隆希望所有治疗师和来访者都能读读他的书《给心理治疗师的礼物：给新一代治疗师及其病人的公开信》(*The Gift of Therapy: An Open Letter to a New Generation of Therapists and Their Patients*)，我也希望如此。

亚隆提出了一个有关治疗过程和日常生活的宝贵建议：铁冷了再打。[6]

亚隆这个建议大致说的是，等来访者的行为有一定积极改变时，再对他们的消极行为进行反馈。例如，告诉来访者他倾向于扮演受害者角色的最佳时机，是他的叙述变得更有力量之时。

"铁冷了再打"适用于多种情境，工作时、带孩子时、处理人际关系时……都可以。最重要的是，在与自己相处时，不要试图在问题最严峻的时刻去处理负面问题。

还记得第 5 章中讲到的阿娃的 LMB 吗？我之所以没有在她开始哭泣时用大量专业术语、行为理论、TED 演讲链接和推荐图书把她淹没，是因为"铁还太热"，阿娃的状态不足以使她理解和接受太多高层级的干预。

"铁冷了再打"，意思是有意识地选择对方最有可能接受的时机，来进行干预、反馈或建立联系。

将这个原则用在你的完美主义上，就是要认识到，你最具适应性的时候，就是积极管理你非适应性完美主义的最佳时机。

这听起来有点违反直觉：为什么我并不处于非适应性状态时，反而还得处理我完美主义中非适应性的部分呢？因为心理健康是流动的，与所处的环境相关。你迟早会陷入非适应性状态，毋庸置疑。

心情不好时，你很可能接受不了你对自己的干预，因为你的应激反应会被激活。你的神经系统会释放肾上腺素和皮质醇等压力激素，这些激素会导致你大脑解读信息的方式与平静和专注状态下明显不同。

状态良好时，请为未来可能陷入困境的自己努力。构建并强化身边的保护因素。建立有助于恢复能量的日常——找一个能和你一起运动的伙伴，阅读能教导和激励你的书籍，去接受治疗，培养健康的习惯，"拓展并建构"你的生活。

在你感到力量充沛的时候坚守你的信条，而不只是在你哭了 9 个小时后，睫毛膏化开，你看起来像爱丽丝·库珀（Alice Cooper）⊖似的时才这么干。

如果你知道冬天对你的情绪有负面影响，就提前定好去一个阳光明媚的地方旅行，而不是等到 2 月寒冷的夜里沮丧又萎靡之时，才去对比机票的价格。

"铁冷了再打"，因为那时你精力最旺盛、最有耐心，也最乐观，不用说，以问题解决为导向的思维方式必然也"在线"。

预防是所有健康策略中最重要的一条。趁你状态最好的时候来丰富和健全你的积极应对机制，获取各种形式的支持。即使你从未借助过他人的支持，但只要有支持力量存在，就能起到疗愈的作用。

5. 寻求帮助

很长一段时间，我真的相信，如果我半路寻求他人的帮助，那么我取得的任何成就都不算数了。过去，我从不为任何事向任何人寻求帮助。

24 岁时，我很突然地和同居的男朋友分手了，我没有问朋友们我可不可以和他们一起住，而是联系了克雷格列表（Craigslist）⊜一则广告上的联系方式——好为我和狗狗找到一个当晚就能入住的公寓，这则广告上的公寓正是我看到的第一个能满足我需要的

⊖ 美国休克摇滚歌手，眼妆通常很浓，眼周涂得黑黑的。——译者注
⊜ 美国大型广告网站。——译者注

房子。那是一个三居室公寓中的其中一个房间，租金月付。不过，另外两个房间的住户简直可以说是洛杉矶最可疑的人物……

公寓的主人名叫达克斯（Dax），开一辆破破烂烂的敞篷车，个性车牌上写着"达克斯狂热"（Daxtasy）。当时的情况要说很不妙，就像说地核有时会有点儿热一样，显而易见。毫不意外，他偷走了我的押金。

在我和他同住在这个公寓的那个月里，达克斯几乎每天晚上都会带女人回家，他们亲近时还会传来可怕的声音，我仿佛听到了一场10分钟的车祸。早上，当我打开房间门的一刹那，满屋子黏糊糊的威士忌味和烟味就会扑面而来。我会去厨房煮咖啡，台面上到处都是毒品的残留物。我讨厌待在那个公寓里，尤其讨厌在那儿洗澡和睡觉。除了说我以为自己很"坚强"之外，我无法解释当时我为什么选择住下去。

尽管我意识到自己已明显置身于危险之中，但我记得我很自豪，因为我能只靠自己独自生活。当时，在没有任何人帮助的条件下独自生活、独自做事，最是让我引以为傲。这很可悲，但是，相关的风险，以及大多数人遇到同样的情况肯定已经找人帮忙了，我却没有这样做，让我更自豪了。自豪会误导我们，使我们陷入危险。

人们很容易将孤立误认为独立，将固执误认为坚强。从不寻求帮助的做法，就像将一副沉沉的担子压在了我的潜力之上，让它无从发挥。"达克斯狂热"事件就是我错误独立意识的一个尤其鲜明的例子，但在我领会下面这个道理之前，我还经历过许多大大小小的事，一次又一次地上过这一课：

不但寻求帮助没有问题，而且，最坚强的恰恰是那些能与他人建立联结，并寻求他人支持的人。

如今，我总在寻求帮助。在我的生活中，就没有谁没有被我以这样那样的形式反复求助过。

寻求帮助大概是这样的：

"你能（对方帮助你的方式），帮我（你需要对方帮忙的事）吗？"

请求帮助既很简单，又十分困难，尤其是对高效的完美主义者而言。仅仅是能正常发挥功能，并不意味着你没有受伤。每每令我惊讶不已的是，有些人外表看上去完美而放松，但用哈丽特·勒纳博士的话来说，从内在的角度看，他们心里空空荡荡，只是单纯地在"行走和呼吸"。卡伦·霍尼博士也表达了同样的感受："一直以来，分析师都震惊于，人们竟能在自己的核心部分不曾参与的情况下，相对正常地运作。"[7]

危机带给我们的礼物是，它召唤我们行动起来：明显哪里出了问题，我们得立即采取修复行动。遭遇危机，人们会迅速采取行动。没有危机，人们反而会拖延，不去寻求支持，甚至完全忽视这件事。

对高效的完美主义者来说，警笛永远不会响起，警示灯也永远不会闪烁。当他人看不到你的痛苦（而你也擅长在他人面前隐藏）时，你需要自己点燃信号弹。

过去的某个时刻，我们脑子里产生了错误的想法：健康和强大意味着我们终于搞清楚了怎么才能不需要任何人的帮助。大错特错。健康和强大意味着我们终于搞清楚了我们需要每个人的帮助。

对每个人来说，生活都免不了失落和困惑，我们不必独自经历这一切。人不应该是孤立的，就像我们成年了就不应该用双手和双膝爬行一样。

我们每个人都彼此相连，彼此需要。不仅是偶尔需要彼此，我们始终需要彼此。然而我们有多需要彼此，就表现得有多不需要彼此，这真是太好笑了——当然，我认为这是一个悲剧。

你不必等到身陷危难再寻求帮助，你完全可以只是想让事情变得稍微简单一些而已。如果你不想把事情变简单，我能问一下你到底想证明什么吗？

6. 设定界限

在没有界限的情况下行动会引发功能紊乱。如果你不知道自己的界限在哪里，不知道如何表达自己的界限，不知道界限被挑战该怎么办，你就无法发挥自己的潜力。

界限是为保护一些东西而设下的限制。为了保护你的时间、精力、安全和资源，你会确定对你而言什么可以接受，什么不能接受，这就是你的界限。例如，为了保护你的时间和精力，你决定晚上 6 点后不回复电子邮件。

也有人把界限描述为你的责任结束，另一个人的责任开始的地方。作家、活动家，具身化研究所（Embodiment Institute）的创始人普伦蒂斯·亨普希尔（Prentis Hemphill）将界限界定为"我可以同时爱你和自己的区域"。

设定界限，才能激活界限。如果你不设定界限，你就没有界限，你只是对自己的界限有一些想法罢了。

某些界限是不可让步的，是固定的，比如"我不和喝酒的人坐同一辆汽车"。其他界限则需要定期校准，因为它们基于不断变化的需求。

比方说，在某些日子或某些季节，你可能需要沉思，需要多多独处，需要少做点事，需要说"不"。这时，你会收紧你的界限。在其他日子或其他季节，你可能需要随心漫步，需要多和别人相处，需要承接更多任务，需要说"好"。这时，你会扩大你的界限。

关于界限，我有很多东西想说，但我必须给界限这部分内容设定一些界限，以免本书被这个主题吞没。同为心理治疗师的内德拉·格洛佛·塔瓦布（Nedra Glover Tawwab）在她清楚、实用的书《界限：通往个人自由的实践指南》（*Set Boundaries, Find Peace: A Guide to Reclaiming Yourself*）中会继续这个话题。

7. 睡眠

人们严重忽视了"优先保证睡眠"这个心理健康干预措施。我们为管理自己的心理健康投入了多得惊人的金钱、精力和时间，却忽视了它的主要影响因素之一——睡眠。

戴维·F. 丁格斯（David F. Dinges）博士是宾夕法尼亚大学佩雷尔曼医学院（University of Pennsylvania's Perelman School of Medicine）睡眠和生物钟学部的负责人。正如丁格斯所说："人们非常重视时间，所以往往觉得睡眠很碍事、很烦人，是对时间的浪费，当你没有足够的意志力更努力、更长时间地工作时，你就会进入睡眠状态。"[8]

听上去熟悉吧？

我们不把睡眠看作一种活动，当然也不认为睡眠是有效的，然而，睡眠是你能参与的最有成效的活动之一。睡眠对神经的保护作用非常广泛。

睡眠对大脑的作用就像补水对皮肤的作用——睡眠会让你的大脑"容光焕发"。你的大脑中有一个血管网络，叫作"胶质淋巴系统"（glymphatic system）。[9]胶质淋巴系统的功能是清洁你的大脑，而这个系统会在你上床睡觉以后开始工作。[10]

正如研究人员约兰塔·蒙夏克（Jolanta Masiak）和安迪·R. 尤金（Andy R. Eugene）博士解释的那样，"胶质淋巴系统的功能类似于排水系统，可以清除身体中的细胞垃圾"。[11] 当你睡眠不足时，你的身体里就会像没有冲马桶一样。而第二天牛饮大量咖啡则像是在坏掉的厕所里大喷空气清新剂，这样行不通。你只会摄入过多咖啡因，既精神又疲倦，就像厕所既有空气清新剂的味道，又有"没冲的马桶"的味道。

越是关注睡眠期间发生的惊人的情绪和身体再生，就越难忽视睡眠的效用。睡觉时，你会巩固自身记忆，清理神经元突触的间隙，以便第二天学习新事物。[12] 你的身体会调动成千上万只微小的"手"，在细胞层面上修复所有肌肉，包括你的心脏。[13] 你还会稳定代谢和内分泌功能，后者有助于情绪调节（即减少你的情绪波动）。[14]

在一项关于睡眠增强免疫力效果的研究中，有两组人接种了甲肝疫苗。这两组人都是在早上 9 点接种疫苗的。其中一组在接种疫苗后整夜安睡，另一组则彻夜未眠，直到第二天晚上 9 点才入睡。一个月后，两组人都接受了甲肝抗体测试。接种后整夜安睡的那组人的抗体含量，几乎是彻夜未眠的那组人的两倍。[15]

你想没想过，为什么有时你刚吃完东西，就感觉饿得要命？这可能是因为你没睡够。瘦素是一种能够抑制食欲的激素，睡觉时，它的含量会急剧上升（可能是为了阻止你因饥饿而醒来）。研究表明，瘦素水平取决于睡眠时长，睡眠不足会使瘦素水平降低约 19%。在瘦素研究中，睡眠不足的人醒来后报告的饥饿感，要比睡眠充足的人高出 24% 左右。[16]

此外，研究人员表示，这 24% 的饥饿感表现为"对高碳水食物（甜食、咸食和淀粉类食物）的偏爱……对咸食的渴望提高了45%"。这表明，睡眠不足可能会影响饮食行为，使人更偏好非内稳态（homeostatic）的食物摄入（食物摄入受情绪和心理需求驱动，而不是出于身体所需的热量）。[17]

瘦素研究有助于解释为什么长期以来，美国疾病控制与预防中心反复提到睡眠不足与肥胖和Ⅱ型糖尿病密切相关，呼吁公众早点儿上床睡觉。[18]

根据官方发布的消息，"挑战者"号航天飞机的爆炸、"埃克森·瓦尔迪兹"号（Exxon Valdez）油轮石油泄漏事件、美国航空公司1420号航班的坠毁等悲剧，都与睡眠不足有直接的关联。[19]长期睡眠不足会对你的心智和身体造成可怕的影响，这也是战争中睡眠剥夺被用作一种酷刑的原因。

是抑郁症导致了你的失眠，还是因为睡眠被打乱，你才会陷入抑郁？虽然一直以来，人们通常将入睡困难视为潜在心理困扰的常见症状（确实如此），不过，关于睡眠与心理健康之间密切关联的新研究也认为，睡眠在心理疾病的发展和持续中扮演着更直接的角色，是心理疾病的诱因。[20]

我对自己心理健康最有效的一次干预，只花了我4.29美元。我确信，从药店买来耳塞后，我的睡眠时长显著增加了，而这将我从此前20年频繁抑郁发作的状态中解救了出来。

并没有谁规定，要实现巨大的成长，必须在你灵魂的暗夜，在你深陷迷惘、冷汗淋漓的时候，去挖掘你内心最深的地方。我们最好通过实际行动呵护自己的心理健康。深呼吸、散步、睡觉——这些都是非常有效的心理健康干预措施。

马修·沃克（Matthew Walker）博士在他的著作《我们为什么要睡觉？》（Why We Sleep: Unlocking the Power of Sleep and Dreams）中指出，优化睡眠环境，从调整噪声、光线和温度开始。睡觉时让风扇吹着、戴耳塞，使用白噪声机——任何改善睡眠的方法，也是对心理健康的干预。

难熬的夜晚，动荡的日子，举步维艰的时期——我们都可能经历心理健康状况十分"糟糕"的时刻。如果在这些"糟糕"的时刻，你只能勉力稳定你的睡眠，那你其实已经做了很多了。⊖主动优化你的睡眠也是维护心理健康的措施。如果你给身体机会，身体会出手，扛起大部分的担子，促进你的疗愈。

我不知道今天你身上发生了什么，没有发生什么，也不知道最近你过得怎么样。我不知道你现在感觉好不好，还是不好不坏。但我知道，无论你醒着的时候发生了什么，你的一部分都能在睡眠中得到疗愈。

8. 少做，然后多做

有时，你要做的头等大事就是少做事。少做一些，后退一步，说"不"，停下来。学会听从你的直觉，设定自己的意图，你会更清楚自己关心什么、不关心什么。不要把精力或时间花在你不关心的事上，这可以说是一个明智的恢复策略。

你知道自己关心什么，不关心什么吗？大多数人并不清楚自己抱有怎样的价值观。还记得第 4 章里的莉娜吗？她想弄清楚怎么才能在成为普通的自己的同时，不要觉得自己像个失败者。在我们的接触中，我发现，莉娜追求的是文化认可的价值观，而那并不反映她真正的自我。我们一起回顾了她在生活中所做的选择，她花费时间和精力的地方，很明显，莉娜一向最为追求以下 3 样东西：金钱、地位和速度。

⊖ 我不是说稳定睡眠就是灵丹妙药，但作为一种心理健康干预手段，它的确有效，甚至立竿见影，而且能使其他有效干预更容易起效，更容易被接受。

"但我并不看重这些东西——我发誓！"她说，就好像她被冤枉了。

花一点儿时间厘清你的价值观，是你能给予自己的最棒的礼物之一。莉娜并不想停止努力变优秀，她想停止在对她毫无意义的领域努力变优秀。

无论你有意无意地珍视着什么，你都会全力以赴去追求。作为一个完美主义者，在这一点上，你无法控制自己。请尽你最大的努力，确定你内心最深处秉持的价值观，并有意识地追求它。

当莉娜确定她真正的价值观后，她在日常生活中做决定就变得容易多了。在她关心的事上取得成就，放弃她不在乎的事，令她振奋、愉悦，又刺激。

看一看下面的价值观清单，其中有没有哪一项对你来说特别重要或不重要？

忠诚	洁净	好奇心
艺术性	愉悦	趣味
联结	守时	地位
健康	隐私	聚会
家庭	快乐	恢复
金钱	意外	安全
正直	独处	美
服务他人	自由	感恩
速度	友谊	幽默
诚实	庆贺	冒险

大多数价值观印在纸上，看上去都挺不错的，但你真正关心的是哪些？这个清单有没有遗漏？记住，你可以珍视自己想珍视的一切。

在你不珍视的东西上少投入一些时间和精力，而要把更多的时间和精力投入你珍视的东西。

决定你该如何生活的人是你自己。请坚定地自主做出决策。当你接受要为自己的决策负责后，你就不会太过怨恨。

怨恨是幸福的障碍。怨恨的能量沉重而密集，就像口袋里的石头和背包里的砖块。带着怨恨，你就无法自由、快速地奔跑。

控制的思维模式必然会引起怨恨。如果你不知道，只要你自己认可你的经历、价值观和选择就足够了，你会转动怨恨的旋钮，试图以此来控制你获得的认可：

"你难道看不到我的痛苦有多真实吗？看看我的怨恨有多深！"

我们用怨恨来寻求认可，也用怨恨来逃避这个艰巨的任务——承担生活中的责任：

"我越怨恨你，就越能证明是你的错，也就是说，应该由你来解决问题，而不是我。"

而在力量的思维模式下，你会把怨恨视为一个信号，它能显示你在某人、某种叙述或某项任务上投入了多少精力。随后，你的力量会邀请你根据自己的意愿，重新调整精力的使用。

自主选择可以减轻怨恨，因为当你成为自己生活的领导者时，你会感觉自己更有资格做出判断了：对你渴求的东西说"好"，对你不那么想要的东西说"不"。

能不能拥有更多你想要的东西，并享受这样的生活，这是另外一回事，也是下一章的主题。

第 9 章

你自由了

允许自己享受今天的生活吧

> 终究有一天，仅仅蜷缩在芽中的风险，会比绽放成花朵更甚，而且会带来更大的痛苦。
>
> ——阿娜伊斯·宁（Anaïs Nin）

目前为止，你已经学到，完美主义者的身份就是你的一部分，而且，与自己为敌，只会与疗愈背道而驰。你知道，你的完美主义是一份礼物——你自己就是一份礼物。你明白，人们总会再次经历"塔吉特百货停车场时刻"，简单不意味着容易，你的存在本身就蕴含着力量。你会注意到各种各样的支持，你清楚轻易评判他人会产生双向的影响。你知道，认可一个过程，为它庆祝，是对这个过程的尊重，而唯有你可以选择是仅把失败归为一个事件，还是将它纳入你的身份认同。你了解到，联结的力量可能会在一段时间以后显现，而人们会借一些逻辑上的漏洞来拒绝自我关怀。你对反事实思维、阈限空间、心理健康的流动性、了结的幻想都有了一定认识——这个清单还会变长。可以说，读完此前的 8 章，你已识得很多领域的知识。

读完这本书之后，你会继续踏足各种各样的领域，无论是新领域还是旧领域。生活中会发生很多事。即使表面上风平浪静，狂潮仍在暗中默默酝酿，汹涌不息。你会继续前进，你知道自己会犯错，然而你也知道如何摆脱那些曾限制你潜力发挥的惩罚模式。过由自我定义的生活所需的一切，你都拥有。这时，你就进入了"多萝西时刻"（Dorothy moment）[⊖]，你会发现自己一直拥有力量——你只需要学会用它。

但对完美主义者来说，光有多萝西时刻还不够。

完美主义者会推动自己前行。他们会这么想："很好，原来我们一直拥有力量，但这意味着什么呢？接下来会发生什么？"

意识到自己拥有力量，意味着你是自由的。接下来，你就要学会享受你的自由。

我们并不天然懂得如何享受自由。我们可能知道自己是自由的，却仍感到身陷困境。当我们感到自己被困住时，我们会把自由视为一种理论性的存在："我知道，理论上我能做自己想做的事，但实际上我永远不可能真正实现这一点。"

当我们只能在虚幻的一瞥中体验自由时，是什么始终束缚着我们？

要搞清楚问题出在哪儿，从牺牲开始分析总没错。为他人的幸福而牺牲自己的生活，并不能让那个人幸福——我们已经了解

⊖ "多萝西时刻"这个说法源自童话作品《绿野仙踪》（*The Wizard of OZ*）。在这部作品中，主角多萝西被一场龙卷风卷入了一个奇妙的梦幻世界——奥兹国。"多萝西时刻"通常用来描述一个人在经历了一系列不寻常的事件后，突然回归现实生活，重新找到自己的根基和身份时的情形。它可以指任何形式的觉醒或领悟，即一个人在经历了一段旅程或一系列事件后，对自己的生活或周围的世界有了新的理解。——译者注

到了这一点。从牺牲者那里得到的爱，仿佛浸透着那人的血与汗，接受这种爱的感觉并不好。愿意接受牺牲者奉献的只有自恋者。

牺牲和服务他人的区别在于自己的愉悦感⊖会不会被舍弃。愉悦感是一个很有意思的线索。好好审视一下，在生活的哪些方面，你会牺牲自己的愉悦，这能使你直观地认识到，你为快乐和自由的感受设定了怎样的条件。

允许自己感受快乐，是成功管理完美主义最重要的标志。陷入非适应性完美主义的人想获得疗愈，就得让自我关怀成为自己面对痛苦时默认的回应方式，并且要让快乐进入自己的生活。

自我关怀为快乐铺就了道路，因为它会邀请愉悦感进入你的生活。你不会再通过限制愉悦来惩罚自己，直到"赢得"享受愉悦的权利才罢休。没有自我关怀和愉悦，你也难以捕获快乐。比如，当你憎恨自己时，你是很难感受到快乐的。

并不是说你得憎恨自己，才能做到自愿限制你在生活中感受到的快乐。倒不如说，完美主义者一直在限制自己。非适应性完美主义者总是在进行某种程度上的"快乐节食"。

- **低卡版本的"快乐节食"**："当然，我会品尝一点点快乐，不过就是尝一口，因为我现在正在非常努力地做 X 项目。"
- **间歇性禁食版本的"快乐节食"**："谢谢，但我只允许自己在睡前的半小时里享受快乐。"
- **旧式"快乐节食"**："我只从一个地方获取快乐，那就是我的孩子们那儿。"

无论感受到多少快乐，都是健康的。它就像你呼吸的空气

⊖ 在本章中，与深刻而持久的快乐（joy）相比，愉悦（pleasure）更强调由生活中具体事物引发的短暂的愉快感受。——译者注

一样，你永远不必担心拥有的快乐太多。限制快乐是非常没有必要的。

我的意思并不是说，完美主义者会有意识地尝试限制快乐，实际上，他们会有意识地限制愉悦。我们会用一种关于责任的误导性的表达来限制自己对愉悦的体验，讽刺的是，就心理健康的角度说，限制愉悦是一个不负责任的决定。而从临床的角度看，牺牲你的愉悦并不是一种美德，而是一个重大风险因素。

"享受"意味着你"在快乐中"，而不是从快乐的外部往里看，或理智地思考快乐。快乐是一种感受。要感受到快乐，你需要让自己拥有体验愉悦的机会。[⊖]

我们错误地认为，愉悦是生活中多余的、享乐主义的那部分，但愉悦对我们的活力和个性至关重要。愉悦是心理健康的一大主题。

来访者对自己抑郁状态的描述，其实直接体现了他们获得愉悦的能力。愉悦与临床抑郁症紧密相关，因此，《精神障碍诊断与统计手册》将"失去愉悦感"作为判断重度抑郁发作的两个核心诊断标准之一。

如果对你来说，愉悦是次要的，那你就有危险了。

让我们澄清一下即时满足和愉悦的区别。两者都指当下感觉良好，不过，愉悦是这样一种感受：在期待能给自己带来愉悦的事发生，以及回忆令自己愉悦的事时，人们也会感到开心。而即时满足恰恰相反：事情发生前，它使人过于焦虑（"希望我不要屈从于诱惑"）；事件发生后，它则会引起内疚（"真希望之前我没那么做"）。

⊖ 快感缺失（anhedonia，即无法感受愉悦）是抑郁症的一个常见症状。我无意暗示任何人若深受快感缺失之苦，感受愉悦的能力下降，都是他自己选择的。在这里，我关注的是那些出于所谓的责任感而主动拒绝体验愉悦的人。

愉悦并不是负担，而是一种直接的满足感，令人深感快乐——为某人开门的愉悦，投入自己喜爱的工作的愉悦，大笑的愉悦，聆听某人学弹钢琴的愉悦，除草时闻到新鲜泥土气味的愉悦。是的，泥土也可以给你带来愉悦。愉悦不需要任何理由。

作为女性，我们总是被教导，要为自己的愉悦找理由，而且这个理由最好特别充分。于是，假使寻求愉悦真能被放进我们的待办事项里，也会被排在最底下。女性总是奋力抵抗即时满足的掌控，我们甚至不曾给自己享受愉悦的机会。

例如，吃饭可以说是生活中最基本、最愉悦的行为之一。但是，减肥行业摧残了美国女性的心智，搞得连简单地享受食物都被大家看作不恰当的放纵。[⊖]对女性来说，食物不再用来享受，除非你真的情绪低落，想"做坏事"、想"逃避"。

不少人认为，女性只应该用食物为身体供能，将身体的耐力开发到最大——这样女性就可以在平衡更多任务、照顾更多人的同时，把体重也控制好。这也是为什么营养棒的市场需求这么大，尽管它们尝起来就像混入了奶奶口红的粉笔。

女性与饮食的关系，正是愉悦感被病态化的一个缩影。当饮食被设定为一种功能性的行为，而不是令人愉悦的行为时，特意问自己"我想吃什么"就没有意义了。人们只会问："我应该吃什么？"除了饮食这件事，如果你把愉悦与其他罪恶混为一谈，那么问自己"我想做什么"也会失去意义。问题会变成："我应该做什么？我应该如何表现？"

没有愉悦，我们的生活就会变成一场表演。我们会以我们认为能给自己带来幸福的方式表演，而不是相信自己，由自己来探

⊖　我们总说减肥行业是一个"附属的系统"，就好比在一家小商店里，"减肥食品"放在其中一条过道边，"普通食品"则到处都是。但其实，在美国，减肥行业就是食品行业。减肥文化就是这样无处不在。

索什么能让我们开心，什么是我们想做的。那种顶多算得上通用的"满足公式"的行动模式，不仅可能导致抑郁，而且会使女性混淆自私和愉悦体验："嗯，我很开心，所以我这么做是自私的。"不，你很开心，所以你这么做是愉悦的。

你越是否认你可以享受愉悦，你对自己需要什么和何时需要的直觉就越是退化。回到减肥文化的例子：这就是很多女性无法分辨自己是否饥饿的原因。感知自己是饥是饱的本能消失了，被掩埋在他人关于如何简单饮食的指令之下。

当你将你的欲望静音时，你的直觉也会沉默。这迫使你完全依赖于你的想法——要么你认为自己一直饥饿不已，无法停止进食；要么你一整天都感觉不到饿，直到下班后，进了厨房，你才发现自己饥饿难耐，于是你一口气吞下了好几块松饼，用牙齿撕开低热量零食的包装袋。

在美国，我们并不强调追求愉悦。即时满足，可以。但愉悦，不行。我们强调的价值观是努力工作、高效、毅力和独立，这些确实是很好的价值观。可是同时，你必须问自己："这一切的终极目标是什么？高效是为了什么？"

这是你自己的生命，而你不会永远活着。某一刻，你会离开人世。在你活着的时候，你是想仅仅"不抑郁"，还是想感受快乐？

愉悦无处不在。我们可以因孩子的陪伴而愉悦，因洗干净自己的身体而愉悦，因与朋友们挤在一辆车里而愉悦，因看一部电影而愉悦，因将一部电影（movie）称为影片（film）[⊖]而愉悦，因注意到白日天空中的月亮而愉悦。这一切都与效率无关。

⊖　有人认为 film 代表更具艺术性、不过度追求商业成功的影片。——译者注

快乐和高效几乎没有共同之处——如果它俩相亲的话，它们只会闲聊个 35 分钟，以礼节性的握手结束相亲，随后转头就忘了这回事。而快乐和愉悦，会待到餐厅打烊。

"欺骗日"（cheat day）、"特别奖赏"（treat）、"奖励"——我们附加给女性愉悦的这些带有"训练"性质的说法，实在令人害怕。每个夏日，我都会买一杯普通的冰酸奶，上面撒有奥利奥碎，然后在纽约街头散步至少 20 分钟。酸奶又酸又新鲜，奥利奥的味道则给人在外过夜聚会的感觉，阳光温暖地照在我裸露的皮肤上。我经过的每个人看起来都很有趣，我几乎想停下来让他们每个人都给我讲讲自己一生的故事——这一切是如此令我愉悦。

冰酸奶不是一份特别奖赏，也不是一种奖励，更不是我做法"不恰当"或"做坏事"的表现——冰酸奶又不是我偷的。在夏日的阳光下吃冰酸奶只是我日常的一部分。

当你给自己的愉悦设定特定的条件（作为表现良好的"特别奖赏"）时，你向自己传达的是，你有没有资格感到愉悦，直接与你的表现相关，而与你的存在本身无关。这种认为愉悦有前提的心态，能在任何人身上迅速蔓延，尤其是那些本就容易陷入二元思维的完美主义者，导致对自我价值的体验两极分化。

不是：这周我表现得不错，所以我会给自己一份特别奖赏——巧克力。

不妨尝试：我想吃巧克力，所以我要吃点儿巧克力。

我们之所以做不到"我想要，所以我会去做"，是因为我们不信任自己。我们觉得是自己想要的东西太多了。这次允许自己吃巧克力，我们就会吃光，之后还会吃更多"不好"的食物。我们会糟蹋自己，一连看上一年的电视，辞掉工作，做事更加鲁莽，继而变得无法正常生活。我们暗地里害怕，如果完全听从自己的意愿，我们可能会失去控制，伤害周围的每个人，然后疯掉。这种想法从何而来？

女性"疯掉"的说法十分危险，且在历史的长河中一再出现，临床心理学对这种说法的强化是一段黑暗的历史。正如学者雷切尔·P. 梅因斯（Rachel P. Maines）所写，"直到 1952 年美国精神医学学会（American Psychiatric Association）正式将癔病性神经衰弱障碍（hysteroneurasthenic disorder）从现代疾病中剔除以前"，癔症（hysteria）一直是"历史上最常确诊的疾病之一"。[1]

癔病性神经衰弱？

人们沉溺于即时满足，并不是因为他们想要的太多。人们沉溺于即时满足的原因是，他们实在是太疲倦了！

愉悦是精力的一大来源。从生活中获得愉悦能支撑我们活下去，剥夺生活中的愉悦则会摧毁我们。即时满足不能替代愉悦。没有什么可以替代愉悦。

完美主义者担心，一旦允许自己感受过多的愉悦和"过度的快乐"，他们会失去竞争优势。何不看看你所钦佩的成功人士？快乐正是他们的优势。

没有比热爱自己所做的事并享受生活更大的竞争优势了。研究表明，把效率置于快乐之上的讽刺之处在于，长期来看，快乐的人能完成更多任务，因为他们不会陷入疲惫不堪的境地。[2]

过愉悦的生活，用这种生活带给你的能量满溢的快乐充斥你的内心，怀抱完美主义者无须费心培养就能具备的强烈进取心，你的动力会爆发。愉悦永远不会埋葬你的动力，抑郁才会。

如果愉悦会邀请快乐进驻我们的生活，那么我们要如何邀请愉悦进驻我们的生活呢？

你越是信任自己，就越能让自己体验到愉悦。

当你不信任自己时

当你不信任自己时，你的一生都将在尝试记住正确的做法中度过，而不是相信自己本就知道该怎么做。你把挫折解读为失败，因为你没有足够的安全感支撑你从更广阔的角度出发应对挫折。

你需要做成目前所做的事（一段关系、一份工作、一个创意项目），因为如果这件事做不成，你根本没法相信自己能找到新的方法，最终取得成功。你执着于未来的结果，而这会引发持续的过度焦虑，你称这种焦虑为"希望"。

不信任自己的感觉并不好。这种时候，大家都会让你怎么做？当然是爱自己。

爱自己被吹捧为解决一切问题的灵丹妙药。然而，我们得明确一件事——自爱并非万能药。

我们以为自爱是解开全部内在困扰的答案，于是，我们忠实地练习着自爱。我们去接受治疗，保证充足的睡眠，睡前给双腿涂上护肤乳液，设立界限，善待自己……这一切我们都做了。可为什么我们仍然感觉自己被隔离在快乐之外？

无论你有多么爱自己，如果你不信任自己，你自爱的姿态就难免暗含着怀疑和犹豫的意味。

这就好像一段关系中有人出轨。没有出轨的那一方或许会收下出轨伴侣送上的所有玫瑰，接受他口中所有示爱的话语，但除非两人的信任有所恢复，否则，没有出轨的人就算接下玫瑰，心里也总是有怨的，对方的示爱听起来则空洞且不值一提。你可以深爱一个人，却完全不信任他。信任和爱是分开售卖的，他们真应该在包装盒上写清楚这一点。

当信任破产，你就无法享受关系，与自己的关系也不例外。

当你信任自己时

信任自己的人允许自己在生活中扮演"专家"的角色。和其他所有专家一样，信任自己的人是出于信心，而不是基于某种确定性而展开行动的。

重要的是，要知道，即使人们努力发挥自己直觉的作用，并积极寻求支持，仍然有可能犯错，不清楚该怎么做才最好。成为专家，你不需要知晓所有答案，这并不是决定某人能否成为专家的标准。

专家是那些会坚持在自己的专业领域采用可靠经验方法的人。你的专业领域就是你真正的自我。如果你不是每时每刻都确定怎么做才能成为真正的自己，没关系；你始终处在变化中，怎么可能永远确定该怎么做呢？如果在获取更多信息、体验何为自己的过程中，你认为的正确答案发生了变化，也没有关系。

持续认真倾听，你常能听到专家说"没有唯一正确答案"或"实际情况复杂多变"。的确，情况可能很复杂，几乎不存在一条明确无误的道路。世界上最聪明的那群人总能坦然接受生活包含多个层面，接纳生活中的矛盾之处，他们正是那些最常说"我不知道"的人。

关于信任自己是一种怎样的体验，人们往往存在 3 个误区。

1. 如果你信任自己，任何时候你都能随心所欲地行动

信任自己的人之所以信任自己，是因为他们能够坦诚地面对自己。具体一点儿说就是，对于自己需要限制或彻底回避哪些东西，他们总是一派坦诚。我们通常认为，越信任自己，我们需要设定的界限就应该越少，然而事实恰恰相反。最信任自己的人，也是最尊重自己界限的人。

2. 当你信任自己时，你就不再需要他人的建议和指导了

寻求他人的建议是领导艺术中一项悠久的传统。有些权威人物拒绝寻求他人的建议，这不只是傲慢，也体现出了他们的某种不安全感。当你信任自己能引领自己的生活时，你会拥有充足的安全感，这份安全感不仅会支持你去听取他人的观点，而且会鼓励你主动了解他人的观点。

3. 信任自己，犯的错就会变少

错误是学习和冒险的一部分。当你信任自己时，你就不会试图证明什么了。你可能会冒更多险，而这可能意味着你会犯更多的错误。

信任带来好奇和开放。当你信任自己时，你会将更多注意力放在对自己需求的好奇，而不是对自己的怀疑上。

比如，假设你不信任自己，当你注意到自己一整周都过得很麻木，超出了你认为适当的程度（看太久电视／看太多场戏剧／吃太多东西／过度购物／喝太多酒／工作过于努力／其他什么）时，你会想："我又这样，把我的生活都毁了，我就知道会这样。我还能振作起来吗？我是不是彻底毁了啊？"

当你不信任自己时，你总在等自己犯错，这样你就能逮住机会，再次证明自己不值得信任。你变得很小心眼。你紧盯着自己犯的错，还会把这些错误牢牢记在心里。

相比之下，假设你信任自己，当你注意到自己一整周都过得很麻木，超出了你认为适当的程度时，你会想："哎，我过得太麻木了，我一定是需要什么东西，但是没有得到。我想知道我需要的到底是什么。我想知道谁能帮我搞清楚这个问题。"当你信任自己时，你不会记下自己犯的错，不会对自己那么苛刻。你对自己充满关怀与好奇，随后，你会采取行动，更好地支持自己。

疗愈不是要弄清楚该怎么做。如果你不相信自己有行动的能力，那么知不知道该怎么做都一样。疗愈就是学会信任自己。

信任是一种选择，需要随时间流逝，基于行动逐步建立起来

信任自己不是一件突然发生在你身上的事，而需要你做出选择，并通过行动来实现。无论你取得了什么成就，或者表现得多么出色，如果你不选择信任自己，你就无法真正信任自己。

荣誉并不能带来自我信任。在你的领域，你可能会一路攀上顶峰，只不过那里依然摇摇欲坠。如果你不信任自己，你在顶峰上仍旧不会有安全感，就像你开始攀登之前一样。

小心自己产生这样的需要：通过一次大胆的行动（如冲动辞去工作）来向自己证明你是信任自己的。当你为了证明自己值得信任而大胆行动时，反而可能事与愿违。信任不可能匆忙建立起来。

举个例子，我曾经接待过很多需要处理婚外情造成的残局的来访者，他们的信任感已经被打击得支离破碎。重建信任永远不可能通过大胆的行动来实现。被背叛的人并不在乎一个塞有两百朵玫瑰的房间。被背叛的人希望他们的伴侣坚持做一些看似简单的小事，比如，说什么时候打电话，就打电话过来，说他们会去哪里，就去哪里，就这样长期坚持下去。

你不必对自己做什么夸张的大事。任何与你的价值观一致的行动，都有助于你重建对自己的信任。想象一下：如果你得知有人侵入你的银行账户并盗取了 25 美元，这件事给你带来的困扰，和盗取了 75 美元不是差不多吗？打破你信任的，不是被盗取金额的大小，而是盗取行为本身。同样，帮你重建信任的也不是金额

的大小，而是任何程度上符合你价值观的行为。毋庸置疑。

"但是你不明白。我有很充分的理由不信任自己。"

我们都有很充分的理由不信任自己。我们都曾经反复狠狠地、可耻地、有意识地背叛过自己。若你能找到一个从未背离过自己心意的人，那他一定是一个孩子。随着我们渐渐成长为成年人，世界向我们打开了大门，继而，我们开始犯错。忽视自己的需求，抛弃自我，就是很多人常犯的错误。

矛盾的是，那些最信任自己的人，往往也是那些曾深深背叛过自己的人，只不过随后他们下定决心，一寸一寸向自己真实的内心走去。

你的自毁模式是你全身上下最无趣的东西，为什么要允许它主导你的身份认同？受到伤害就代表你的全部了吗？你对这套叙事还不厌倦吗？

你未曾说出口的那个更为宏大的故事，关于你真正是个怎样的人的故事，才是激动人心的所在。大量价值堆积在你的内心，就如同藏在洞穴中的一笔财富，等待被挖掘出来——我们都知道，你能感受到那些潜在的天赋和渴望。

你知道为什么你还没有展现出你的这一面，也就是坚定追求自己真正想要的东西的这一面吗？因为你不相信自己能在现实中谱写这个版本的故事。

正如玛丽安娜·威廉姆森（Marianne Williamson）巧妙表达的那样：

"我们最深的恐惧并非我们的不足，而是自身的力量超乎寻常。正是我们的光芒，而非幽暗，最令我们恐惧。我们会问自己：'我有什么资格成为一个聪明、美丽、有才华又出色的人呢？'然而事实上，你为什么就不能成为这样的人呢？你的谨小慎微并不能造福世界。故意矮化自己，以免身边的人感到不安，这并不算什么开明的做法。我们都注定要发光，就像孩子那样。不止一部分人是这样，每一个人都是如此。当我们散发光芒时，我们无意中也允许了他人散发光芒。随着我们逐渐摆脱自己的恐惧，我们的存在会自然而然地使其他人得到解放。"

当你准备好面对自己的恐惧时，你不会问自己最糟的情况是怎么样的，而会问自己真正想要的是什么。

第一步是信任你自己

相信自己，从问这个问题开始："我想要什么？"

"我想要什么"是一个非常基本的问题，但它可能会使人们如同被车灯照亮的小鹿一样茫然失措："你的意思是？你能解释一下这个问题吗？"然而这个问题就只是，你想要什么？

我明白，你对自己拥有的一切心存感激，但是，你知不知道，就算你想的东西再多一些，也没有关系？你知不知道，你的欲望并不是病态的？

内心深处好像总会有一个声音，告诉你什么对，什么不对；告诉你你需要什么，渴望什么，以及你要去哪里找到自己真正的愉悦。要适应你最真实的自我，你需要倾听直觉的声音。每当你问自己想要什么的时候，其实你就是在邀请你的直觉对着话筒直接发表意见。

大声说出来，让更多的人听到你的声音："我想要_____。"

在你确定你想要的是什么后，认同自己能够得到自己想要的东西，并用这种态度来思考和表达自我，就是另一件事了。你的内心深处可能是抗拒的，不愿意承认你内在的直觉：你是有能力的，是值得的。

与此形成鲜明对比的是，作为女性，我们能轻而易举地列出自己的不足。"认领"自己的缺点时，我们会下意识地和盘托出，毫无保留，整日整夜地"开炮"。我们像一群无聊的女服务员在背诵店里的特色菜，牢牢记得我们在自己身上察觉到的缺陷，并广而告之。

面对"你想要什么"这个问题，丽贝卡（Rebecca）倒没有茫然失措。作为一个激烈型完美主义者，她以高效的方式回答了这个问题。

我： 我需要你闭上眼睛。

丽贝卡： 我不会闭眼。不过继续吧。

我： 下面我会问你一个问题，在你回答这个问题之前，请你描述一下浮现在你脑海中的画面，任何画面都可以。

我要求丽贝卡描述她脑海里的画面，是因为我注意到，很多人一开始是通过视觉认识自己内心的渴望的。他们渴望的某种象征会浮现在脑海中，就像一场清醒的梦境，很久以后才会形成清晰的文字表达。

丽贝卡： 明白了。我们开始吧。问我问题。

她给我的感觉就像一个网球运动员，准备就绪，渴望冲向球场的任何一个位置。

我： 你想要什么？

丽贝卡： 仙人掌。

在我听到丽贝卡的回答之前，我已经听出了她的急切。我开始对她的急切做出反应，但后来我停了下来，聆听她的回答。

我： 让我帮你放慢一下速度。这个练习的目的是——等等，你刚才说"仙人掌"？

丽贝卡：我看到了仙人掌。

我：你觉得这代表什么？

丽贝卡：哦，我已经知道这意味着什么了。我老是想到仙人掌——比如在上班路上，开会时，洗澡时。我想待在温暖的地方。我需要阳光。我想住在明亮、炎热，有仙人掌生长的地方。这就是这个练习的目的吗？如果是的话，我认为我们应该继续进行下一环节。

当时正是隆冬时节。我头斜倚在窗玻璃上，窗外是白雾中曼哈顿天际线的美景。

我：这里不是很热。

丽贝卡：我知道，我不喜欢这种气候。刚搬来这儿时，我很喜欢纽约，不过现在它对我已经没什么吸引力了。我想搬到洛杉矶去。我喜欢自己在那里时的样子。在那边，什么事都更简单些。

我：你之前从没提过这些。

丽贝卡：是啊，我并不是真的会去。

我：是什么阻挡了你搬去洛杉矶？

丽贝卡：我们在那边没有办公点。

我：但是你并不喜欢你这份工作。

丽贝卡：这不是重点。

丽贝卡没有在这个城市建立任何恋爱关系，没有孩子，没有宠物，而且是租房生活。她有一些家人和朋友住在纽约，但大部分亲友分散在全国各地。她的财务状况也很特殊。她已经还清了学生贷款和债务，多年来，她的生活水平远低于收入水平，积蓄相当可观。她可以随时离开，但她选择了留下。

我: 丽贝卡——

丽贝卡: 我明白。我知道你想说什么,但人不能仅仅因为想待在阳光下,就彻底改变整个生活。

我: 谁告诉你的?

丽贝卡: 你在说什么?!没人告诉我。事实就是这样。你不能随处乱跑,想做什么就做什么,想什么时候做就什么时候做。

我: 如果你想做的事会伤害你自己或他人,当然不能随心所欲。但眼下的情况是,不做你想做的事,你会受到伤害。你很压抑,而且你告诉我,你本能地知道,你想待在一个阳光更加充足的环境中,在那里,你更容易感到你像真正的自己。我很好奇,如果你去洛杉矶旅行一番会怎么样。你也会好奇吗,还是只有我一个人这么觉得?

丽贝卡: 我很愿意在那里多待一段时间。飞机在洛杉矶一落地,我就感觉好像有什么真实存在的东西从我身上卸下了。我和那儿的人,和陌生人交谈,那种感觉很美妙。我在那里简直就是另一个人。我觉得自己更加自由。

我: 在纽约降落又是什么感觉呢?

丽贝卡: 像一场葬礼。

我: 这个词用得很重,看来你真的不喜欢这里。

丽贝卡: 我讨厌这里。

我: 你之前描述了一种权利感,你觉得"随处乱跑,想做什么就做什么"不合适。但你有没有想过,是什么让你感到自己有权四处奔波,做那些你不想做的事?

丽贝卡沉默了好一会儿(至少对她来说是挺久的)。

丽贝卡: 我不喜欢这次谈话。

我: 我不强求你喜欢。

丽贝卡: 好吧,你到底在问什么?你究竟想让我说什么呢?

我：你总是随随便便做那些你不想做的事。我希望你认真想想，你确定要把你的权利感和自由用在这些事上吗？

接下来的几次会谈，丽贝卡神神秘秘地与我分享，她已经开始想象她在洛杉矶的家的细节：一条通向前门的灰色石头小径，穿过一片未修剪的草坪。她的愿景变得越来越丰富，越来越充实。为了鼓励她在想象家的过程中收获愉悦，我告诉她我很喜欢前门这种东西，感觉它们很像某种古怪的定制信箱。

丽贝卡：我不太明白你的意思？

我：每扇门都很不一样——

丽贝卡：不不，我是问"信箱"。

我：嗯，你知道的，如果你有自己的房子，你就可以选你自己的信箱。这可不像我们这儿的公共信箱。

丽贝卡：可以自己选信箱？有人会这么做吗？

我：对，有人会这么做。

这之后，丽贝卡开启了寻找完美信箱之旅。用谷歌搜索信箱的过程给她带来了难以言说的愉悦。她偶尔会给我发她喜欢的信箱的截图，而我则回复仙人掌和太阳主题的表情。我们讨论过她的愉悦如何滋养她更深层次的渴望，信箱如何渐渐代表了某种无形但至关重要的东西。

一次会谈中，在我以为会谈尚未开始时，丽贝卡脱下外套，问我，如果她真的很喜欢这个信箱，两百美元会不会太贵了。我问："你找到完美的信箱了吗？""找到了。"她说。

对于这个转折点的出现，我们无法言明具体原因，却有着共同的理解。我们还站在挂外套的地方，我便开口说："给我看看。"

丽贝卡滑了几下手机，然后递给我。我知道这听起来很奇怪，但看着她选的信箱，就像在看一张新生儿的照片似的。它完美无缺。"哦，丽贝卡。"我说。"我知道。"她回答。

丽贝卡花了两年时间搬到洛杉矶。和其他所有人一样，她曾为"随心所欲"的权利而挣扎。她花费了很多精力在她的脑海中向想象中的委员会为自己的决定辩护。当时，丽贝卡还在与临床抑郁症做斗争，这使她更难变得勇敢、大胆，并信任自己。但是！困难不代表不可能。她做到了。

丽贝卡允许自己在即将到来的现实（即将发生的事）的框架内满足自己的渴望，而非把这份渴望当作永远无法成真的幻想，成功抵达了"黄金之州"——加利福尼亚。

与许多激烈型完美主义者类似，丽贝卡陷入了过程完美主义。她觉得她走的每一步都花费了太长时间。"只是搬家"就耗费了她不少时间，表明她十分恐惧失败。例如，她花了4个月的时间才联系上一位房产中介，这揭示了她内心深处的恐惧："看看你用了多长时间才开始行动？如果你真的想要，你早该做到了。你不会真正付诸行动的。你只是在用这个愚蠢的幻想来分散注意力。回去工作吧。"

某个时刻，丽贝卡不得不确认一下，她花了4个月才联系上房产中介，是不是意味着她这辈子都不配去加利福尼亚了。要惩罚，还是要自我关怀？那一刻我永生难忘。我也永远不会忘记她第一次在新家收到垃圾邮件时给我打的那个电话。当时我正在和来访者会谈，所以她给我留了言："我收到邮件了！上面写着'当前居住者'。我就是当前居住者呀！我住在这里！"

持续的变化往往会在细微的层面展开，它如此微小，持续时间又是那么长。当你处在变化中时，你意识不到自己到底改变了多少。有些时候，你会觉得自己根本没有变化，沮丧不已，这也是难免的。然后某一刻，成千上万看不见的瞬间，会叠加为一个可见的瞬间，骤然爆发。

这自然成了工作中我最喜欢的部分之一：来访者宣告，他们一直在努力寻求的改变，过了几个月甚至几年，"不知何故"就这样发生了，就像被施了魔法，就像连我也会感到惊讶一样。这就是"突然的时刻"带来的震撼，令人晕眩。

一些事会"突然"发生，让你意识到你一直在努力追求的目标已经成为现实。也许"突然的时刻"来临时，你正在公交车上，无意间听到一个陌生人在谈论你开发的应用程序，然后你会想："天啊，那是我的应用程序！我真的开发了一个应用程序哎！"也许你正在和你的新娘共进晚餐，服务员问："您或您的妻子是否对什么食物过敏？"你会想："天啊，我有妻子了。我们真的结婚了！"

"突然"的清单是无穷无尽的。重点在于，你正在经历一些以前对你来说几乎不可想象的事。如果你不真诚地问自己"我想要什么"，这些经历都不可能存在。

话虽如此，在生活中，有时你还是会迷失方向，这时你真的不知道自己想要什么，因为你不知道自己是谁。不过，迷失的时刻可能是你一生中最有力量的时刻。

力量的最强形态

有些时刻，人们会感到失重，情感强烈，彻底"迷失"——这些时刻呼唤人们顺应。顺应是终极的失控，也是内在力量的最强形态。顺应并不意味着认输，而是承认自己拥有超出想象的潜力。

顺应是在确认你并不孤独。当你顺应时，其实你就承认了有一个超乎你之外的力量在起作用，因为这个力量存在，你也存在，所以与那种力量相连是有可能的。顺应就是在尝试建立这种联系。

你甚至不必为你联结到的力量命名。它可以是让太阳升起的东西，也可以是笑声的炼金术属性。从世俗的角度来看，神就是你找到意义的地方，而祈愿便是在与那个意义交流。如果你觉得你在海上才能找到意义，那么上船对你来说就是一种祈愿。

顺应也是一种祈愿，说的是："我开放了自己。"经历一番磨难，开放自身之后，走到顺应这一步，这种情况并不罕见。重要的不是你要如何达到这种开放状态，而是明白，保持开放是一种强大。

顺应能够构建起一种开放的状态，在这种状态下，你将乐于接触以往你无法理解、无法把握、无法成为的东西。

当你顺应时，你不会有任何要求，只会去确认自己与那个超越你个体自我的存在的确有联系。一旦你与那个超越你个体自我的东西脱离联系，你就会陷入恐慌。

你会认为一切只得由你来决定，在这种难以承受的压力之下，你会觉得自己必须控制一切。事实是，并不是一切都由你决定，你也无法控制一切，所以你会失败。

当你失去控制却不顺应时，留给你的唯有无法挽回的失败。因为除了你自己，你不相信其他任何事物，所以失败也无法转化为其他什么。

当你失去控制但选择顺应时，你就会拥有可能性。这种可能性之所以会出现，是因为在顺应的同时，你也就放下了自恋的想法，你不再觉得自己无所不知，可以找到每个问题的答案，从而控制整个宇宙。

2017 年的一项研究探讨了适应性完美主义者、非适应性完美主义者和非完美主义者在幸福感上的差异。研究发现，适应性完美主义者报告的生活中的意义感水平最高，而非适应性完美主义者在意义寻求方面水平最高。[3]

要为你的人生找寻意义，你不一定要相信"神圣的恩惠"或拟人化的形而上学标签，但你确实需要相信某种东西。什么都不相信，就无法构造意义。没有意义，我们会倍感艰难。

寻求意义

使我们的内心充满意义的，不一定是极其严肃或正义的东西。你可以相信眼神交流的力量、公共图书馆的重要性，或一门心思做一个会随身携带美味零食的人。意义是平等的，哪怕最轻微的触碰，也会渗透到内心同样深远的地方。

你有能力赋予你选择的任何事物以意义。你也有能力通过个人的行动策略，将对你有意义的事物付诸现实。例如，如果你相信眼神交流是有力量的，可以传达对他人的肯定，并从中找到了意义，那么你可以制定一个策略：与每个你遇到的人进行眼神交流，而不是简单的事务性的互动。这样，你的生活将变得更有意义。如果你不知道对你来说什么有意义，不妨问问自己这个问题：什么东西的总和大于由部分构成的整体？比如，音乐只是一连串以特定节奏演奏的音符。如果你相信一首歌不只是一连串以特定节奏演奏的音符，那么对你来说，音乐就有意义。

一样东西原本只有字面含义，但意义会赋予它象征性的含义。

当你与某个有意义的事物建立联结之后，你会产生观点，拥有意图，但你并不掌握控制权。你想创作吗？不过你无法控制他人是否喜欢你的作品。你想爱某人吗？不过你无法保证他始终处于安全状态。

给你的生活带来更多意义，其实也有些可怕。但是，没有特殊的窍门能让恐惧消失。记住，你害怕的大部分东西只存在于你的头脑中，就让那些纸老虎咆哮吧。

无论如何，请邀请意义进入你的生活。一个懂得利用日常生活来激活对自己有意义的事物的人，正是能够运用自己内在力量的人。

难以察觉的转变

如果你不给自己机会去激活那些对你有意义的事物，你的生活注定充斥着微小的痛苦与挫败，这些痛苦与挫败还会积少成多，而且你永远无法在世界上展现真实的自我。你永远无法得到自由。

你会感觉自己生活在一个玻璃罩里，似乎只有私底下才能做自己。每一天，你并不觉得自己过得有多糟糕，而这正是这种生活最危险之处。表面上的自由，你已经很熟悉，已经习以为常了。

你可以一辈子都这样生活，甚至可以再"低调"一点儿，假装自己没有力量，并称之为谦逊。

可是，削弱自己的力量和存在感，并不代表谦逊、谦卑，或任何类似的东西。发挥自己的优势，同时认识到每个人都有自己的才能，这才是谦逊。明白无论你想取得什么成就或成为什么样的人，都需要他人的帮助，需要与他人合作，这才是谦卑。

当你不再生活在玻璃罩里时，阳光照在你的皮肤上的感觉会有所不同。差别很微妙，然而这微妙之处恰恰十分关键。你的内心会渐渐适应发生在你身上的变化，不过，对于这些变化，除了你以外，别人几乎察觉不到。至少一开始，只有你能感觉到，也只有你知道。允许自己为自己暗中的变化而高兴，你会感到愉悦，而这也是你给自己的一份礼物。

如果你不断拒绝体验愉悦，你就是在向自己传达这样一个信号：我不相信你能够拥有力量，你需要受到控制。

在控制的思维模式下，愉悦就是一种干扰。当你处于稀缺状态，要求外部不断认可你的价值时，你是没有时间快乐的。你会将快乐理性化，制定一个绝佳的计划，安排自己以后再来变快乐。

在力量的思维模式下，你允许自己今天、现在就从世界中收获快乐。不是因为你赢得了快乐，也不是因为你想"做坏事"或做"不恰当"的事，而是因为你活着。

如果是愉悦邀请快乐进入你的生活，是信任邀请愉悦进入你的生活，那又由谁来邀请信任呢？

自我宽恕

如果你正在努力重建对自己的信任，那么你很有必要审视一下过去的自己，看看有没有需要现在的你原谅的地方。重建信任、原谅自己听起来可能很难，但其实并不是这样。在接下来的几分钟内，你就能重启对自身的信任和宽恕，因为信任和宽恕不是非黑即白的。

你可以仅仅有些许信任自己，完全信任自己，或者介于两者之间；你可以大多数时候信任自己，完全不信任，或者毫无保留地信任自己。宽恕也是如此。你可以稍稍原谅自己一点点，原谅自己大部分的过失，或者介于两者之间；大多数时候能原谅自己，完全不原谅，或者无条件原谅自己。俗话说得好，宽恕不是一条需要跨过的线，而是一条你得走上的路。

如果你无法毫无保留地信任自己，或无法无条件地原谅自己，那也没关系。认为在生活中的每个方面都必须百分百地爱自己、原谅自己、信任自己，才算健康或得到了疗愈，这种观念是荒谬的。

例如，常有人对女性说要"爱你的身体"，因为一个错误的观念认为，只有当你爱自己身体的外观时，才算是"真正"爱自己。虽然是出于善意，但是要求女性爱自己的身体，依然将身体放在了她们通往幸福的主要（强制）道路的中心位置。人们把爱自己的身体视为自信最显著的标志，宣称这是女性心理健康的最高指标。在健康领域，爱自己的身体和爱自己之间几乎可以画等号。

爱自己并不取决于是否爱自己的身体。爱自己和爱自己的身体不是一回事，因为你并不等同于你的身体。你可能会喜欢你的身体，欣赏你的身体，不喜欢你的身体，或者根本不怎么在意你的身体。你也可能爱你的身体，却讨厌自己。

我们往往认为，只有爱自己的身体，才算真正爱自己。我们还觉得，如果我们已经原谅了某人，却还时不时对他感到愤怒，那这份原谅就"不算数"。我们以为，除非把我们和堪称我们"阿喀琉斯之踵"的人或习惯关在一起，我们也不会受其影响，否则，我们就不可能真正相信自己。根本不是这样。

你有能力选择以非二元视角而不是非黑即白的视角来审视宽恕和信任。哈丽特·勒纳博士的突破性著作《你为什么不道歉》（*Won't You Apologize?: Healing Big Betrayals and Everyday Hurts*）颠覆了旧有的迷思，这本书应该被列入每个高中的必读书目。书中，她聚焦于一对因出轨问题来找她咨询的夫妻，萨姆（Sam）和洛萨（Rosa）。

最终，这对夫妻决定将婚姻维持下去，不过几年后，他们再次向勒纳博士求助，因为他们与孩子之间出现了问题。那次会谈快要结束时，萨姆突然转头问洛萨她是否已经原谅了他的出轨。洛萨回答："原谅了百分之九十。我原谅你出轨的事，但我永远不会原谅你在我不在家的时候，和她在我们的床上睡觉。"

用勒纳的话来说，"洛萨原谅了萨姆百分之九十，这足以使他们把婚姻维持下去，好好往下过……我猜，洛萨坚持保留那百分之十的不原谅，反倒让萨姆更尊重他的妻子了。也许许多年后，这百分之十的不原谅会减少，也许不会。无论如何，洛萨知道她有充分的理由不原谅其中一些事，而不是宽恕一切"。[4]

就像宽恕他人一样，自我宽恕也不需要达到百分之百，你才能继续前进。

完美主义者要自我宽恕，总是阻力重重。自我宽恕不利于责任感的提升，而且（简单点说）我们并不知道如何原谅自己。宽恕究竟是什么样的？我们究竟是为了什么而原谅自己的呢？

我不知道你是不是本来就没有什么好原谅自己的。但我知道的是，如果你违背自己的正直、忽视自己的直觉、忽略自己的渴望，或对真实自我的其他方面弃之不顾，还不承认，那就成问题了。这是一个问题，因为不被承认的事会招致怨恨。

怨恨是很沉重的。如果你想让心情轻盈起来，轻盈到足以感受快乐，你就必须放下那些让你沉重的东西。

可是，要怎么做？

根据勒纳博士的说法，"原谅这个词和尊重非常相似。没人能命令、要求、强迫别人原谅，也没人能无缘无故被原谅"。[5]勒纳博士还指出，在她看来，人们说自己想得到原谅，"只是想使自己愤怒和怨恨的重担消失。解决、超然、继续前进、放手之类的说法，可能才更适合用来形容他们寻求的东西"。[6]将这些说法应用到自我宽恕上，乍一看可能有点问题——你怎么能超然于你自己，或放下你自己，继续前进呢？的确不能。

你曾经认为，你的个人价值与你过去犯了多少错存在某种联系。实际上，你需要超然于这个想法，放弃这个想法，从而继续前进。何不考虑一下这个观点：这一刻的你并不是由过去的自己定义的。

自我宽恕就是能在身份认同中留出一些空间，容许新的自我出现。在"画布"上给自己留一些空白，无论是大是小，这是一种慷慨的行为，也是真正开放的标志。

宽恕也意味着回应当前这个你，而不是过去的你（请记住，"一小时前"也算过去）。

我们都听人说过，感激之情能使人更快乐，这话只说对了一半。感激能使人更快乐，前提是你已经给了自己足够的宽恕，让快乐得以进入。不要以为感激是快乐的关键。感激是快乐的油门，自我宽恕才是启动其他部件的钥匙。

需要明确的是，宽恕不等同于信任。你生活中没有这样的人吗？你已经原谅了他们，不再对他们心怀怨恨，只不过你也不允许他们靠近你，因为你根本不信任他们。爱、信任、宽恕——不是拥有三者中的哪一个，就必然能得到另外一个。

总结如下：原谅自己有助于将怨恨释放出去，而后找到一处干净的平地，重新搭建与自己的信任之厦。信任自己，你就会允许自己愉悦。愉悦会带来快乐。但是它们都不会带来确定性。

确定性

确定性并不真实存在。治疗师们一次又一次地见证了确定性的颠覆。有时，人们认定的有关他们生活的所有事实，在 10 个月、10 小时，甚至 10 秒钟内，就会发生改变。

当你与自己紧密相连，并且活在当下时，其实你并不需要什么确定性。当你真正信任自己时，你就会明白，无论你周围发生了什么变化，通往你内在真实自我的正确道路仍有千万条。

我们往往希望只有一条通向真实自我的路，这样我们就能知道我们必然成为什么样的人了。如果我们能确定自己做得没错，就不用为做得对不对而困扰了。从更深的层面上看，原本我们会带着强烈的感情色彩思考什么才是真实自我，然而，这种思考渐渐转化成一种不断验证自己价值的需求——如果我们做了一件好事，我们就可以认为自己是好人。我们还希望直接根据自己做的事来定义我们是谁，因为将你是谁与你做了什么区分开来，确实是一项艰巨的任务。

我们减肥，希望减肥这件事代表我们生活方式很健康。我们戒酒，希望戒酒代表我们对自己负责。我们做慈善，希望做慈善代表我们关心他人。我们进行性生活，希望进行性生活这件事代表我们接纳自己的性取向。也许我们很容易赢得他人的喜爱，我们希望这代表我们值得被爱。我们进入一所顶尖学校，希望这代表我们很聪明。也许我们外貌出众，我们希望这表示我们很自信……

我们始终无意识地依赖着这样一种观念：我们的关系、外貌和成就定义了我们，决定了我们值得拥有什么。

你是一个人。你不是你所做的事，你拥有的东西，你与谁在一起，或你的外表看上去怎么样。你是世界上一股广阔、有力、强大、持续变化的力量，就像大海，而不是破旧的房子里某个被遗忘的小房间。你允许自己变得越宽广，就越容易找回真正的自己。

如果你认为自己只是一个小房间，你会去寻找进入这个房间的门。而如果你把自己看作大海，你会知道，你可以从无数个地方跳入其中。前者会引起焦虑："如果我找不到门可怎么办？"而后者则像一场能给你带来更多力量的冒险："今天我该从哪儿跳呢？"

　　当你沉迷于寻找那个唯一正确的人、唯一正确的工作、唯一正确的房子或唯一正确的生活时，你就陷入了控制的思维模式。成为真正自己的方法并不是唯一的。不是只有"一扇正确的门"能通往真正的你所在的地方，就像你不是只能从一个正确的地方跳入大海。

　　即使你深信某个人确实是那个对的人，某件事确实是那件对的事，你的想法也可能发生变化。人会变，工作会变，激情会变，城市会变——一切都会变。适应性完美主义者会积极地体验变化，因为他们喜欢推动自己成长，而没有变化，就无法成长。

　　变化之所以那么可怕，是因为我们认为，它会要求我们重新整理自己，从而找到一条全新的、唯一正确的道路。然而，当你始终与你广阔的意识相连，变化就没那么可怕了，因为你知道自己的心灵是广博的，而不是渺小的，自然会有无数条道路能通向你自己。

现实生活中，信任自己有什么表现

　　如果把生活过成一出浪漫喜剧，那么变化无处不在、层出不穷，还仿佛伴随着欢快的配乐。总有人站在电梯里，捧着纸箱，一脸伤心，然后音乐蒙太奇便神奇地出现了。

　　先是那个人在又一次度过辛苦而漫长的一天后，脸朝下倒在床上的场景。然后，他会踩到口香糖或狗屎，也可能会把咖啡洒了自己一身，或者错过公交车——重点是，他会"坚持下去"。

　　之后，在这首动听的曲子结束之前，他会站在镜子前，露出灿烂而自豪的微笑，对身上那套漂亮的衣服进行一番毫无必要的整理。在短短的一段时间内，甚至比我洗牙套的时间还要短，他就获得了闪亮的新生活，拥有了他想要的一切。不过，变化并不是这样的。

若你相信自己，你会为一套你尚未拥有的房子私下花一个月的时间挑选信箱，却解释不清这样做为什么这么令你愉悦，为什么对你来说那么重要（这事还总让你有点尴尬）。相信自己，就是拾起勇气，为遵循自己的直觉而做好每一个微小却有意义的步骤，勇敢抵御那些不断诱使你轻视这些步骤的东西。相信自己，就是将挫折与个人"解绑"。相信自己，就是认识到即使你确信无疑的某件事发生了变化，这也并不意味着你错了，你做了一个糟糕的选择，或者你的直觉有问题。

当你处于适应性状态的时候，你会允许那些对你来说十分完美的事物发生变化，因为你知道完美来自你的内心。关于丽贝卡搬家这件事，有一点很有趣，那就是她其实根本就没有买信箱。找到合适的房子后，她说随房赠送的那个信箱"已经很完美了"。她知道她为自己做出了正确的决定，而她投射在信箱上的完美的感觉恰恰反映了她对这个决定的认同。搬到洛杉矶以后，丽贝卡感觉自己是完全、完整、完美的，并且她的内在状态也影响着她对外界的感知。

当你处于非适应性状态时，你感受不到自己的完整（完美），所以你试图将追求完美的任务"外包"。你的世界从表面上看很完美，但你的内心却痛苦万分。

如果你不习惯询问自己想要什么——我们每个人不都会在某个时刻陷入这种状态吗，那么，相信自己首先就是要足够勇敢地问自己这个问题，然后相信自己的答案。你最真实的生活可能不会像你预期的那样，但是，相信自己意味着允许自己去享受和拥抱生活中出现的惊喜。

最后，相信自己意味着你知道，尽管你得花很长的时间才能做到按自己的意愿生活，比你想象的要久得多，并且这种生活和你的设想并不一样，但你能够做到——事实上，你已经在这么做了。

作家霍利·惠特克（Holly Whitaker）有一段话说得很精彩："我们总是、永远都在做自己心里设想的那些事。早在意识到这一点以前，我们就已经是这么做的了。孕育你想要的一切，可能是一个漫长而又无人在意的过程，种种障碍铺成了你前行的路。如果你觉得自己并没有做什么，又或者你还等着哪天可以真正开始大干一场，请记住，这一刻，其实你已经在行动了。除了你已经走上的那条路，没有别的路可走……你正在行动。就是这样。"[7]

需要一些时间

你以为最多 6 个月就能做成的事，不知怎的却花费了你 5 年时间。生活会闯进你的房间。没关系——生活会闯进每个人的房间。个人不能在真空中成长，而我们面临的那些极具挑战性的状况都是真实的。

我们不能在需要钱和健康保险的时候，说辞职就辞职。我们的孩子需要稳定的生活和好学区。我们的学生贷款和医疗费用高得离谱。我们爱的人或许正在与成瘾做斗争（又或许我们自己就是别人所爱的正在与成瘾做斗争的人）。我们不得不面对时间限制、遗传倾向、不良信用、糟糕的房地产市场、过去的创伤、过度焦虑、抑郁，我们的背部也老是出问题。

再次强调，每个人的生活中都会发生很多事。

在很长一段时间里，而且很可能是一段十分痛苦的时期，你

追求的东西都会显得遥不可及。但是，要记得，积极追求生活中
你真正想要的东西，哪怕再难过，也好过否认自己最真实的渴求。

易得者易失

你身边总会有一些人，似乎能做到"下定决心就行动"，而
你却不得不慢慢努力。这些人身上背负的责任不是很重，心理问
题也没那么严峻，他们拥有更多金钱、特权、资源、人脉，等等。
例如，都是想搬到这个国家的另一头，需要照顾年迈或生病的父
母时，与不需要考虑这种家庭责任时，体验完全不同。

那些"立刻"就能行动的人，一样需要面对他们自己的挣扎。
能够立即得到结果确实诱人，但迅速得到你想要的东西是有代价
的。正如泰勒·本 - 沙哈尔（Tal Ben-Shahar）博士所说，"没有失
败从中调和，天赋和成功可能是有害的，甚至是危险的"。[8]

那些几乎不费吹灰之力就得到了他们想要的东西的人，会错
失培养自己维持成功所需的力量和技能的机会。虽然每条规则都
有例外，但谚语"易得者易失"在这里非常适用。

需求不等同于你想要的东西

多和彼此聊聊我们是如何努力，然后变得更有韧性的，我们
有望实现一个巨大的飞跃——从"为生存而努力"到"为个人长
足发展而努力"的飞跃。"你想要什么"或许的确是个基本问题，
但它没有"你基本的人类需求得到满足了吗"那么基本。

说到基本人类需求，我们往往会想到物质需求：食物、水、

住所。人类也有基本的心理需求：尊严、情感安全、自由——这些并不等同于你想要的东西。

基本需求得不到满足，我们就无法发挥自身的潜力。一旦基本的人类需求得不到满足，创伤也就随之而来。[⊖]我可以用 7 个字来概括创伤，虽然这么说可能过于简单了：创伤是一个障碍。只是把自己从创伤的情境中抽离出去，并不足以消除创伤所造成的障碍，抽离只能起到"止血"的作用。止血和使伤口彻底愈合是不同的。

在系统性创伤中，你甚至无法从创伤的情境中抽离，因为这时的情境就是文化。很难接触到优质医疗资源，一次又一次遭受暴力对待，在地理上被隔离在社区护理之外，生活在贫困中，饱受白人至上主义之苦，种族主义盛行——这些慢性心理社会压力源正是引发系统性创伤的常见因素。

我们不愿意视自己为遭受创伤的人，因为这让我们觉得自己是一个受害者，只是被动承受着伤害。然而，恰恰相反，理解我们身上正在发生什么、为什么会发生、我们可以做些什么，会给我们力量。

承认创伤已经造成（或正在发生），学会识别其广泛影响，并把创伤敏感的干预策略纳入你的疗愈，你将能够消除创伤造成的障碍。

当我们的基本需求得不到满足时，采用创伤敏感的应对方法，有助于将自己功能失调的来源外化。换句话说就是，这不是你的错：不是你不再完整了，你没有变坏，你不是一个糟糕透顶的人。

⊖ 无论这样做好不好，反正现在到处都有人用创伤这个词来形容困难。由于你才是那个负责赋予你的世界意义的人，因此，只有你能评判某个经历对你而言是否具有创伤性。

你正在黑暗中经历创伤。而你有能力点亮一盏灯。[⊖]

帮助自己和他人创造想要的生活，离不开社区护理。

社区护理

社区护理能促使人们相互依赖，你既允许自己为社区提供帮助，也很大程度上愿意接受社区的帮助。从宏观层面看，实现社区护理的前提是理解健康的社会决定因素（social determinants of health，SDOH），还需将社会护理模式融入跨学科领域（如初级卫生保健系统、城市和区域规划、老年学、教育政策等）。

例如，提供拼车和公共交通项目，发放用于就医或前往老年照护机构的出行券；建立提供普惠医疗服务的远程医疗平台；要求教育机构将 SDOH 纳入其核心课程。

从微观层面看，社区护理的形式包括建立共享托育或老人监护的沟通渠道（可以是 3 个邻居的群聊）、设置社区冰箱、开展玩具和图书交换活动、每月举办活化社区的聚会、开展社区聚餐、举办街区派对等。成为一个好邻居就是社区护理的一种体现：这可以很简单，比如邻居没有梯子，够不着灯泡，而你有，于是你帮他换灯泡；帮新手妈妈照顾孩子；或者给一个困难家庭送去食物。

社区护理还可能意味着借用你的特权采取行动，正如作家和活动家布里塔妮·帕克内特·坎宁安（Brittany Packnett Cunningham）所写，"走向团结而非慈善"。

⊖　在我读过的讲述创伤是什么及如何应对的书中，最好的书是《你经历了什么？：关于创伤、疗愈和复原力的对话》，作者是奥普拉·温弗瑞和布鲁斯·D. 佩里博士。这本书以两位作者对话的形式呈现，讲述了很多故事，所以会比读者一开始设想的更容易理解。

也许我听过的对社区护理最好的定义来自玛雅·安吉洛博士，她说："这样做，你的生活会更加丰富。你属于每个人，每个人也都属于你。"

要对自己的抗拒有一定预期

有很多术语可以用来描述人们推开自己最深切渴望之物的倾向。不过我更喜欢这个简单的词：抗拒。

"你就是自己最大的敌人""别阻碍自己"之类的说法，暗示了抗拒中的自毁本质：我们的内心会与对我们来说正确的东西展开对抗。

所有人都会有抗拒的时候，抗拒就像打喷嚏一样自然。你想结束一段你知道不适合你的关系？那你要对自己的抗拒有一定预期。你想在事业上更上一层楼，你骨子里清楚自己已经准备好了？那你要对自己的抗拒有一定预期。你想写一本书、开一家公司、戒烟、和孩子们建立更有意义的联结、进行艺术创作、深呼吸、早点儿上床睡觉、寄一封信、吃沙拉，做任何不带有明显自毁色彩的事？那你要对自己的抗拒有一定预期。

杰出艺术家史蒂文·普莱斯菲尔德（Steven Pressfield）很好地描述了抗拒的心理：

"抗拒是一种无偏无私的自然力量，就像重力……它的出现本质上是一个好兆头，因为如果没有梦想，抗拒就永远不会出现。梦想诞生于我们的心灵（就算我们否认梦想，就算我们无法或拒绝承认梦想，事实也是这样），就像一棵树在阳光中向上生长。同时，梦想的阴影，也就是抗拒，也会出现，就像现实世界中的树投下的真实的阴影。这是一种自然法则。有梦想，就会有抗拒。因此，当我们产生抗拒心理时，我们也一定有一个梦想。"[9]

梦想越大，它投下的阴影也就越大（产生的抗拒感就越强烈）。抗拒是一件好事，它表明你正在追求某种真实的东西。没有必要将抗拒感的产生归咎于个人。抗拒是成长不可分割的一部分，即使你已经变得"健康"，它也不会就此消失。

无论你变得多么优秀、进步多大，无论你如何变化，抗拒都会随着你的成长同时发生变化。另外，抗拒的例子数不胜数，不过对完美主义者来说，抗拒的核心是抗拒他们内在的价值。

解决抗拒的方法不是用纪律约束自己，而是寻求愉悦。愉悦是许多问题的解药。找到能给你带来真正愉悦的事物，而后你将找到回归自我的路。

最令我愉悦的事

倾听是我最大的乐趣之一。我总是在倾听——在杂货店排队的人群中，在地铁上，在博物馆里，我都会倾听。我控制不住，也不想控制。

高中时，我在一家餐厅当服务员（那是在北卡罗来纳州），我的老板是个很"南方"的人，经常威胁我说他要解雇我，因为我老是坐下来和顾客聊天。顾客和我聊得热火朝天，一不注意，我们就坐在一块儿了。当我抬起头时，我会看到老板试图用他鼓鼓的眼睛隔着房间与我心灵感应。

他会晃晃脑袋，示意我到厨房去，我们一穿过摇摇摆摆的门，跨过门槛，他就会用那种甜蜜的卡罗来纳口音给我"上课"："这是最后一次，姑娘，你要是再犯，我就开除你。"可是，我一次又一次做了这"最后一次"，我也不知道我这是在干什么，后来我就被解雇了。

大学毕业后，我搬到了伦敦，在富勒姆百老汇地铁站里的一家小珠宝店工作。通过倾听，我了解到，佩戴珠宝是为了感受某种东西，而赠送珠宝则是想表达某种东西。每当有顾客进门，无论他们有没有意识到，他们想感受或表达的东西都会随之而来。他们会告诉我一些事，一些私密的事，尤其是当店里没有其他人的时候。我最喜欢接待紧张的英国男人，他们要么遇到了麻烦，要么深深沉浸在恋爱中，要么两者都有——紧张的英国男人总是说个不停。

显然，酒吧侍者的工作非常适合倾听，我还很喜欢当"衣帽寄存员"——我能听到人们以各种各样的方式同彼此道别。我喜欢我曾做过的每一份工作，因为在每一份工作中，我都找到了倾听他人的方式。你应该能想象到，当我成为一个职业倾听者后，我有多么快乐。

作为心理治疗师，我已经花了成千上万个小时倾听，但除此之外，其实我一生中从未停止倾听。虽然我倾听的范围很广，但我从中捕捉到的东西却很微小。我发现每个人想要的都可以归结为同一样东西：联结。

在我们努力寻找生活的意义的过程中，我们深深地沉醉于存在主义。然而其实事实很简单：所有人都渴望联结。正是联结给我们的生活带来了快乐和意义——一直是这样，将来依然会如此。

迄今为止我可能听到过上百万句话，不过我想告诉你的是，我从来没听到过哪个人这么说：

"我很怀念她，我们还没离婚时，她一直保持着我们婚礼那会儿她的体重。"

"看到她 30 岁之前就能买房，我就知道我们会成为至交好友。"

"看到他们的简历时，他们的勤奋深深吸引了我，那一刻我意识到我必须让他们加入我的团队。"

"我女儿已经离开家，去上大学了，我常常回味记忆中她总是穿着得体的样子，还有她考到高分时的样子。"

"他在整个演艺生涯中都没有失败过，这让我深受鼓舞。"

"只要她发型不错，又能逗我开心，我愿意为了和她再待一天而付出任何代价。"

"最吸引我的是她 Instagram 照片中那雕塑般的臂膀，线条优美、皮肤光滑。"

你是不是在努力追求外在的成就——职业发展、好身材、在特定年龄之前达成特定的成就，认为这样就能证明你和别人一样？我想真心实意地对你说：没人在乎这些。

大家关心的是你本人，而你并不是一张汇总表，记录着你眼中生活的成与败。你带进房间的能量，比你所做的任何事都更有价值。

我们喜欢在谈论能量之前先发布一番"免责声明"："我知道这听起来可能有点玄乎 / 奇怪 / 神秘 / 嬉皮，但是……"其实，精准感受他人能量的能力并不神秘，而是我们同属一个物种，相互关联的一种方式。我们能感受到房间里的某人向我们投来的目光，于是我们会转头去看。我们能感觉到氛围紧张得仿佛拿刀才能切开，尽管紧张的氛围是无形的，但我们能感受到它的能量。实际上，我们都与彼此紧密相连，而我们的大脑甚至还无法理解这一点。

承认我们能感受到彼此的能量，并不意味着我们必须开始点香薰、摇手鼓，或者搬进树屋生活。承认我们能感受到彼此的能量，能帮助我们理解自身蕴含的能量有多强大。

陪伴别人走过悲痛的几年，你就会发现我们对物质有多不在乎。我们在乎的是彼此的存在本身。我们只是想再在休息室开开玩笑，再次一起慢慢吃顿晚饭，再一起散会儿步，再洗个澡，再穿着睡衣共同享受一个悠闲的假日早晨。如果你能以某种方式，和你所爱的、你失去了的人再做一次上面说的这些事，你会觉得自己度过的每一秒都完美无缺。完美，因为你存在于此。

你会清楚地意识到，这样的经历是一份礼物，你会细细品味其中美好的平凡。很快你就会明白，主要事物和次要事物的重要性竟然差那么多。你会感到自己无比完整。你能毫不费力地共情和宽恕他人。快乐会涌向你的四肢百骸。

我们每天都会和仍在我们身边的人、和我们自己一起，"再做一次"上面说的事，甚至可能做上一百次，只是此刻我们没有为他们而"存在"。其实，为了"存在"，你所需要的一切，你已经拥有了。为了拥有更强大的力量，你所需要的一切，你已经拥有了。为了享受你的生活，你所需要的一切，你也已经拥有了。

自我接受确实需要你接受自己的缺陷和局限，不过，它还要求你接受自己的完整。你的内心有一个地方是完美、完整、自由的。在那里，你犯的错无法撼动你的本质，过去根本不重要。你的这个绝不可能破碎的部分，就待在你内心深处一个隐秘的空间，无论你做什么，都不会对它造成损伤。若你能与自己内在的那个地方相连，你就能触碰你的力量。

接触自身力量不是一个做完即止的任务，而是你一生的功课。我们都会一次又一次地失去控制，也都会面临同样的选择：要么努力回到控制的幻觉中去，要么努力与自己的力量相连。

在前行的路上，你所做的一切选择只属于你自己。你会选择自我惩罚还是自我关怀，孤独还是陪伴，表演还是自由，孤立还是支持，怨恨还是宽恕，猜疑还是信任，即时满足还是愉悦，计划在未来的某一天获得快乐，还是立即享受快乐？

你会选择控制，还是力量？

要记得，你可能会忘记这些。你的注意力会转向别处。你得上网支付上个月体检时你做的血液检查的费用。你得打电话给派对装饰店，因为如果生日派对上没有气球，没人会开心的。当你的注意力转移，或你没有处在"存在"状态的时候，你会做出错误的选择。

总有一些时候，你会忘记这本书里的内容，这没关系。明明是我写了这么一本书，但我也会有全然忘记这些内容的时候。不要用你忘记的部分来编织你的故事，而要用你记得的部分。

作者的话

　　人是时刻发展变化着的生物，其身份认同并非静止不变。正如狄巴克·乔布拉（Deepak Chopra）所说，"身份认同充其量只是一种暂时的体验"。在本书中，我讲述了 5 种完美主义者（及"完美主义者"本身）的身份认同，希望能引导读者关注行为、思维、感受，以及与自己和他人关系的模式。

　　只考虑你是或不是什么样的人，这是一种二元思维。尽管二元逻辑在某些情境下是有用的，但它过于简单，无法精准地反映人类复杂的情况。

　　我们是不是完美主义者？认不认同这个身份并不重要。我写这本书是为了帮你与真实的自我建立联结，无论你是谁，无论你选择怎样定义自己，都不打紧。

　　标签不能代表你是怎样的人。标签代表的是我们想用某种程度上可靠的方式来概括我们的经历。卡尔·荣格的内向者和外向者等基本人格概念，阿尔弗雷德·阿德勒关于普遍存在的"自卑情结"的看法，埃利奥特·杰奎斯（Elliott Jaques）的"中年危机"观念，约翰·鲍尔比（John Bowlby）的 4 种依恋风格，加里·查普曼（Gary Chapman）的"爱的 5 种语言"，亚当·格兰特

（Adam Grant）提出的给予者、索取者和匹配者概念，格雷琴·鲁宾（Gretchen Rubin）的 4 种倾向，苏珊·凯恩（Susan Cain）的快乐或苦乐参半导向——这些只是无数对人类非凡经历进行分类的方式中很小的一部分。

和 5 种完美主义者一样，这些标签本质上都是有限的知识构建。它们只是别人提出的想法，而不是真理。它们是别人的观点、别人对人们行动模式的解释、别人命名其观察到的现象的一种尝试。除非这些分类方式对你有特殊的意义，否则，它们就毫无意义。

疗愈是一个高度个性化的过程，两个人的疗愈过程可能截然不同——无论是疗愈的速度、方法，还是引起共鸣的话语。每个人获得疗愈的方式都独一无二。你最需要什么，只有你自己才知道。

要是最近没有人对你说（或从未有人告诉过你），关于你的生活、动机和欲望，你才是那个最好的专家，那么，请你牢记：你是否遇到了难题，你的能力有多强，该由什么来定义你，你是不是完美主义者，某件事是不是件好事，以及你需要做什么或不做什么——这些都应该由你说了算。

推翻"任何人都能指导你如何成为真正的自己"这个想法。尽管他人的出发点可能是好的，他们可能是出于爱心，基于专业资质、权威或经验，才想来指导你的，但你才是唯一真正了解你自己的人。

放下控制并不会自动使你获得力量。有时，放下控制只是把控制权交给了他人。将控制权交给他人是对自己力量的另一种否定。不要让任何人，包括我在内，告诉你你是谁，而应该由你来告诉他人你是谁——这就是力量。

作为我个人的作品，这本书展现了我的观察、我的经验、我的观点、我的偏见。我不想把我的观点和理论当作这个问题的终极结论呈现给大家。我也不相信这个问题会有终极结论。

我写这本书是为了启发大家讨论。我希望这些内容能引发更深入的讨论，讨论完美主义是什么，它是如何影响我们的，我们又能如何影响它，以及在更广阔的层面上说，如何将我们心理健康和心理疾病的不同方面整合起来，实现整体健康。

这本书中还有几个关键问题没有得到解答，包括完美主义与进食障碍的关系、社会上认为有色人种的完美主义是对白人至上主义的回应、完美主义在心理学文献中的起源（将完美主义定位为心灵中最积极的力量之一）、完美主义研究的局限性等。

为了解答这些问题，并将我们才刚刚开启的讨论继续下去，我在博客上发布了一篇"作者的话"作为补充，欢迎您访问我的博客阅读。其中还有一个专门的页面，提供了一些关于心理健康的资源。

就像每位心理治疗师都会说的那样，让我们继续讨论这个问题。

致　　谢

在这里，我特别要首先感谢我的来访者们。我曾学到过很多东西，其中，是你们教会了我，帮助者和受助者之间没有界限，而是彼此相连。如果我现在正在为你们提供服务，或者我曾经服务过你们，请记得，我永远站在你们这一边。和你们相遇让我受益匪浅，我对你们永远心存感激，因为在所有你们可以选择的心理治疗师中，你们选择了我。我想写一本书来纪念我们共度的时光，讲述你们是如何信任我、帮助我、教育我，也塑造了我。我知道这次尝试可能会失败，但是我必须试一试。我希望，即使我失败了，我的这次经历也能对你们有一定帮助。

感谢 Rebecca Gradinger。如果此刻 Marianne Williamson 能看到我们做的事，不知会做何感想！RG 训练营可不是闹着玩的，不过，参加训练营的经历为我写这本书做了准备。多亏你对本书大纲进行了打磨，它才能够出版，而且你的工作帮我找到了作为一名作者的自信。对一个第一次写书的作者来说，还有什么比这更好的礼物呢？我很荣幸能加入你长长的作者队伍，并像队伍里其他每个人都做过的那样对你说："如果没有你，根本就不可能有这本书。"我相信总有一天，我们能在同一时间就同一件事达成一致，在那个阳光灿烂的日子里，我们会放飞和平鸽，看着它们飞越纽约的天际线。在那之前，请接受我最诚挚的感谢，谢谢你让我梦想成真。另外，我还要感谢 Kelly Karczewski, Elizabeth Resnick, Veronica Goldstein, Melissa Chinchillo, Yona Levin, Victoria Hobbs, Christy Fletcher，是你们在幕后把一切打理得井井有条。

Niki Papadopoulos，感谢你在决定性的时刻通过了这个选题，毕竟在这种时候，就连下决心去喝杯咖啡都不容易。你总是很令人振奋，是最棒的老师，也是一位出色的编辑。我不知道你的智慧从何而来，但我想它一定来之不易，感谢你将你的智慧分享给我。和大多数只是做自己，就能使他人的生活变得更好的人一样，你可能很难理解自己究竟给予了我多少帮助。

感谢 Porfolio 团队！我给你们的只是一个 Word 文档，你们却给了我一本书！得到写作本书的机会，是我一生中最值得称道的经历之一，而贵团队的每一个人都让这段经历变得更加美妙。Kimberly Meilun，谢谢你不厌其烦地为我解释每一件事，谢谢你用你的编辑眼光为我提供帮助，谢谢你不断提醒我如果有需要，你们会给我额外的支持。Sarah Brody，谢谢你为我设计这个美丽的封面，我会永远珍惜它。如果你不是很喜欢我，我保证，以后我们的关系只会变得更好！Margot Stamas, Amanda Lang, Mary Kate Skehan, Esin Coskun，你们的热情和你们采取的绝佳策略，从一开始就令我印象深刻。感谢你们这么支持这本书，就好像这是你们做的唯一一本书一样。感谢所有编辑、校对员、设计师和制作团队：Plaegian Alexander, Nicole Wayland, Lisa Thornbloom, Megan Gerrity, Meighan Cavanaugh, Jessica Regione, Caitlin Noonan, Madeline Rohlin，你们向这本贴近人们内心和思想的书倾注了大量心血，你们谨慎细致，以完美主义对待它，为它深思熟虑，这让我感到难以言喻的满足。谢谢你们让这本书焕发生机。

Adrian Zackheim，感谢你为我开绿灯，谢谢你在我需要时间的时候，给了我更多时间，也谢谢你总是乐于帮助我。特别是，尽管你身处一个常常说"不"的行业，却热情地为我说"好"。能够为你和你优秀的团队工作是我的荣幸。

感谢 Seth Godin。选择 Portfolio 团队有很多理由，但你是最大的理由。谢谢你将我拉离那种礼貌而低调的生活。还有 Leah Trouwborst，谢谢你曾为这本书如此努力地争取。在平行宇宙中，你我现在肯定正在快乐地闲逛。

感谢我的第一批读者和最早的支持者：

Jean Kilbourne，青少年时期读到你的书是我经历过的最美好的事情之一。那时你的书给我的支持和鼓励，就像魔法一样神奇。而现在你的支持和鼓励恰似一个轮回，我感动得几乎要流泪。Lori Gottlieb，看上去你总能轻轻松松让他人振作起来，但是我知道，这需要耗费很多精力。谢谢你将你宝贵的精力直接传递给我。我时常回想起你是多么慷慨。Susan Cain，我竟然不知道该对你说些什么好（不过我想到了几首歌）。但我想说，当我完成这本书，从写作的孤独中走出来时，我最先听到的就有你为我加油的声音。得到你的支持，我真的好开心，我永远不会忘记那种感觉。Deepak Chopra，你很完美，不过你已经知道这一点了。谢谢你对我敞开心扉，对一切都敞开了心扉。我对你充满爱意。Holly Whitaker，你是个非凡的天才，我喜欢看你一路前行。感谢你及时的支持。Dr. Bruce D. Perry，我打心眼里感谢你做了这么棒的研究。坦白地讲，我简直难以用言语表达对你的感谢，谢谢你成为这本书的第一批读者，而且如此支持这本书。Dr. Tal Ben-Shahar，本来我对你的印象就深刻，不曾想，你能这么开放地接受关于完美主义的多种视角，还十分鼓励就完美主义进一步展开讨论。说到做到的领导者真是令人激情满满。Michael Schulman，你在艺术上的坚持，还有你给予我的友谊和热情，始终那么鼓舞人心。谢谢你总在清晨"秒回"我的短信，我们一起在水库边散步，那时你的话让我觉得自己就像一个真正的作家。还有 Ashley Wu，新冠疫情夺走了很多东西，但是我会永远记得它让我离你更近了一步。感谢你为我提供了空间，使这本书得以诞生，还大力支持这本书的宣传，你的支持简直扭转了乾坤。

　　我还要特别感谢 Dr. Brené Brown。你堪称个人界限的守卫者，没有人能帮我把这本书和我的便条带给你，不过，这也不免让作为治疗师的我露出大大的笑容。简而言之，是你的研究让我成为一名更好的治疗师，也成为一个更好的人。谢谢你。

　　此外，我非常有幸能在上学期间聆听这些杰出思想家的教导：Dr. Anika Warren, Dr. Ruth T. Rosenbaum, Dr. Dacher Keltner, Dr. Derald Wing Sue, Dr. Donna Hicks, Dr. Pei-Han Cheng, Naaz Hosseini, Dr. Elizabeth Fraga，还有那位来自伯克利的神经科学教授，我记不得他的名字了，但他用俳句教授神经化学。我想对你们每个人说：你们对我的生活、我的工作、我这本书都产生了深远的影响。与你们相处本身就是一种教育。

　　我还想感谢这个领域的领导者们，他们的研究、著作和教导为这本书指明了道路：Dr. Brené Brown, Dr. Tal Ben-Shahar, Dr. Gilad Hirschberger, Dr. Clarissa Pinkola Estés, Dr. Bruce D. Perry, Dr. Harriet Lerner, Dr. Barbara Fredrickson, Dr. Randy O. Frost, Dr. Simon Sherry, Iyanla Vanzant, Dr. Serena Chen, Dr. Samuel F. Mikail, Dr. Gordon L. Flett, Dr. Paul L. Hewitt, Dr. Joachim Stoeber, Dr. Kristin Neff, Dr. Irvin D. Yalom, Dr. Mary Pipher, Dr. Maya Angelou, Dr. Heinz 和 Dr. Rowena Ansbacher, Dr. Karen Horney, Dr. Carl Rogers，当然，还有 Dr. Alfred Adler。

　　Pippa Wright，谢谢你成为这个世界上第一个购买此书的人。Lindsay Robertson, Kelsie Brunswick，谢谢你们推动我开始这项工作。Carla Levy, Courtney Maum, Emma Gray, Dr. Robbie Alexander，谢谢你们，也谢谢 Kassandra Brabaw，仁慈的天使，谢谢你担任我的研究助理，为我核实知识性信息，帮我处理参考文献。

Melba Remice，只要我有机会公开表达感谢，我一定会提到你。Lily Randall 和 Monica Lozano 也是一样。

一本书从构思到出版，可以说极为困难。感谢以下这些不可思议的朋友，每当我向他们求助，甚至我还没有开口求助，他们就急忙赶来帮助我：Reshma Chattaram Chamberlin, Ben Simoné, Carola Beeney, Dr. Rabia de Latour, Alex de Latour, Natalie Gibralter, Anna Pitoniak, Maya Gorgoni, Thomas Lunsford, Ashley Crossman Lunsford, Shelby Lorman, Christine Gutierrez, Maya Enista Smith, Ty Laforest, Vanna Lee，还有 Arielle Fierman Haspel。Mary J. 和 Jeanne，我永远爱你们。Craig，我超级爱你，虽然我没告诉过任何人。

Peter Guzzardi，你是这本书的守护天使！感谢你刚下飞机就与我见面，告诉我你理解我。那一刻，你的友谊让我觉得命中注定。我很期待未来与你合作。

Dr. Maureen Moomjy, Dr. Carol Aghajanian，以及整个纪念斯隆·凯特林（Memorial Sloan Kettering）护理团队（特别是那位来自爱尔兰的金发护士，我不记得她的名字，但是我永远不会忘记，在那个艰难的日子里，她对我有多善良）：感谢你们在我生活失控时把我照顾得那么好。还有我美丽又聪慧的治疗师，我所有的导师，我想致你们以深深的、无尽的感谢。

我在这本书中写到了准社会关系的力量。我经常利用这一资源，新冠疫情期间，在我写这本书的时候，我也特别需要这份力量。感谢那时帮我撑下去的艺术家和公众人物。我在这里列出的名字只是冰山一角：Jada Pinkett Smith, Dax Shepard, Monica Padman, Mandy Patinkin, Kathryn Grody（你们的 Instagram 主页是我的快乐源泉），Glennon Doyle, Abby Wambach, Francesca Amber, Taraji P. Henson, Gayle King, Laura McKowen, Sarah Jakes Roberts, Malcolm Gladwell, Will Smith, Linda Sivertsen, Robin Roberts, Jonathan Van Ness, Bradley Cooper, Megan Stalter, Regina King, Oprah。我想对你们每个人说：希望你们永远不要低估你们提供的联结具有多么强大的力量。谢谢你们的艺术创作，谢谢你们的帮助。你们对我的积极影响至今还在起作用。

感谢 Liz Gilbert。如果你能看到我边吃甜甜圈边锻炼，同时听着《大魔法》（Big Magic），你肯定会为我骄傲。是你让我变得可以轻松面对自己的恐惧。我很高兴你出现在了这个世界上。还有，谢谢你内在的力量，让你选择了我来写这本书，谢谢你选择我。抱歉一开始对你那么凶。

感谢 Shannon, Lauryn, Lisa。被你们这些天使包围，我的生活真是太美妙了！谢谢你们让我生活中的一切都变得那么舒适、有趣且完美——尤其是在生活与这些词儿截然相反的时候。如果没有你们 3 个，我无法想象我会是什么样子。永远不用考虑这个问题，何尝不是一份永恒的福分！

感谢 Oleshia, Jayme, Marissa。我爱你们，欣赏你们，你们真的很完美。我前世一定是做了什么大善事，今生才能认识你们每一个人。

我想对我的父母说：感谢你们给了我整个世界、爱、毅力和自由。我觉得我继承了你们身上最好的一部分，感谢上帝将你们赐给了我。Richard，我能想象到你身穿一件笔挺的白衬衫，一大早喝着热气腾腾的浓咖啡，准备迎接这美好一天的样子。我爱你。Caroline，你是我最好的朋友，最大的灵感来源。感谢你总是在前面带领着我。你是如此耀眼，照亮了我的道路——始终如一。Alexander，你是我认识的人中最善良的那个。你把快乐带给了你身边的一切，带给了你身边的每一个人。认识你是我的幸运。我爱你。

Pam, Scott, Jono, Maia, Rhoda：感谢你们在我疲于适应变化时给予我满满的爱。

Michael，许多年来，你一直是我最大的支持者，在我生活的每个领域，你都是我真正的伴侣。感谢你每天给予我这么多爱与支持。即使你永远无法决定晚餐吃什么，我也会永远爱你。你很完美。

感谢 Abigail。好吧，就在你和你的酒窝出现的那一刻，我突然很想写一本关于完美的书，这绝非巧合。自从遇见你，我好像什么都往好处想。草莓尝起来更甜了，音乐也更好听了，世界的每一面都变得更加明亮。我爱你，我对你的爱比所有数字和字母还要多，比所有人们还没能取名的东西多得多！是你教会了我，我们可以通过快乐获得成长，而且这比通过痛苦获得的成长更多。下一次还是更多，再来一次依然更多。正如你爱说的："再来！再来！"

最后，我想最为郑重地向 thesaurus 网站的管理者表示感谢。在那些寒冷、黑暗的日子里，当我独自一人坐在书桌前，查找"the"和"seemed"这种我向来搞不明白的词时，你们总是陪伴着我。你们是文学世界的无名英雄，谁要是不承认这一点，他肯定没有写过书。

The
Perfectionist's
Guide to
Losing Control

注　释

第 1 章

1. Adler, Alfred. *The Individual Psychology of Alfred Adler: A Systematic Presentation in Selections from His Writings*. Edited by Heinz Ludwig Ansbacher and Rowena R. Ansbacher. New York: Harper Perennial, 2006.

第 2 章

1. Ashby, Jeffrey S., and Kenneth G. Rice. "Perfectionism, Dysfunctional Attitudes, and Self-Esteem: A Structural Equations Analysis." *Journal of Counseling & Development* 80, no. 2 (April 2002): 197–203.
2. Kanten, Pelin, and Murat Yesıltas. "The Effects of Positive and Negative Perfectionism on Work Engagement, Psychological Well-Being and Emotional Exhaustion." *Procedia Economics and Finance* 23 (2015): 1367–75.
3. Chang, Yuhsuan. "Benefits of Being a Healthy Perfectionist: Examining Profiles in Relation to Nurses' Well-Being." *Journal of Psychosocial Nursing and Mental Health Services* 55, no. 4 (April 1, 2017): 22–28.
4. Larijani, Roja, and Mohammad Ali Besharat. "Perfectionism and Coping Styles with Stress." *Procedia—Social and Behavioral Sciences* 5 (2010): 623–27.; Burns, Lawrence R., and Brandy A. Fedewa. "Cognitive Styles: Links with Perfectionistic Thinking." *Personality and Individual Differences* 38, no. 1 (January 2005): 103–13.

5. Kamushadze, Tamar, et al. "Does Perfectionism Lead to Well-Being? The Role of Flow and Personality Traits." *Europe's Journal of Psychology* 17, no. 2 (May 31, 2021): 43–57.

6. Kamushadze et al. "Does Perfectionism Lead to Well-Being?"

7. Stoeber, Joachim, and Kathleen Otto. "Positive Conceptions of Perfectionism: Approaches, Evidence, Challenges." *Personality and Social Psychology Review* 10, no. 4 (November 2006): 295–319.

8. Suh, Hanna, Philip B. Gnilka, and Kenneth G. Rice. "Perfectionism and Well-Being: A Positive Psychology Framework." *Personality and Individual Differences* 111 (June 2017): 25–30.

9. Grzegorek, Jennifer L., et al. "Self-Criticism, Dependency, Self-Esteem, and Grade Point Average Satisfaction among Clusters of Perfectionists and Nonperfectionists." *Journal of Counseling Psychology* 51, no. 2 (April 2004): 192–200.

10. LoCicero, Kenneth A., and Jeffrey S. Ashby. "Multidimensional Perfectionism in Middle School Age Gifted Students: A Comparison to Peers from the General Cohort." *Roeper Review* 22, no. 3 (April 2000): 182–85.

11. Rice, Kenneth G., and Robert B. Slaney. "Clusters of Perfectionists: Two Studies of Emotional Adjustment and Academic Achievement." *Measurement and Evaluation in Counseling and Development* 35, no. 1 (April 1, 2002): 35–48.

12. Afshar, H., et al. "Positive and Negative Perfectionism and Their Relationship with Anxiety and Depression in Iranian School Students." *Journal of Research in Medical Sciences* 16, no. 1 (2011): 79–86.

13. Hewitt, Paul L., Gordon L. Flett, and Samuel F. Mikail. *Perfectionism: A Relational Approach to Conceptualization, Assessment, and Treatment.* New York: Guilford Press, 2017.

14. Tolle, Eckhart. *A New Earth: Awakening to Your Life's Purpose.* London: Penguin, 2016.

15. Tolle. *A New Earth.*

16. Aristotle. *The Metaphysics.* Edited by John H. McMahon. Mineola, NY: Dover, 2018.

17. Ryan, R. M., and E. L. Deci. "On Happiness and Human Potentials: A Review of Research on Hedonic and Eudaimonic Well-Being." *Annual Review of Psychology* 52, no. 1 (2001): 141–66.

18. Ryan and Deci. "On Happiness and Human Potentials."

19. Paul, A., Arie W. Kruglanski, and E. Tory Higgins. *Handbook of Theories of Social Psychology.* Los Angeles: Sage, 2012.

20. Grant, Heidi, and E. Tory Higgins. "Do You Play to Win—or to Not Lose?" *Harvard Business Review*, March 1, 2013.

21. Bergman, Anthony J., Jennifer E. Nyland, and Lawrence R. Burns. "Correlates with Perfectionism and the Utility of a Dual Process Model." *Personality and Individual Differences* 43, no. 2 (July 2007): 389–99.

22. Chan, David W. "Life Satisfaction, Happiness, and the Growth Mindset of Healthy and Unhealthy Perfectionists among Hong Kong Chinese Gifted Students." *Roeper Review* 34, no. 4 (October 2012): 224–33.

第 3 章

1. Borelli, Jessica L., et al. "Gender Differences in Work-Family Guilt in Parents of Young Children." *Sex Roles* 76, no. 5–6 (January 30, 2016): 356–68. https://doi.org/10.1007/s11199-016-0579-0.

2. Van Natta Jr., Don. "Serena, Naomi Osaka and the Most Controversial US Open Final in History." ESPN, August 18, 2019.

3. Matley, David. "'Let's See How Many of You Mother Fuckers Unfollow Me for This': The Pragmatic Function of the Hashtag #Sorrynotsorry in Non-Apologetic Instagram Posts." *Journal of Pragmatics* 133 (August 2018): 66–78.

第 4 章

1. Ciccarelli, Saundra K., and J. Noland. *Psychology: DSM 5*, 5th ed. Boston: Pearson, 2014, 681.

2. Ciccarelli and Noland. *Psychology*, 241.

3. Ciccarelli and Noland. *Psychology*, 768.

4. Ciccarelli and Noland. *Psychology*, 768.

5. Ciccarelli and Noland. *Psychology*, 679.

6. Ciccarelli and Noland. *Psychology*, 679.

7. Ciccarelli and Noland. *Psychology*, 679.

8. Ciccarelli and Noland. *Psychology*, 682.

9. Brown, Brené. *I Thought It Was Just Me (but It Isn't): Making the Journey from "What Will People Think?" to "I Am Enough."* New York: Avery, 2008.

10. Horney, Karen. *Neurosis and Human Growth: The Struggle toward Self-Realization.* London, 1951. Reprint, New York: Routledge, Taylor & Francis, 2014.

11. Hewitt, Paul L., Gordon L. Flett, and Samuel F. Mikail. *Perfectionism: A Relational Ap-*

proach to Conceptualization, Assessment, and Treatment. New York: Guilford Press, 2017.

12. Covington, Martin V., and Kimberly J. Müeller. "Intrinsic Versus Extrinsic Motiva-
    tion: An Approach/Avoidance Reformulation." *Educational Psychology Review* 13, no. 2
    (2001): 157–76. doi:10.1023/A:1009009219144.

13. Bergman, Anthony J., Jennifer E. Nyland, and Lawrence R. Burns. "Correlates with
    Perfectionism and the Utility of a Dual Process Model." *Personality and Individual
    Differences* 43, no. 2 (July 2007): 389–99.

14. Horney. *Neurosis and Human Growth.*

15. Carmo, Cláudia, et al. "The Influence of Parental Perfectionism and Parenting
    Styles on Child Perfectionism." *Children* 8, no. 9 (September 4, 2021): 777.

16. Green, Penelope. "Kissing Your Socks Goodbye." *New York Times*, October 22, 2014.

17. Flett, Gordon L., Paul L. Hewitt, and American Psychological Association. *Perfec-
    tionism: Theory, Research, and Treatment.* Washington, DC: American Psychological
    Association, 2002.

18. Stone, Deborah M. "Changes in Suicide Rates—United States, 2018–2019." *Morbid-
    ity and Mortality Weekly Report* 70, no. 8 (2021).

19. Yard, Ellen. "Emergency Department Visits for Suspected Suicide Attempts among
    Persons Aged 12–25 Years before and during the COVID-19 Pandemic—United
    States, January 2019–May 2021." *Morbidity and Mortality Weekly Report* 70, no. 24
    (June 18, 2021): 888–94.

20. "Facts about Suicide." Centers for Disease Control and Prevention, January 21, 2021.

21. "parasuicide." APA Dictionary of Psychology, n.d.

22. McDowell, Adele Ryan. "Adele Ryan McDowell." Adele Ryan McDowell, PhD, 2022.

23. Heilbron, Nicole, et al. "The Problematic Label of Suicide Gesture: Alternatives for
    Clinical Research and Practice." *Professional Psychology: Research and Practice* 41, no. 3
    (2010): 221–27.

24. Tingley, Kim. "Will the Pandemic Result in More Suicides?" *New York Times
    Magazine*, January 21, 2021.

25. "Firearm Violence Prevention." Centers for Disease Control and Prevention, 2020.

26. Preidt, Robert. "How U.S. Gun Deaths Compare to Other Countries." CBS News,
    February 3, 2016.

27. Dazzi, T., R. Gribble, S. Wessely, and N. T. Fear. "Does Asking about Suicide and
    Related Behaviours Induce Suicidal Ideation? What Is the Evidence?" *Psychological
    Medicine* 44, no. 16 (July 7, 2014): 3361–63.

28. Freedenthal, Stacey. "Does Talking about Suicide Plant the Idea in the Person's

Mind?" Speaking of Suicide, May 15, 2013.

29. Smith, Martin M., et al. "The Perniciousness of Perfectionism: A Meta-Analytic Review of the Perfectionism-Suicide Relationship." *Journal of Personality* 86, no. 3 (September 4, 2017): 522–42.

30. Hewitt, Paul L., and Gordon L. Flett. "Perfectionism in the Self and Social Contexts: Conceptualization, Assessment, and Association with Psychopathology." *Journal of Personality and Social Psychology* 60, no. 3 (1991): 456–70.

31. Klibert, Jeffrey J., Jennifer Langhinrichsen-Rohling, and Motoko Saito. "Adaptive and Maladaptive Aspects of Self-Oriented versus Socially Prescribed Perfectionism." *Journal of College Student Development* 46, no. 2 (2005): 141–56.

第 5 章

1. Hewitt, Paul L., Gordon L. Flett, and Samuel F. Mikail. *Perfectionism: A Relational Approach to Conceptualization, Assessment, and Treatment.* New York: Guilford Press, 2017.

2. Morin, Amy. "How to Manage Misbehavior with Discipline without Punishment." Verywell Family, March 27, 2021.

3. "Balanced and Restorative Justice Practice: Accountability." Office of Juvenile Justice and Delinquency Prevention. n.d.

4. "Balanced and Restorative Justice Practice: Accountability."

5. Montessori Academy Sharon Springs. "Natural Consequences vs Punishment," April 8, 2019.

6. Gershoff, Elizabeth T., and Sarah A. Font. "Corporal Punishment in U.S. Public Schools: Prevalence, Disparities in Use, and Status in State and Federal Policy." *Social Policy Report* 30, no. 1 (September 2016): 1–26.

7. Federal Register. "Manner of Federal Executions," November 27, 2020.

8. "Barbara L. Fredrickson, Ph.D." Authentic Happiness. Upenn.edu. 2009.

9. Fredrickson, Barbara L. "The Role of Positive Emotions in Positive Psychology: The Broaden-and-Build Theory of Positive Emotions." *American Psychologist* 56, no. 3 (2001): 218–26.

10. Breines, Juliana G., and Serena Chen. "Self-Compassion Increases Self-Improvement Motivation." *Personality and Social Psychology Bulletin* 38, no. 9 (May 29, 2012): 1133–43.

11. Neff, Kristin D. "The Role of Self-Compassion in Development: A Healthier Way to Relate to Oneself." *Human Development* 52, no. 4 (2009): 211–14.

12. Brown, Brené. *Daring Greatly: How the Courage to Be Vulnerable Transforms the Way We Live, Love, Parent, and Lead.* New York: Gotham Books, 2012.

13. Chan, David W. "Life Satisfaction, Happiness, and the Growth Mindset of Healthy and Unhealthy Perfectionists among Hong Kong Chinese Gifted Students." *Roeper Review* 34, no. 4 (October 2012): 224–33.

第 6 章

1. Neff, Kristin. "Definition and Three Elements of Self-Compassion." Self-Compassion, 2019.

2. Neff. "Definition and Three Elements of Self-Compassion."

3. Neff. "Definition and Three Elements of Self-Compassion."

4. Lamott, Anne. "12 Truths I Learned from Life and Writing." www.ted.com, April 2017.

5. Neff. "Definition and Three Elements of Self-Compassion."

6. Horney. *Neurosis and Human Growth.*

7. Derrick, Jaye L., Shira Gabriel, and Kurt Hugenberg. "Social Surrogacy: How Favored Television Programs Provide the Experience of Belonging." *Journal of Experimental Social Psychology* 45, no. 2 (February 2009): 352–62.

8. Turner, Victor. "Liminal to Limonoid in Play, Flow, and Ritual: An Essay in Comparative Symbology." *Rice University Studies* 60, no. 3 (1974): 53–92.

第 7 章

1. Roese, N. J., and M. Morrison. "The Psychology of Counterfactual Thinking." *Historical Social Research* 34, no. 2 (2009): 16–26.

2. Roese and Morrison. "The Psychology of Counterfactual Thinking."

3. Roese and Morrison. "The Psychology of Counterfactual Thinking."

4. Sirois, F. M., J. Monforton, and M. Simpson. "If Only I Had Done Better: Perfectionism and the Functionality of Counterfactual Thinking." *Personality and Social Psychology Bulletin* 36, no. 12 (2010): 1675–92.

5. Sirois, Monforton, and Simpson. "If Only I Had Done Better."

6. Roese and Morrison. "The Psychology of Counterfactual Thinking."

7. Sirois, Monforton, and Simpson. "If Only I Had Done Better."

8. Sirois, Monforton, and Simpson. "If Only I Had Done Better."

9. Medvec, Victoria Husted, Scott F. Madey, and Thomas Gilovich. "When Less Is More: Counterfactual Thinking and Satisfaction among Olympic Medalists." *Journal of Personality and Social Psychology* 69, no. 4 (1995): 603–10.

10. Medvec, Madey, and Gilovich. "When Less Is More."

11. Roese and Morrison. "The Psychology of Counterfactual Thinking."

12. Medvec, Madey, and Gilovich. "When Less Is More."

13. Sirois, Monforton, and Simpson. "If Only I Had Done Better."

14. Roese and Morrison. "The Psychology of Counterfactual Thinking."

15. Roese and Morrison. "The Psychology of Counterfactual Thinking."

16. "Physical Activity for People with Disability." Centers for Disease Control and Prevention, May 21, 2020.

17. Neff, Kristin. "The Criticizer, the Criticized, and the Compassionate Observer." Self-Compassion, February 23, 2015.

18. LaMorte, Wayne. "The Transtheoretical Model (Stages of Change)." Boston University School of Public Health, September 9, 2019.

19. LaMorte. "The Transtheoretical Model (Stages of Change)."

20. LaMorte. "The Transtheoretical Model (Stages of Change)."

21. Wilson, Timothy D., and Daniel T. Gilbert. "Affective Forecasting." *Current Directions in Psychological Science* 14, no. 3 (June 2005): 131–34. https://doi.org/10.1111/j.0963-7214.2005.00355.x.

22. Wu, Haijing, et al. "Anticipatory and Consummatory Pleasure and Displeasure in Major Depressive Disorder: An Experience Sampling Study." *Journal of Abnormal Psychology* 126, no. 2 (2017): 149–59.

23. Boehme, Stephanie, et al. "Brain Activation during Anticipatory Anxiety in Social Anxiety Disorder." *Social Cognitive and Affective Neuroscience* 9, no. 9 (August 11, 2013): 1413–18.

24. Bellezza, Silvia, and Manel Baucells. "AER Model." Email message to the author, 2021.

25. "Will Smith's Red Table Takeover: Resolving Conflict." Red Table Talk, January 28, 2021.

26. Winfrey, Oprah, and Bruce Perry. *What Happened to You?: Conversations on Trauma, Resilience, and Healing.* New York: Flatiron Books, 2021.

27. *Choiceology with Katy Milkman* podcast. "Not Quite Enough: With Guests Howard Scott Warshaw, Sendhil Mullainathan, and Anuj Shah," season 4, episode 2. Charles

Schwab, September 23, 2019.

28. *Choiceology with Katy Milkman* podcast. "Not Quite Enough."

第 8 章

1. *Masters of Scale with Reid Hoffman* podcast. "BetterUp's Alexi Robichaux and Prince Harry: Scale Yourself First, and Then Your Business," episode 107. Spotify, April 26, 2022.

2. Grossmann, Igor, and Ethan Kross. "Exploring Solomon's Paradox: Self-Distancing Eliminates the Self-Other Asymmetry in Wise Reasoning about Close Relationships in Younger and Older Adults." *Psychological Science* 25, no. 8 (June 10, 2014): 1571–80.

3. Grossmann and Kross. "Exploring Solomon's Paradox."

4. O'Reilly, Charles A., and Nicholas Hall. "Grandiose Narcissists and Decision Making: Impulsive, Overconfident, and Skeptical of Experts—but Seldom in Doubt." *Personality and Individual Differences* 168 (January 1, 2021): 110280.

5. Rice, Kenneth G., and Clarissa M. E. Richardson. "Classification Challenges in Perfectionism." *Journal of Counseling Psychology* 61, no. 4 (October 2014): 641–48.

6. Yalom, Irvin D. *The Gift of Therapy: An Open Letter to a New Generation of Therapists and Their Patients.* London: Piatkus Books, 2002.

7. Horney. *Neurosis and Human Growth.*

8. Worley, S. L. "The Extraordinary Importance of Sleep: The Detrimental Effects of Inadequate Sleep on Health and Public Safety Drive an Explosion of Sleep Research." *P&T: A Peer-Reviewed Journal for Formulary Management* 43, no. 12 (2018): 758–63.

9. "Understanding the Glymphatic System." Neuronline, July 17, 2018.

10. Benveniste, H., et al. "The Glymphatic System and Waste Clearance with Brain Aging: A Review." *Gerontology* 65 (2019): 106–19.

11. Jessen, Nadia Aalling, et al. "The Glymphatic System—A Beginner's Guide." *Neurochemical Research* 40, no. 12 (2015): 2583–99.

12. Gholipour, Bahar. "Sleep Shrinks the Brain's Synapses to Make Room for New Learning." *Scientific American*, May 1, 2017.

13. "How Does Sleep Affect Your Heart Health?" Centers for Disease Control and Prevention, January 4, 2021.

14. Sharma, Sunil, and Mani Kavuru. "Sleep and Metabolism: An Overview." *International Journal of Endocrinology* 2010 (August 2, 2010): 1–12.

15. Lange, Tanja, et al. "Sleep Enhances the Human Antibody Response to Hepatitis A

Vaccination." *Psychosomatic Medicine* 65, no. 5 (September 2003): 831–35.

16. Spiegel, Karine, et al. "Brief Communication: Sleep Curtailment in Healthy Young Men Is Associated with Decreased Leptin Levels, Elevated Ghrelin Levels, and Increased Hunger and Appetite." *Annals of Internal Medicine* 141, no. 11 (December 7, 2004): 846.

17. Karine, et al. "Brief Communication."

18. "How Does Sleep Affect Your Heart Health?"

19. Lineberry, Denise. "To Sleep or Not to Sleep?" NASA, April 14, 2009.

20. Scott, Alexander J., Thomas L. Webb, and Georgina Rowse. "Does Improving Sleep Lead to Better Mental Health? A Protocol for a Meta-Analytic Review of Randomised Controlled Trials." *BMJ Open* 7, no. 9 (September 2017): e016873.

第 9 章

1. Maines, Rachel P. *The Technology of Orgasm: Hysteria, the Vibrator, and Women's Sexual Satisfaction.* Baltimore, MD: Johns Hopkins University Press, 2001.

2. Oswald, A. J., E. Proto, and D. Sgroi. "Happiness and Productivity." *Journal of Labor Economics* 33, no. 4 (2015): 789–822.

3. Suh, Hanna, Philip B. Gnilka, and Kenneth G. Rice. "Perfectionism and Well-Being: A Positive Psychology Framework." *Personality and Individual Differences* 111 (June 2017): 25–30.

4. Lerner, Harriet. *Why Won't You Apologize?: Healing Big Betrayals and Everyday Hurts.* London: Duckworth Overlook, 2018.

5. Lerner. *Why Won't You Apologize?*

6. Lerner. *Why Won't You Apologize?*

7. Whitaker, Holly (@holly). 2021. "You ARE doing it. This is it." Instagram photo, April 23, 2021,

8. Ben-Shahar, Tal. *The Pursuit of Perfect: Stop Chasing Perfection and Find Your Path to Lasting Happiness!* New York; London: McGraw-Hill, 2009.

9. Pressfield, Steven. "Writing Wednesdays: Resistance and Self-Loathing," November 6, 2013.

自尊自信

《自尊》(原书第4版)

作者：[美]马修·麦凯 等 译者：马伊莎

帮助近百万读者重建自尊的心理自助经典，畅销全球30余年，售出80万册，已更新至第4版！

自尊对于一个人的心理生存至关重要。本书提供了一套经证实有效的认知技巧，用于评估、改进和保持你的自尊。帮助你挣脱枷锁，建立持久的自信与自我价值！

《自信的陷阱：如何通过有效行动建立持久自信》

作者：[澳]路斯·哈里斯 译者：王怡蕊 陆杨

很多人都错误地以为，先有自信的感觉，才能自信地去行动。 提升自信的十大原则和一系列开创性的方法，帮你跳出自信的陷阱，自由、勇敢地去行动。

《超越羞耻感：培养心理弹性，重塑自信》

作者：[美]约瑟夫·布尔戈 译者：姜帆

羞耻感包含的情绪可以让人轻微不快，也可以让人极度痛苦
有勇气挑战这些情绪，学会接纳自我
培养心理弹性，主导自己的生活

《自尊的六大支柱》

作者：[美]纳撒尼尔·布兰登 译者：王静

自尊是一种生活方式！"自尊运动"先驱布兰登博士集大成之作，带你用行动获得真正的自尊。

《告别低自尊，重建自信》

作者：[荷]曼加·德·尼夫 译者：董黛

荷兰心理治疗师的案头书，以认知行为疗法（CBT）为框架，提供简单易行的练习，用通俗易懂的语言分析了人们缺乏自信的原因，助你重建自信。

积极人生

《大脑幸福密码：脑科学新知带给我们平静、自信、满足》
作者：[美] 里克·汉森 译者：杨宁 等

里克·汉森博士融合脑神经科学、积极心理学与进化生物学的跨界研究和实证表明：你所关注的东西便是你大脑的塑造者。如果你持续地让思维驻留于一些好的、积极的事件和体验，比如开心的感觉、身体上的愉悦、良好的品质等，那么久而久之，你的大脑就会被塑造成既坚定有力、复原力强，又积极乐观的大脑。

《理解人性》
作者：[奥] 阿尔弗雷德·阿德勒 译者：王俊兰

"自我启发之父"阿德勒逝世80周年焕新完整译本，名家导读。阿德勒给焦虑都市人的13堂人性课，不论你处在什么年龄，什么阶段，人性科学都是一门必修课，理解人性能使我们得到更好、更成熟的心理发展。

《盔甲骑士：为自己出征》
作者：[美] 罗伯特·费希尔 译者：温旻

从前有一位骑士，身披闪耀的盔甲，随时准备去铲除作恶多端的恶龙，拯救遇难的美丽少女……但久而久之，某天骑士蓦然惊觉生锈的盔甲已成为自我的累赘。从此，骑士开始了解脱盔甲，寻找自我的征程。

《成为更好的自己：许燕人格心理学30讲》
作者：许燕

北京师范大学心理学部许燕教授30年人格研究精华提炼，破译人格密码。心理学通识课，自我成长方法论。认识自我，了解自我，理解他人，塑造健康人格，展示人格力量，获得更佳成就。

《寻找内在的自我：马斯洛谈幸福》
作者：[美] 亚伯拉罕·马斯洛 等 译者：张登浩

豆瓣评分8.6，110个豆列推荐；人本主义心理学先驱马斯洛生前唯一未出版作品；重新认识幸福，支持儿童成长，促进亲密感，感受挚爱的存在。

更多>>>　《抗逆力养成指南：如何突破逆境，成为更强大的自己》 作者：[美] 阿尔·西伯特
《理解生活》 作者：[奥] 阿尔弗雷德·阿德勒
《学会幸福：人生的10个基本问题》 作者：陈赛 主编